流域非点源模型SWAT的修正及其应用

赖格英　著

内容简介

SWAT模型是流域分布式非点源物理模型，在国内外得到了广泛的应用。但模型中单一的植物生长模式难以表达变化密度、多林种混交的森林植被状态以及我国常见的复种多熟、间作套种等种植制度与农耕方式；其基于松散介质的水文模型也决定了它难以模拟岩溶流域的水文过程和与此相关的非点源污染过程。本书针对该模型在岩溶流域和植被混杂等条件下模拟的局限性，探讨了对其进行修正的可行性，并用实测资料模拟分析了修正后模型的有效性。

图书在版编目(CIP)数据

流域非点源模型SWAT的修正及其应用 / 赖格英著
. — 北京 ：气象出版社，2021.4
ISBN 978-7-5029-7467-1

Ⅰ. ①流… Ⅱ. ①赖… Ⅲ. ①水文模型 Ⅳ.
①P334

中国版本图书馆CIP数据核字(2021)第117953号

流域非点源模型SWAT的修正及其应用

LIUYU FEI DIANYUAN MOXING SWAT DE XIUZHENG JI QI YINGYONG

出版发行： 气象出版社
地　　址： 北京市海淀区中关村南大街46号　**邮政编码：** 100081
电　　话： 010-68407112(总编室)　010-68408042(发行部)
网　　址： http：//www.qxcbs.com　**E-mail：** qxcbs@cma.gov.cn
责任编辑： 蔺学东　**终　　审：** 吴晓鹏
责任校对： 张硕杰　**责任技编：** 赵相宁
封面设计： 楠竹文化
印　　刷： 北京建宏印刷有限公司
开　　本： 787 mm×1092 mm　1/16　**印　　张：** 9.25
字　　数： 240千字
版　　次： 2021年4月第1版　**印　　次：** 2021年4月第1次印刷
定　　价： 80.00元

前　言

随着工业化进程的加快、城市的迅速扩张、化肥农药的大量使用，氮和磷等营养物质的自然循环也发生了改变，引发了水体富营养化等一系列水环境问题。这些水环境问题已成为制约我国和国际社会经济及环境可持续发展的因素之一。党的十八大报告首次单篇论述生态文明，把“美丽中国”作为未来生态文明建设的宏伟目标。新时代推进生态文明建设、打好污染防治攻坚战是重点任务。而非点源污染是当前我国环境治理中最为艰难、最为突出的问题之一。

非点源污染在形成上具有随机性大、分布广泛、发生相对滞后和潜在性强等特点，与点源污染相比，非点源污染在管理与控制上有较大难度。通过建立数学模型在流域尺度上对营养物质输移进行定量评估，进而研究非点源形式的营养盐输移转化规律，探讨外源性营养物质的驱动因素，对于湖泊等水体营养物质外源输入实行总量控制，实现流域-湖泊复合生态系统的健康管理以及湖泊营养本底的良性修复，具有重要意义。目前国际上这类模型应用于不同地质条件、不同区域森林植被景观和农业种植制度与耕作方式的非点源污染模拟时尚存在一定的局限性，在应用过程中应根据不同区域的地质地貌、植被景观和特殊的水体等问题，给予不同程度的修正。SWAT(Soil and Water Assessment Tool)模型是非常有代表性的分布式机理性非点源模型之一，在国内外得到了广泛的应用。但模型中单一的植物生长模式难以表达变化密度、多林种混交的森林植被状态以及我国常见的复种多熟、间作套种等种植制度与农耕方式。其基于松散介质的水文模型也决定了它难以模拟岩溶流域的水文过程和与此相关的非点源污染过程。

本书是在两项国家自然科学基金面上项目(项目批准号为 40971266 和 41171393)的研究成果基础上汇集而成，主要围绕 SWAT 模型在岩溶流域和植被混杂等条件下模拟的局限性，探讨对其进行修正的可行性，并用实测资料模拟分析了修正后模型的有效性。本书共分 5 章，第 1～3 章介绍研究背景及意义、国内外研究进展和 SWAT 模型的简介，其中包括与 SWAT 模型配套的工具软件介绍；第 4 章介绍基于多植物生长模式的 SWAT 模型修正及其应用；第 5 章介绍基于岩溶流域的 SWAT 模型修正及其应用。本书既有理论分析，也有应用实例，对于拓宽 SWAT 模型的应用范围和提高流域非点源污染模拟的精度有一定的科学意义。但由于项目实施时间、研究条件及实验器材等的局限，研究方案、实施方案、数据采集和结果分析等方面都可能存在一些不足，其研究结果仅供参考，敬请读者批评指正。其中存在的一些问题也有待后续的研究进一步完善和改正。

在本研究的实施过程中，得到了江西省水文局、江西省气象局、江西省环境科学研究院、江西省赣州市水文局、江西省赣州市农业局、江西省赣州市气象局、江西省南昌市气象局、江西省宁都县环保局、江西省瑞昌县水文局、江西省瑞昌县环保局等相关单位及人员的大力协助，同时也得到了许多朋友及同事的帮助。此外，潘瑞鑫、陈绪志、曾祥贵、张玲玲、易发钊、赖怡恬、张妮慧、陈静妮、叶玉琴、盛盈盈、熊家庆、李世伟、刘维、彭小娟、易姝琨、仇霖等研究生先后参与了本项工作的研究，承担了数据采集、加工与处理、结果分析、成果总结与发表等任务，在此一并致谢。

作者

2020 年 10 月

目 录

第1章 绪论

1.1 研究背景及意义

水体污染一般可分为内源污染和外源污染，内源污染是指江河湖库等水体由自身底泥向外释放的污染物所造成的污染；相对于内源污染，外源污染是指流域内通过降水、降尘、地表径流、地下水等方式汇集到江河湖库等受纳水体的污染物所造成的污染。外源污染又根据其空间分布性质划分为点源污染(point source pollution)和非点源污染(nonpoint source pollution，NSP)两种类型。点源污染是指具有确定空间位置的、相对比较集中的排放源排放的污染物质所引发的污染，如市政污水厂、工业企业通过排污口直接排入受纳水体的污染物或城镇生活污水通过管道和沟渠收集和排入水体的污染物；而非点源污染是指累积在地表的污染物随着降雨所产生的地表径流或地下径流迁移进入受纳水体造成的污染。非点源污染包括线源污染和面源污染，其中线源污染是指铁路、航道等线状对象所引发的污染，面源污染则是指面状对象在自然过程或人文过程作用下所引发的污染，如农田在农业生产过程中，由于使用化肥、农药等所造成的污染，森林在自然生长过程中所释放的营养物质随地表径流输移到受纳水体，土壤本底氮(N)、磷(P)或重金属释放、大气尘降等，均属于面源污染。

近几十年来，随着工业化进程的加快、城市的迅速扩张、化肥农药的大量使用，氮和磷等营养物质的自然循环也发生了改变，引发了水体的富营养化等一系列水环境问题，成为制约我国和国际社会经济及环境可持续发展的因素之一(金相灿 等，1990；Wetzel，2001；窦鸿身 等，2003)。根据国内外研究，在水体富营养化过程中，氮和磷等营养盐是水体初级生产力的主要驱动因素，过量的氮、磷等营养物质的输入和富集将导致浮游植物群落的变化，引发有毒藻华的出现和持续(Harper，1992)。外源输入和内源释放是水体氮、磷来源的两个主要途径，其中外源是最重要的营养物质来源。而近年来随着控制点源污染水平的提高，水体污染主要来源倾向于非点源污染(郝改瑞 等，2018)。

生态系统的健康评估以及对河流、湿地和湖泊的生态修复与重建，要求在流域尺度上对点源和非点源污染等外源进行准确估计和预测。由于非点源污染的复杂性，人们对非点源污染物质在流域-湖泊复杂环境系统中的时空分布特征和输移机制还缺乏必要的了解。非点源污染涉及许多过程，其中包括气象、水文、土壤、物理、化学、生物等自然过程以及土地利用/覆盖、农业种植制度和管理方式、城市扩张、人口增加、畜禽养殖等人文过程(Freer et al.，2001；王少丽 等，2007；涂安国 等，2009)。因此，采用传统、常规的方法来研究水体富营养化外源输入问题必然有许多局限性。分布式非点源模型采用数学物理方法，以离散化方式描述流域内水文要素和污染物质等参数的空间差异，在空间子单元上表示地形、土壤、植被等下垫面特征以及降水、植被截留、蒸散发、下渗、地表径流和地下径流等水文特征以及营养物质吸收、降解、硝化、存留等环境过程(Di et al.，2002)。应用这些模型，在流域范围内对非点源污染物质进行数值模拟，是研究非点源污染物形成、输移以及演化机制的有效手段(Rosenberg et al.，1999；Santhi et al.，2001；Valentina et al.，2008)。对于探讨非点源形式的营养盐输移转化规律以及分析外源性营养物质输移的驱动因素，具有重要的意义。

国际上目前这类模型应用于不同地质条件、不同区域森林植被景观和农业种植制度与耕作方式的非点源污染模拟时尚存在一定的局限性，在应用过程中应根据不同区域的地质地貌、植被景观和特殊的水体等问题，给予不同程度的修正(Hattermann et al.，2005；Kiniry et al.，2008；Schmalz et al.，2008)。农林系统是非点源污染形成和发展的重要生态系统，非点源污染涉及的气象、土壤、水文、植物生长、农事活动和管理等多种过程，都与农林生态系统密不可分。此外，非点源污染与流域水文过程密切相关。岩溶流域含水系统由于连通地表的落水洞等垂直管道将近水平的地下暗河联系起来，降水及其形成的地表径流可以通过这些垂直管道迅速灌入地下河系，从而改变了水及其所携带的非点源污染物质在垂直与水平方向的传输速度与数量，使岩溶流域内地表-地下之间的物质交换与传输过程变得比较复杂(Pannoa et al.，2004；Schillinga et al.，2008)。SWAT(Soil and Water Assessment Tool)模型是非常有代表性的分布式机理性非点源模型之一，在国内外得到了广泛的应用。但模型中单一的植物生长模式难以表达变化密度、多林种混交的森林植被状态以及我国常见的复种多熟、间作套种等种植制度与农耕方式，因而这些模型的应用难于考虑植被景观、种植制度和农耕方式对非点源污染的影响。此外，其基于松散介质的水文模型也决定了它难以模拟岩溶流域的水文过程和与此相关的非点源污染过程(Scanlona et al.，2003；薛显武 等，2009)。

因此，在非点源模型的研究与应用过程中，针对亚热带季风湿润区的森林植被景观特征、我国南方水稻种植区种植制度与农耕方式的特征和岩溶含水介质的特征，对SWAT模型进行修正，使之适合于多植物生长模式及岩溶流域的非点源污染模拟，对于开展非点源污染形成与传输的机理研究或者开发拥有自主知识产权的非点源污染模拟模型具有借鉴作用和重要的基础意义。

此外，江西省位于长江中下游地区，除了北部有鄱阳湖平原濒临长江河谷、地势较低之外，境内广布着丘陵和山地，境内红壤面积占66%。因位于典型的亚热带季风湿润区，所以水热条件丰沛，植被多样，森林覆盖率达60%，而且类型繁多；植被的基本特征呈亚热带常绿阔叶与落叶阔叶混交林的类型。地带性植被包括针叶树林、常绿阔叶树林、竹林、针叶与阔叶树混交林、常绿与落叶阔叶树混交林、落叶阔叶树林、山地夏绿矮林7个类型；非地带性植被类型包括灌丛、砂地植物群落、荒山草地和山地草甸、草甸、水生植物群落、草本沼泽、泥炭沼泽7个类型；栽培植被均以亚热带和热带植物种类为主，包括水稻、旱地作物(红薯、玉米、大豆、花生、芝麻等)、蔬菜作物(叶菜类、根茎类、豆类及瓜果类等)、经济林(柑桔、李、桃、茶叶等)4个主要类型(林英 等，1965；季春峰 等，2010)。江西省是我国南方典型的水稻种植区，具有一年两熟或多熟的种植制度，存在水稻、油菜、棉花、绿肥轮作以及红薯、玉米、大豆、花生、柑桔、茶叶套种等耕作方式。从岩溶发育来看，江西省从元古代至新生代地层发育齐全，隆起与拗陷复杂；构造运动、岩浆活动、沉积作用、变质作用具多旋回性、多阶段性和不平衡性，产生不同的碳酸盐可溶岩类构造；可溶岩地层与非可溶岩地层相间产出，隐伏岩溶发育并呈带状展布，地下河等地下径流发育。而亚热带湿润气候致地表河湖水系发达，地下水网沟通，使不同时期的可溶岩体被内外地质营力不断改造，形成了典型的亚热带岩溶地质地貌。江西省可溶岩出露面积9928 km^2，隐伏面积4000 km^2，约占全省总面积的8.75%。江西省境内岩溶分布具有"三带"和"三块"的特征，即瑞昌-彭泽发育带、萍乡-乐平发育带、崇义-宁都发育带和上饶发育块、吉安发育块及龙南发育块。其中，据昌(樟树市昌傅镇)金(萍乡市金鱼石)高速公路曾家高架桥钻探，萍乡-乐平发育带钻孔见洞率67%，线岩溶率约12%(张爱华，2010)。

位于江西的鄱阳湖是我国最大的淡水湖，具有调蓄洪水和保护生物多样性等特殊生态功能，对维系区域和国家生态安全具有重要作用。然而，据近年来的监测数据表明，鄱阳湖流域内Ⅴ类的水质断面数已从6.6%增加到8.3%；2007年，鄱阳湖部分湖区已经出现了明显的水华蓝藻聚集现象。2013—2014年鄱阳湖蓝藻水华分布区域较前几年有大范围增加，在鄱阳湖主航道都昌水域、军山湖、康山湖、撮箕湖、战备湖等湖区水面均有发现，并且水华蓝藻生物量近期呈增加的趋势(钱奎梅 等，2016)。因此，曾被誉为一盆清水的鄱阳湖正面临巨大的挑战。随着2008年江西省提出建设鄱阳湖生态经济区的战略构想，鄱阳湖流域非点源污染的研究和治理成为重要的课题。

因此，以江西省为试验区，开展亚热带季风湿润区植被状况、红壤背景和农耕方式下及岩溶流域背景下的非点源污染模拟研究，具有典型意义和现实意义。

1.2 研究内容及技术路线

1.2.1 基于多植物生长模式的研究内容及技术路线

针对SWAT模型因单一的植物生长模式难以表达变化密度、多林种混交的森林植被状态以及我国常见的复种多熟、间作套种等种植制度与农耕方式的局限问题，确立如下研究目标：①修正SWAT模型利用单一的植物生长模型来模拟所有植物的生长和基于平均植物密度来估算生物量累积的问题；建立基于遥感的变化密度、多种类和多种类混杂植物生长模型；②在上述基础上建立亚热带季风湿润区优势森林植被景观及我国南方水稻种植区复种多熟、间作套种等种植制度和农耕方式下的非点源模拟模型和模拟方法，定量评估与分析它们对非点源污染的影响及时空形成机制。

具体的研究内容包括：①研究建立变化密度、多种类和多种类混杂的森林生长模型，修正SWAT用平均森林植被密度估算生物量累积和单一植物生长模式等问题，并建立与之相适应的森林植被覆盖度遥感估算模型、叶面积指数与遥感植被指数的关系模型和消光系数遥感模型来获取森林生长模型的相关参数；利用修正后的模型对单一树种及多树种混交等森林植被景观进行时间和空间序列上的模拟，定量评估与分析这些森林植被景观对非点源污染的影响，并进行时空形成机制分析；②根据间作套种下的辐射能，利用 Keating 方程，引入间作套种指数变量，修正 SWAT 原有的单一生物量日积累模型；研究建立基于遥感的农作物复种指数模型、套种指数模型和以此为基础的农作物间作套种生长模型；利用修正后的模型对我国复种多熟、间作套种等种植制度和农耕方式进行时间和空间序列上的模拟，通过敏感性分析，定量评估它们对非点源污染的影响，并进行时空形成机制分析。

具体的技术路线见图 1-1。

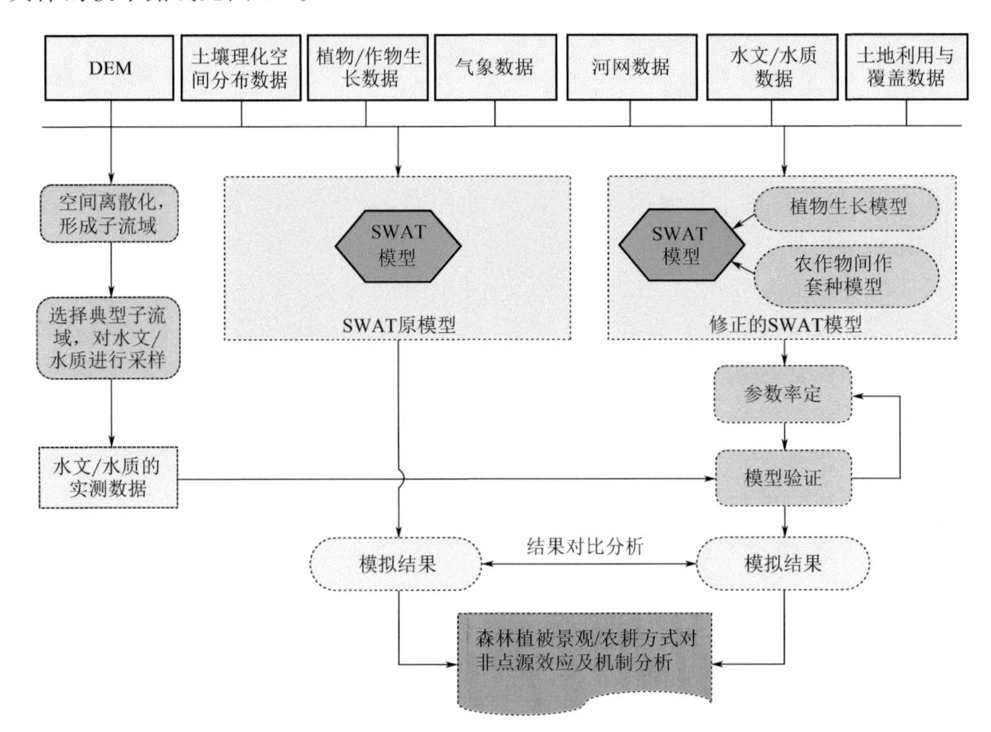

图 1-1 基于多植物生长模式对 SWAT 模型进行修正的技术路线图

1.2.2 基于岩溶流域的研究内容及技术路线

针对 SWAT 因基于松散介质水文模型的特征而难以模拟岩溶流域的水文过程和与此相关的非点源污染过程的局限性问题，确立的研究目标为：①通过增加落水洞、伏流/暗河、岩溶泉的水文过程与主要营养盐输移过程，在修正 SWAT 模型基础上，建立适合于岩溶流域的非点源污染模拟模型；②定量评估落水洞、伏流/暗河、岩溶泉等岩溶特征对非点源污染输移的影响及其时空效应，探讨岩溶流域非点源污染物质地表-地下的交互作用与转化机理。

具体的研究内容包括：①针对岩溶含水系统的地表特征，通过试验区的野外试验，对 SCS 模型中 CN 值进行修正；并对非点源污染物质传输速度与数量有直接影响的落水洞、伏流/暗河、岩溶泉等主要岩溶特征进行概化，引入相关的水文过程与主要营养盐输移过程，修正 SWAT 模型的原有水文循环过程及相关算法；研究建立适合于岩溶流域的非点源污染模拟模型和相应的模拟方法；②应用修正的 SWAT 模型，通过控制性的模拟方法和敏感性分析，定量评估落水洞、伏流/暗河、岩溶泉等岩溶特征对氮、磷等主要非点源污染输移的影响及其时空效应；探讨岩溶流域地表水-地下水交互作用机理，以及主要非点源污染物质在岩溶流域地表与地下的输移与转化机制。

岩溶流域含水系统的主要特征是连通地表的落水洞等大型垂直管道将近水平的地下暗河联系起来，降水及其形成的地表径流，大部分通过大型垂直管道迅速灌入地下河系，使地下河系水文过程对暴雨的响应较快，洪峰与降雨滞后时间较短，导致岩溶含水层-岩溶泉-地表水的转换十分迅速。针对岩溶地区的这一特征，拟引入落水洞、伏流/暗河、岩溶泉水文过程及营养盐输移过程，修正SWAT模型以适应岩溶流域的非点源污染模拟。其技术要点如下：①通过实验方法修正SCS方程的CN参数，以适应SWAT在岩溶流域地表径流的计算；②根据SWAT的模型原理，在最小空间单元级别的水文响应单元(HRU)内定义并引入落水洞水文过程和营养盐输移过程；③在子流域空间单元级别上定义和引入伏流/暗河水文过程与营养盐传输过程，通过增大其底床的水力传导系数并以支流的方式进行模拟，但伏流/暗河不参与子流域的划分，以免产生伏流/暗河的集水区；④岩溶泉以SWAT原有模型的点源方式处理，按SWAT模型原有的方法处理；⑤地表的岩溶特征将以修正SWAT模型SCS算法的CN值来表征及实现。

具体的技术路线见图1-2。

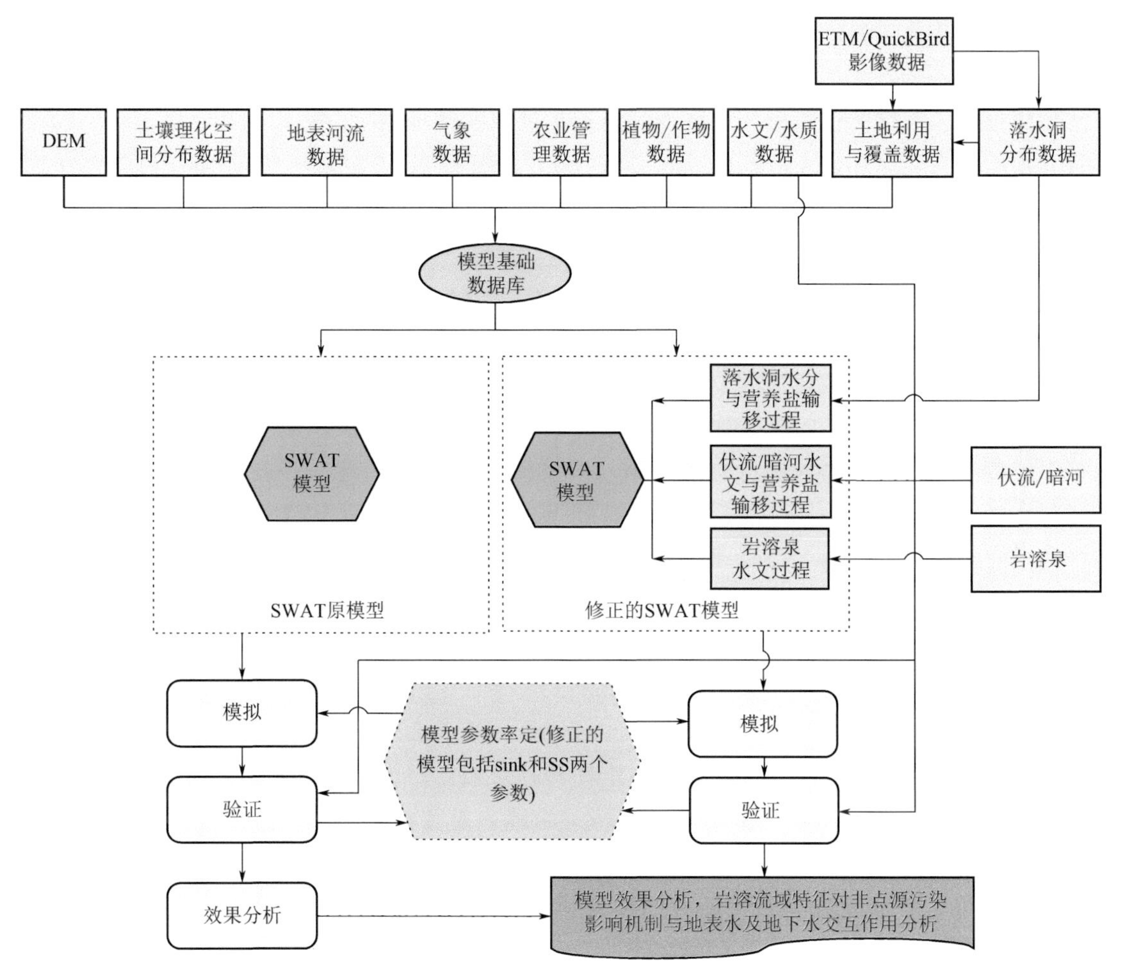

图1-2 基于岩溶含水介质对SWAT模型进行修正的技术路线图

第 2 章

国内外研究进展

2.1 流域非点源模型的研究进展

水体富营养化是目前许多国家存在并密切关注的环境问题。研究表明，水体中营养盐的输入和富集是富营养化的最主要原因(金相灿 等，1990；Harper，1992)。近几十年来，过量的化肥施用、人口的快速增加、城市的迅速扩展以及动植物生命过程中产生的氮磷，改变了营养物质的自然循环(Galloway et al.，1995)，主要限制性营养盐间的原子比例如 N∶P、Si∶N 和 Si∶P 的变化导致了浮游植物群落的变化并且伴随着有毒藻华的出现和持续(Justic et al.，1995)。

非点源污染在形成上具有随机性大、分布广泛、发生相对滞后和潜在性强等特点，再加上单位面积上的污染负荷小，人们往往忽视其宏观效应。与点源污染相比，非点源污染在管理与控制上有较大难度。通过建立数学模拟模型在流域尺度上对营养物质输移进行定量评估，进而研究非点源形式的营养盐输移转化规律，探讨外源性营养物质的驱动因素，对于湖泊等水体营养物质外源输入实行总量控制，实现流域-湖泊复合生态系统的健康管理以及湖泊营养本底的良性修复，具有重要的意义。经过几十年的努力，国内外已形成了基于事件和过程的不同时空尺度的非点源机理性模型，为湖泊营养盐外源输入的模拟提供了很好的模型基础。

2.1.1 流域尺度非点源模型的结构特征

流域(watershed，basin)或集水区(catchment)是基于水文学的一个空间单元概念，它是指河流及其支流排水的地理区域，具有系统性和相对独立性。随着生态学、环境学的发展以及人们对生态与环境的日益关注，与流域相关的地表过程如水文过程、水土流失与侵蚀过程、营养物质输移过程，以及这些过程与人类活动之间的相互响应得到了大量研究(国家自然科学基金委员会，1997)。流域的自然过程和流域的自然属性密切相关，因此把流域作为营养盐输移模拟的基本空间单元有特殊的地域和水文意义。图 2-1 概化了流域内各种属性和过程的相互作用关系。

营养物质输移模型是根据营养物质流失、吸附、迁移、聚集等过程的机理，以数学建模

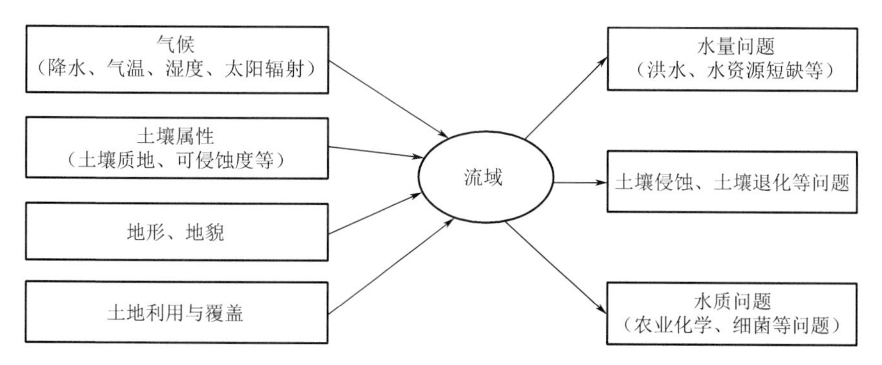

图 2-1　流域作用过程示意图

的方法模拟不同类型的营养物质在水文循环作用下对水体所造成的负荷，以及营养物质在水文循环各个环节中迁移、转化的过程。营养物质输移涉及许多过程，其中降雨径流过程、土壤侵蚀与流失过程和各种营养物质在陆面、河道与湖泊等水体中的迁移、转化、沉积过程是决定非点源形式营养盐输移特征的三个主要过程(Mander et al.，2000)。因此，模拟这三个过程的子模型构成了非点源机理模型的基本框架。图 2-2 表达了非点源机理模型的结构特征。

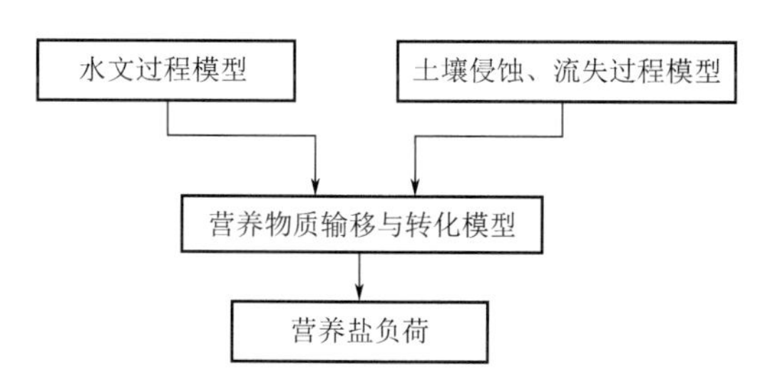

图 2-2　非点源营养物质输移模型的结构特征示意图

2.1.2　国内外流域尺度非点源模型研究进展

我国流域尺度非点源污染模型的研究开始得比较晚，虽有大量的应用研究，但多是引用国外模型或加以修正，少数有创新尝试性的理论探讨(夏青 等，1985；李怀恩 等，1996；贺宝根 等，2001)，如李怀恩等(2013)建立的流域暴雨径流污染模型，夏军等(2012)构建的分布式非点源污染模型中降雨径流过程采用分布式时变增益模型(DTVGM)。目前我国在非点源污染模拟模型中尚缺乏具有实用性和可操作性的计算机软件产品。

水文模型和土壤侵蚀模型是污染物输移模拟的基础。国内在这方面自 20 世纪 90 年代以来有了一定进展(沈晓东 等，1995；任立良 等，2000；胡建华 等，2001)。在流域土壤侵蚀和产沙方面，我国学者也进行了许多探索，形成了一些比较实用的模式(陈西平，1992；刘高焕 等，2003)。随着水文模型和土壤侵蚀产沙模型的发展，国内在非点源污染模型方面有了一个良好的基础。

国际上对非点源污染的研究大体上开始于 20 世纪 60 年代，70 年代起进行系统研究，80 年代以后进展迅速，研究的主要领域包括非点源污染的特征、负荷、地域范围、机理以及相关的驱动因子等。通过试验研究和大量数据分析，建立数学模拟模型是进行定量化估算的主要方法，早期的模型往往只注重对单一的非点源污染物或单场降雨进行模拟研究，其方法往往依据因果分析和统计分析的方法建立统计模型，并以此建立污染负荷与流域土地利用或径流量之间的统计关系(Haith et al.，1984)。这类模型又叫功能性模型或统计模型，它不涉及污染的具体过程和机理，仅根据被研究系统的输入与输出进行构建。我国学者在研究流域的农业污染时，也常用此类模型(陈西平，1992)。这类统计模型对数据的需求比较低，能够简便地计算出流域出口处的污染负荷，但这类模型难以描述污染物迁移的路径和机理，使得这类模型的进一步应用受到了较大的限制。

而机理性模型是随着对非点源污染认识的逐步加深，由早期的简单经验公式法(如回归模型、污染物负荷模型)演变为逐日长期连续模拟模型，模型包含营养盐、沉积物、农药、除草剂等不同非点源污染物在渗透性和非渗透性的土壤、渠道、排水管道以及河流等介质中迁移转化的复杂、综合的过程。

随着机理性模型模拟能力的提高，模型结构日趋复杂，所需数据量日益庞大，应用传统的常规定量化研究方法变得困难甚至不可能。从20世纪80年代以来，随着计算机和信息技术的飞速发展，地理信息系统(GIS)、遥感(RS)等高新技术在非点源污染研究领域得到了迅速应用(Basnyat et al.，2000；Gan et al.，2001；史志华 等，2002)，给该领域的研究增添了许多活力和生机，标志着分布式模型发展的里程碑。

在模型结构上看，早期的机理性模型通常将整个流域或区域作为一个集总系统(lumped system)来处理，相关的地理要素如土壤、气候、地形等的属性采用空间平均的方法加以考虑。但是，由于地理环境的复杂性，集总式参数模型(lumped-parameter models)不能反映其非均一性和非线性。因此，仅取研究区平均值作为输入参数是不能满足研究精度需要的。这类模型的例子有USEL模型、HEC-1模型(David et al.，2002)、USGS模型等。后来发展起来的集总联结式系统(linked-lumped system)做了技术上的改进，已经具备了某些分布式模型的特征，这类模型如SWRRB模型。分布式参数模型(distributed-parameter models)是目前的主流模型，它考虑到了流域内部的地理要素和地理过程在时间和空间上的非均一性(heterogeneity)和可变性(variability)，并以格网和子流域等划分方法，将一个大区域或流域离散化成更小的区域或地理单元。在这些地理单元中，地理参数(如地形、土壤、降水、植被和土地利用等)被看作是均匀的，各格网或子流域之间通过拓扑关系联系在一起，最后汇集到研究区的出口。具分布式模型比集总式模型有更逼近环境过程的真实性，具有更强的物理基础。而分布式模型采用的空间离散化方法决定了对流域下垫面要素(如地形、土壤类型、植被等)和气象要素(如降水、气温、辐射等)空间变异性考虑的细腻程度(Blöschl et al.,1995)。

分布式模型对流域空间的离散化方式有三种：子流域离散法、栅格离散法、山坡离散法。子流域离散法中又有几种不同的离散思路，包括典型性单元面积方法(Representative Elemental Area，REA)(Wood et al.，1988)、聚集型模拟单元方法(Aggregated Simulation Area，ASA)(Sandra et al.，2003)、水文相似单元法(Hydrological Similar Unit，HSU)(Schumann et al.，2000)、水文响应单元法(Hydrologic Response Unit，HRS)(Beven，1995；Limaye et al.，1996；FitzHugh et al.，2000)、分组响应单元法(Group Response Unit，GRU)(León et al.，2001)、生态区法(Ecological Region，ER)(王中根 等，2003)。子流域离散法将研究流域按上述不同的思路对流域空间离散化，形成下垫面特征相对均匀的地理单元，这些相对小的地理单元再与干流河道相联结，把它们作为分布式模型的计算单元。

这类模型的例子如 SWRRB 模型和 SWAT 模型(HRU 法)(David et al., 2002)、WATFLOOD 模型(GRU 法)(León et al., 2001)。栅格离散化方法是分布式模型中比较能体现"分布式"意义的一种离散化方法，它将流域内空间进行等间隔网格化，网格的大小以能够反映流域内降雨、地形、土壤类型和土地利用等特性的自然空间变异为划分原则；从理论上，网格越小，模型精度越高，但实际上模型往往受数据分辨率和计算机计算能力的限制。这类模型中典型的例子如 ANSWERS、TOPMODEL、SHE 模型等(薛金凤 等，2002；王中根 等，2003)。山坡离散化法主要根据数字地形模型(DEM)进行流域内河网和子流域的提取，然后基于等时线的概念，将子流域划分为若干条汇流网带，在每个汇流网带上，围绕河道划分出若干矩形坡面，在每个矩形坡面上，根据山坡水文学原理建立单元水文模型，进行坡面产汇流计算，最后进行河网汇流演算(León et al., 2001)。

这些模型中，研究和追踪的对象与侧重点也有许多不同，具体体现在过程、事件、空间尺度和时间尺度、污染物要素等方面。因而形成了尺度和功能各异的机理性非点源模型。例如，有的模拟暴雨过程和事件，追踪一次暴雨过程的径流污染，这类模型有模拟城市暴雨径流污染的 SWMM 模型、STORM 模型(USACE)、WATFLOOD 模型，有模拟农田尺度的径流、渗滤、蒸发、土壤侵蚀和化学物质的迁移转化过程的 EPIC 模型、CNPS 模型、CREAMS 模型，有适合模拟中小流域的 AGNPS 模型，有适合评估土地利用变化以及不同管理措施与技术措施对非点源污染负荷和水质的长时间影响模拟且适合大流域的 SWAT(Arnold et al., 1998)模型、SHE 模型，有用于模拟农业活动对地下水影响的 GLEAMS 模型，还有采用空间相关的 SPARROW 统计模型(Stephen et al., 1999)，有为城市规划人员和自然资源管理者评估土地利用改变对水质水量影响的 L-THIA 模型(Engel, 2001)，有集空间信息处理、数据库技术、数学计算、可视化表达等功能于一身的流域管理与评估的大型软件包 BASINS(USEPA, 2001)。这些尺度和功能各异的机理性非点源模型在不同程度上都有营养盐模拟组件，可以利用它们进行不同侧重的营养盐输移研究，对水体富营养化外源输移和贡献份额进行机理性的探讨。

2.1.3 流域尺度的主要非点源模拟模型简介

在研究和探讨不同土地利用和农业管理实践对土壤流失及非点源污染方面，计算机模拟模型已日渐普及并被广泛应用其中。20 世纪 70—90 年代，研究人员开发了大量的机理性的非点源污染模型。表 2-1 列出了常见的基于流域尺度的非点源模型。

表 2-1 常见的基于流域尺度的非点源模型

模型名称	开发时间	参数形式	空间尺度	时间尺度	模型结构与特征
HSPF	1976 年	集总式参数	流域	连续或一次暴雨过程	斯坦福水文模型；侵蚀模型考虑雨滴溅蚀、径流冲刷侵蚀和沉积作用；污染物包括氮、磷和农药等，考虑复杂的污染物平衡
ANSWERS	1977 年	分布式参数	流域	开始为单次暴雨，后发展为长期连续	水文模型考虑降雨初损、入渗、坡面流和蒸发；侵蚀模型考虑溅蚀、冲蚀和沉积；早期并不考虑污染物迁移，后补充了氮、磷子模型

续表

模型名称	开发时间	参数形式	空间尺度	时间尺度	模型结构与特征
SEDIMOT Ⅱ	1984年	集总式参数	流域	单次暴雨	SCS水文模型，坡面流、河道流；侵蚀部分有两个模型，MUSLE和SLOSS；无污染物迁移子模型
SWRRB	1984年	集总式参数	流域	长期连续	SCS水文模型，入渗、蒸发、融雪；改进通用土壤流失方程；氮、磷负荷，复杂污染物平衡
AGNPS	1987年	分布式参数	流域	开始为单次暴雨，后发展为长期连续	SCS水文模型，通用土壤流失方程；氮、磷和COD负荷，不考虑污染物平衡，后来有许多改进
CNPS	1996年	分布式参数	流域	长期连续	SCS水文模型，入渗、蒸发、融雪；改进通用土壤流失方程；氮、磷负荷，简单污染物平衡
L-THIA	1994年	分布式参数	流域	长期	采用简化的SCS CN作为该模型的核心部件
SWAT	1996年	集总式参数	流域	长期连续	SCS水文模型，入渗、蒸发、融雪；改进通用土壤流失方程；氮、磷负荷，复杂污染物平衡
LOAD	1996年	分布式参数	流域	长期连续	产流系数法计算径流量；无侵蚀模型；统计模型计算BOD、TN、TP负荷
WATFLOOD	1999年	分布式参数	流域	长期连续	统计模型计算BOD、TN、TP负荷
MIKE-SHI	1986年	分布式参数	大流域	长期连续	模拟土地系统各相中的所有水文循环过程，可以模拟水量、水质和泥沙输移

（1）L-THIA模型

L-THIA（Long-Term Hydrologic Impact Assessment）模型主要帮助城市规划人员或自然资源管理者量化土地利用变化对水质水量的影响。它借助土地利用、土壤特性以及降水的历史资料来确定某种土地利用类型变化或潜在的土地利用类型变化所导致的年径流和几种非点源污染物的平均影响。与其他非点源模型相比，该模型对数据的要求相对较低，所需要的参数相对少且易获取，只需要土地利用类型、土壤类型及基于长时间序列的降雨量数据，对于资料匮乏的地区来说更具实际应用价值，被广泛应用于流域非点源污染负荷模拟研究（白风姣 等，2012；Mirzaei et al.，2016）。作为快速而简易的方法，L-THIA模型聚焦于土地利用类型变化带来的平均影响，而不是特定年份或某个暴雨事件对水质水量的影响。L-THIA模型已经有许多基于GIS平台的版本，并具有分布式参数的特征（Bhaduri et al.，1997）。Harbor等（1998）开发了一个基于GIS的L-THIANPS模型，用于评估过去或将来规划中的城市建设所引起的土地利用变化对流域水质的影响。此外，L-THIA还有基于Web的模型系统L-THIA WWW，用户只要将数据提供给客户端的Web用户界面，系统就会将数据通过Internet传递到主机并进行运算，将结果反馈到客户端并以图表和图形的方式加以表达（Pandey et al.，2000）。近年来，城市无计划大规模的扩张引发了许多有关土地利用变化的关注与思考，如土地利用变化导致了洪水频发、河床降低、土壤侵蚀以及地下水补给等一系列无法诠释的问题（Engel，2003），因而L-THIA模型得到了大量应用，例如，Ogden

(1996)用于城镇规划和海岸线管理；Grove等(2001)则基于GIS和遥感资料，用该模型评估印第安纳波利斯历史上土地利用变化对流域的影响；Minner等(1998)在美国的主要气候带下通过构造城市扩展的许多变量，分析保留适宜绿化带或绿化区的城建方案与传统的城建方案对流域水环境的影响差异。传统的土地利用规划是基于"满足需求"这种理念，而现在可持续发展的土地利用规划应该是"环境承载力"能否容纳的理念。L-THIA模型为有效转变传统的土地利用规划观念提供了可操作的方法和工具。国内也有大量学者利用L-THIA模型开展流域非点源污染研究，例如：占红等(2015)利用L-THIA模型开展城市不透水面扩张对地表径流量的影响研究，以哈尔滨市松花江沿岸的6个中心城区为例，运用线性光谱分解技术和L-THIA模型，模拟小雨、中雨、大雨和暴雨4种日降雨量情景和枯、丰水年情境下不同年份由于不透水面的扩张所引起的日径流量和年径流量变化；匡舒雅等(2018)利用L-THIA模型，在2015年土地利用数据、土壤水文数据以及长时间序列(2009—2014年)逐日降雨数据的数据基础上，模拟了四川省境内濑溪河流域2014—2015年流域内的非点源污染负荷空间分布；蒋婧媛等(2019)应用L-THIA模型估算了广东省大亚湾陆域非点源总氮(TN)污染负荷量，并进行了汇水区内来源贡献的定量识别以及对关键源区的空间识别，为大亚湾落实污染物总量控制制度、制定污染治理对策等提供重要信息和决策参考。

(2)AGNPS模型

AGNPS(Agricultural Non-point Source Pollution)模型于1986年由美国农业部农业研究署和土壤保护署以及明尼苏达州的污染控制处联合开发，是单降水事件的分布式参数模型，后来做了许多改变，在原来模拟一次降雨过程的基础上，增加了长时间系列的模拟，成为一个流域系统评估的管理决策工具，并与ArcView GIS平台进行了集成(Yuan et al.，2002)。AGNPS模拟一次降雨过程时，可以模拟集水区内径流、侵蚀和营养物质迁移等内容，主要有3个模型组件：①推求径流和水量的水文组件；②推求侵蚀和泥沙输移的组件；③推求营养盐输移和浓度的化学组件。水文组件采用美国农业部土壤保护署的CN方法，以格网离散单元作为计算单元；泥沙输移组件采用通用土壤流失方程USLE；而营养盐输移主要基于富集率和提取系数的概念估测氮、磷和化学需氧量(COD)(David et al.，2000)。

后期与ArcView集成的AGNPS模型，在资料的预处理、后处理以及可视化方面有了很大改善，模拟能力也做了结构性的增强，在单暴雨事件模拟的基础上，增加了长期连续模拟的功能。模型由以下几部分组成：①数据输入和编辑模块；②农业流域内年平均污染负荷模型(AnnAGNPS)；③格式化输出和分析解译模块；④河网演化过程程序集(CCHE1D)；⑤河道模型；⑥内流水温模型(SN TEMP)。其中AnnAGNPS吸收和更新了许多内容，如侵蚀模拟采用了RUSLE模型，另外还考虑了杀虫剂的影响。模型的输出包括可溶性和吸附性氮(N)、磷(P)营养盐以及有机碳(OC)和杀虫剂等。

(3)ANSWERS模型

ANSWERS(Areal Nonpoint Source Watershed Environment Response Simulation)模型1980年由普度大学农业工程系Beasley和Huggins提出，是一个基于降水事件的分布式参数模型，用于评估和预测农业流域的水文和侵蚀过程。氮、磷等营养物质用化学浓度、产沙量和径流三者之间的关系来模拟。模型采用格网方法对研究区进行空间离散化。在模拟土壤侵蚀中采用经验方法，因而只能模拟泥沙输移的总量(Beasley et al.，1980)。该模型在20世纪80年代得到改进，使模型能够模拟侵蚀过程中的泥沙分布；并且增加了基于事件的氮磷输移模型，同时还考虑了可溶性、吸附性硝酸盐、铵和TKN的输移过程。后期ANSWERS模型还与GIS集成，使模型在数据处理和可视化方面得到很好的改善，增加了模型的可操作性和实用性。ANSWERS 2000在单降雨事件模型的基础上，增加了长时间连续模拟的功能(Bouraoui et al.，1996)。营养盐子模型也做了很大改进，长期连续模拟考虑了渗透、土壤湿度和作物生长过程，增加了地下水组件和决策支持系统，并与ArcGIS平台进行了集成，对参数选择和数据库创建有很好的支持。模型中考虑了4种形态的氮磷(稳态氮、活性有机氮、硝酸盐、铵和稳态矿物磷、活性矿物磷、土壤有机磷、不稳定磷)输移过程。

(4)SWAT模型

SWAT(Soil and Water Assessment Tool)是由美国农业部农业研究署研究开发的一个连续时间的分布式模型，适用于包含各种土壤类型、土地利用和农业管理制度的大流域，主要用来模拟和评估人类活动对水、沙、农业污染物的长期影响(Eckhardt et al.，2002)。SWAT模型在离散化的空间单元中，应用传统的概念性模型来推求水文、污染物输移和转化等过程，由8个组件组成，包括：水文、气象、泥沙、土壤温度、作物生长、营养盐、农药/杀虫剂和农业管理。该模型可以模拟地表径流、入渗、侧流、地下水流、回流、融雪径流、土壤温度、土壤湿度、蒸散发、产沙、输沙、作物生长、氮和磷等营养盐流失、流域水质、农药/杀虫剂等多种过程以及耕作、灌溉、施肥、收割、用水调度等多种农业管理措施对这些过程的影响。模型可以模拟5种形态的氮和磷，包括矿物态和有机态氮磷，不但考虑了氮磷在上层土壤和泥沙中的集聚，同时利用供求方法计算了作物生长的吸收。

SWAT模型按照特定的集水区面积阈值，划分成若干个子流域，再根据不同的土地利用方式和土壤类型将各个子流域进一步划分出水文响应单元(HRUs)。模型在各个HRU上独立运行，并将结果在子流域的出口进行汇合。模型主要含有水文过程子模型、土壤侵蚀子模型和污染负荷子模型3个子模型。采用SCS模型计算地表径流，引入反映降水前流域特征的无因子参数CN，得到降水径流的经验方程；利用改进的通用方程(MUSLE)预测土壤侵蚀量；考虑各种形式的N、P在土壤中的迁移转化，并采用QUAL2E模型计算河道中营养物的迁移和转化(朱瑶 等，2013)。

(5)BASINS模型

BASINS是由美国环境保护署开发的一个流域尺度的、多目标的环境分析系统，同时也是一个基于GIS的流域管理工具，可以对不同空间尺度流域的点源和非点源污染物进行综合分析。该模型由一系列组件和工具组成：①数据采集工具和工程建制工具；②评估工具；③管理和检测数据工具；④流域特征提取工具；⑤分类(DEM、土地利用、土壤和水质)；⑥流域下垫面参数输出；⑦河道水质模型；⑧两个流域负荷和传输模型(HSPF和SWAT)；⑨基于GIS的非点源负荷模型PLOAD。BASINS模型与GIS进行了集成，改善了一些组件的操作界面和图形数据的后处理能力，增强了模型的实用性，使研究人员可以在GIS平台上借助GIS强大的空间信息管理、处理和分析功能，有效地组织和管理数据并对模拟结果进行可视化表达(图表、专题地图)，从而可以对研究区水质的分级、流域点源和非点源污染等进行快速评估。

2.1.4 非点源模型的发展趋势与展望

非点源模型涉及大量的地理信息数据和人文数据。在庞大的数据量面前，数据的预处理和后处理是模型能否具有实用性和可操作性的一个重要方面。在非点源污染模型的研究中引入了GIS和RS等技术，大大提高了模型的有效性、实用性、可视化程度和可操作性，为研究非点源污染机理、过程和量化提供了新的技术手段。随着GIS、RS、虚拟现实、神经网络等技术的不断发展，非点源模型与这些新技术的结合将是一个永恒的话题，无论是两者集成的方式或集成的程度都会有“水涨船高”的变化趋势，使模型的数据预处理和数据后处理得到进一步的提升。如SWAT模型就紧密追踪GIS发展的步履，在不同的阶段形成了基于GIS平台的不同版本，近来推出的ArcGIS-SWAT就是在ArcGIS软件中增添了基于水文数据模型的水文分析组件ArcHydroTools之后，利用ArcGIS提供的控件，采用高级视窗语言开发的新的一套SWAT界面，使人机界面更加友好。

从技术层面上来看，模型本身的底层开发和结构框架随着计算科学、信息科学的发展会有一个本质的飞跃。例如，随着基于地理信息科学的水文模型的提出，构建水文模型和非点源模型相兼容的时空数据结构将可以完全革新目前在数据预处理和后处理方面出现的依靠与现有GIS平台进行集成的各种方式；并行技术、分布式数据库技术等也将与模型结合，以增加模型获取实时数据和处理海量数据的能力，为流域管理、环境评估提供独立的操作平台。

模型的可靠性评估也是数据后处理的一个方面。模型输出结果和实际情况存在的误差受3个因子影响，即模型误差、输入误差和参数误差。在评估非点源污染模型的预测结果可靠性时，不确定性分析是必不可少的。加强模型系统辅助构件的研究，有效地利用地理统计、不确定性分析、模糊理论等辅助构件来完善系统也是今后发展方向之一。

分布式模型中，大量的模型参数有时并不完全知道，而参数的人工率定是一个非常耗时、复杂的工作，模型的自动率定和优化可以在某种程度上克服这方面的不足。因此，增加模型参数的自动率定和优化会在以后的发展过程中得到加强。

非点源污染涉及多种地表过程和人类活动过程，随着对这些过程的认识进一步加深，对各种过程的模拟模型必将进一步发展，模型考虑的因素会越来越多，动态性会越来越强。如水文模型、土壤侵蚀模型、污染物质输移模型等基础模型的发展会引发整体性的更新；再如森林生长的动态变化、森林火灾的影响、与气候预测模型的集成等也都将会是模型进一步考虑的范畴。

非点源污染模型已经广泛应用在流域管理和流域生态健康评估、城市规划、自然资源管理、农业耕作措施的选择、水体富营养化机制探讨等领域。利用各领域前沿技术综合应用非点源模型进行深层次的研究必将进一步展开。例如：模拟不同时间尺度下流域水文特征对大气强迫作用的响应；与大气环流模型GCM耦合探讨流域-湖泊复合生态系统的全球变化响应；利用湖泊沉积资料解译和追踪湖泊富营养化的历史痕迹，探讨富营养化的自然过程，这些方面将成为非点源模型应用的热点。

2.2 SWAT模型在国内外不同领域的研究与应用

SWAT模型自20世纪90年代由USDA-ARS开发以来，在国内外已广泛应用于水质和水量的模拟评估、非点源污染负荷估算及形成机制探讨、情景分析与预测、环境变化及农业管理措施对水文水质的影响、气候变化对区域水循环和作物生长的影响等多方面(Gassman et al., 2007)；应用的流域尺度从几百平方千米到几十万平方千米不等，甚至大到国家级或大陆级空间尺度，例如：Jayakrishnan 等(2005)将 SWAT 模型用于宏观分析和评估美洲大陆或美国全国的水质、水量等水资源管理措施的效应；应用的时间尺度从某次降水过程的数小时、数天到几十年不等(Muttiah et al., 2002)。在众多的流域分布式模型中，SWAT 模型是目前最具代表性、使用最广泛、应用前景最广阔的分布式机理性模型(Krysanova et al., 2008)。

2.2.1 SWAT 模型与其他主要非点源模型的比较

在众多的集总式和分布式参数模型中，目前国内外广泛应用的模型包括 ANSWERS, CREAMS, GLEAMS, DWSM, MIKE SHE, AGNPS, EPIC 和 SWAT 等模型(Arnold et al., 1998)。CREAMS 和 GLEAMS 是农田尺度模型，不能直接用于流域尺度模拟，而 ANSWERS 模型和 AGNPS 模型没有考虑地下水过程(Arnold et al., 1995)。SWAT 模型和 HSPF 模型是美国环境保护署指定的用于模拟全国性水文水质问题的模型，而其中 HSPF 模型基本上是一个集总参数模型，无法模拟水文过程的空间变化。此外，HSPF 模型没有考虑牲畜和乡镇农村居民的生活污水排放(Croley et al., 2005)。在 SWAT 与其他类似流域模型的应用比较中，有大量的文献表明 SWAT 模型在不同程度上要优于 HSPF, DWSM, MIKE SHE, AGNPS 等模型(Arnold et al., 2003；Bera et al., 2004)。张利平等(2009)对可变下渗能力水文模型 VIC 与 SWAT 模型进行对比研究，表明 SWAT 模型的效率系数与相关系数较好。但也有文献报道了相反的结果，例如，Ahmed 等(2007)在模拟爱尔兰农业流域的磷流失时，对 SWAT 模型、HSPF 模型和 SHETRAN 模型的模拟效果进行了对比试验，结果表明 HSPF 模型在模拟逐日平均磷排放时效果好于 SWAT 模型和 SHETRAN 模型。

2.2.2 SWAT 模型在国外的主要研究与应用进展

国外学者近年来运用 SWAT 模型开展了一系列研究，典型的如 Schmalz 等(2009)将 SWAT 模型应用于德国低地(其特征是平坦地形、浅地下水位、低水力梯度)的不同景观模拟，分析了模型的敏感性，发现在低地区域该模型对含水土层的地下水位极其敏感；Miseon 等(2010)在小尺度农业流域应用 SWAT 模型结合高分辨率的遥感数据对 4 种管理方案(植被过滤带管理、河岸缓冲区管理、通用土壤流失方程 P 因子调节、农作物施肥量控制)进行了评估，以分析最适宜管理措施的非点源减小效应；Fontaine 等(2002)、Jha 等(2004)利用 SWAT 模型通过气候要素输入中增加大气 CO_2 浓度(影响植物发育和蒸腾)来研究气候变化对植物生长、河流水量等的影响。此外，还有学者研究了大空间尺度背景下获取 SWAT 模型降雨数据的问题。例如，Jayakrishnan 等(2005)研究了 SWAT 模型与天气雷达降雨数据的集成(如 NEXRAD 或 WSR-88D)，通过遥感技术估算大空间尺度的降雨数据，以解决实测降雨数据时空分辨率不足的问题，同时也可以解决无资料地区的降雨数据获取问题。在研究气候变化方面，Muttiah(2002)应用 SWAT 模型模拟了 2040—2059 年的气候变化对 San Jacinto 流域的影响；Gosain(2006)应用 SWAT 模型模拟了印度 12 个主要流域 2041—2060 年气候变化情景对地表径流的影响。此外，也有研究者利用 SWAT 模型与大气通用环流模型 AGCMs 和区域气候模型 RCMs 或与两者的耦合开展气候变化对水文的影响，例如，Rosenberg(2003)在HUMUS框架下利用HadCM2 GCM模型与SWAT模型耦合模拟了气候变化对水文的影响，其中气候变化情景还包含了ENSO的因素。Takle等(2005)、Jha等(2006)、Krysanova等(2005)也分别采用GCM模型或RegCM模型与SWAT模型(或SWIM模型、SWAT-G模型)等耦合模拟了气候变化情景对水循环和作物产量等的影响，其中有些模拟的时间跨度达到30 a。

2.2.3 SWAT模型在国内的主要研究与应用进展

国内SWAT模型的研究和应用从2000年前后起步，经过快速发展，已广泛用于水量、泥沙和非点源污染的模拟。研究区域涉及西北寒旱区(如黑河流域、黄河流域等)以及南方暖湿区(如太湖流域、鄱阳湖流域等)。研究领域包括水质和水量的定量模拟、土地利用变化及气候变化的水文响应、融雪和冻土对水文循环的影响等。此外，国内学者对SWAT模型数据精度和子流域划分阈值对模型输出影响、数据预处理及率定、与其他模型耦合、模型参数输入界面的集成与模型的相关完善等方面也进行了许多探讨。

在水质、水量及水资源的定量与影响因素模拟分析方面，郝芳华等(2006)分析了黄河下游支流洛河上游卢氏水文站以上流域的亚流域划分数量以及土地利用变化和降雨的空间不确定性对模拟产流量和产沙量的影响。王中根等(2004)在黑河干流山区莺落峡以上流域的模拟结果表明，SWAT模型在结构上考虑了融雪和冻土对水文循环的影响，适用于我国西北寒区。对于SWAT模型在大尺度流域上的应用方面，刘昌明等(2003)对黄河河源区流域进行了大空间尺度、不同土地覆盖和气候条件下的水文情景模拟，流域面积达42.8×10^5 km^2。此外，赖格英等(2005)应用SWAT模型对太湖流域的营养物质输移进行模拟，分析人类活动背景下土地利用/覆盖变化、生活污水等对营养物质输移的影响，并在鄱阳湖梅江流域应用SWAT模型对土地利用/覆盖和植被覆盖度变化的水文响应进行模拟。结果表明，在土地利用与覆盖资料基础上增加植被覆盖度参与模拟会有很好的模拟效果(赖格英 等，2008)。肖洋(2008)利用SWAT模型模拟土地利用/森林植被变化对非点源污染的响应，其中以植被覆盖较少的其他土地利用类型土壤侵蚀和非点源污染物负荷模数较大，而林地减少土壤侵蚀和非点源污染负荷的作用显著，尤其是混交林产生的土壤侵蚀和非点源污染物负荷模数较少。张永勇等(2009)应用SWAT模型探讨了北京市温榆河流域闸坝群对水文循环和污染物运移的作用，分析闸坝群对温榆河干流水量和水质浓度的影响，并将闸坝水量和水质联合调度模型、遗传算法耦合到流域综合管理模型SWAT中，从流域尺度上探讨闸坝的合理调度模式，在温榆河流域进行了实例研究(张永勇 等，2010)。赵琰鑫等(2012)利用SWAT模型，通过地表污染物累积、降雨冲刷和雨污汇流过程的动力学模型耦合，模拟了典型钢铁工业区降雨径流与面源产生过程。张芳等(2011)运用SWAT模型模拟区域内水资源在循环过程中的流失量和耗水量(ET)，并进行县域水资源供耗平衡分析和优化配置，结果表明，模拟得到的ET比遥感提取的ET更合理地反映了实际耗水量。钱坤等(2011)运用SWAT模型对2020年及2030年在不同水资源管理措施下的情景方案进行模拟。为使蓝水绿水资源量统一纳入水资源评价与管理中，甄婷婷等(2010)将SWAT模型作为估算蓝水绿水资源量的工具之一。史伟达等(2011)以我国南方典型水稻种植区漳河灌区的小流域作为研究区，基于改进的SWAT模型，分析了不同施肥制度下的氮、磷负荷排放规律。陈莹等(2011)以长江三角洲地区太湖上游的西苕溪流域为研究区，利用SWAT模型，结合未来4种城镇化情景，模拟分析未来城镇化的长期水文效应。王艳君等(2009)以城市化流域为例，采用 SWAT 模型对流域的土地利用变化对水文过程的影响进行了研究。李明星等(2010)以陕西为研究区，运用 SWAT 模型模拟研究了区域 54 a(1951—2004 年)的土壤总含水量、各层含水量和土壤蒸发日值等的时空变化。马天海等(2016)对贾鲁河流域旱作农业区非点源污染负荷产生规律及其影响因素进行分析，发现玉米期和小麦期氮肥的施用量相当，但是玉米期氮流失量要远远大于小麦期，玉米期的入河负荷大于小麦期，7—8 月入河量占全年入河总量的 78%；耿润哲等(2016)利用 SWAT 模型模拟红枫湖流域非点源污染，发现区域内耕地比重较大时易发生土壤侵蚀和营养物流失，以及施肥量是影响总氮、总磷输出的最主要因子。

在气候变化的水文响应方面，不同学者先后应用 SWAT 模型研究气候变化、LUCC 等对水资源的影响(张建云 等，2007；冯夏清 等，2010；顾万龙 等，2010)。此外，翟家齐等(2010)利用 SWAT 模拟分析南水北调中线水源区丹江口水库在不同气候变化以及土地利用变化情景下的供水水文风险；翟晓燕等(2011)运用 SWAT 模型并通过 LA-OAT 法的参数敏感性分析和数字滤波基流分割技术，分析了 35 种气候变化情景对沙澧河流域径流的影响；李志等(2010)基于 4 种全球环流模式(CCSR/NIES，CGCM2，CSIRO-Mk2 和 HadCM3)的各 3 种排放情景(A2，B2 和 GGa)，利用 SWAT 模型模拟气候变化的水文响应，评估了 2010—2039 年气候变化对黄土高原黑河流域水资源的可能影响；张利平等(2010)以南水北调中线工程水源区为研究流域，根据 IPCC 第四次评估报告多模式结果，应用 SWAT 模型模拟分析了 IPCC SRES 第四次评估报告中假定的注重经济增长的全球共同发展情景(A1B，中等排放)和注重经济增长的区域发展情景(A2，高排放)下 2011—2050 年的降水、气温、径流的响应过程。

近年来 SWAT 模型的应用除了传统的水文水循环领域外，还扩展到其他方面。例如：曾昭霞等(2010)运用 SWAT 模型研究小流域粮食产量稳定与施肥空间优化调整的关系；梁犁丽等(2010)基于 SWAT 模型模拟分析鄂尔多斯遗鸥保护区湖泊湿地集水区的生态需水量；王军德等(2010)将 SWAT 模型应用于西北干旱区祁连山系杂木河流域的最佳水源涵养效应生态模式的研究；杜丽娟等(2010)引入效益分摊系数计算不同情景潘家口水库对上游地区的补偿标准，将 SWAT 模型用于水土保持生态补偿标准的核算。

2.3 SWAT 模型在应用中的适应性修正

为适应不同的应用目标和增强 SWAT 模型的可操作性，国内外学者在应用过程中进行了 SWAT 模型与其他模型的耦合集成研究，并对该模型进行了不同程度的修正。Griensven 等(2005，2006，2008)在研究比利时的 Dender 和 Wister 湖流域时，把 Qual2E 模型集成到 SWAT 模型中，对模型“小时时间步长”动力框架进行了修正，增强了 SWAT 模型的水质模拟功能，形成了 ESWAT 模型。George 等(2007)用 WaterBase 工程，在开源的 GIS Map-Windows 平台上以插件的方式开发集成了 MWSWAT 模型。此外，国内外还先后开发了一系列辅助工具，以支持 SWAT 模型的运行，如交互的 SWAT 软件(i_SWAT，该软件将 Windows 界面与 Access 数据库连接)、RAO 等(2006)开发的 CRP-DSS 决策支持系统及 Kannan 等(2006)开发的 AUTORUN 系统、自动参数选择与聚类的 SWAT 模拟效检工具(iSWAT)。此外，SWAT 植物生长模型的缺陷导致了多位学者开展了对此进行修正的探索性研究，例如：Watson 等(2005)和 McDonald 等(2005)引入了森林生长的机理模型 3-PG 来代替 SWAT 植物生长模型；Kiniry 等(2008)也提出通过引进并修正 ALMANAC 植物模型以改善 SWAT 模型在模拟森林生态系统有关水和生物地球化学循环方面不足的方法。SWAT 模型在对地物形状的表达方面，虽然该模型中类型为"Pothole"(坑洞)的水文响应单元可用于水田的近似模拟，但是 SWAT 模型中假设该类型单元的形状为锥形，与水田的实际情况不符(高扬 等，2008；Sakaguchi et al.，2014)。在热带地区，降雨而不是温度是主要的植物生长控制因子，为克服 SWAT 在模拟热带树木和多年生植被的季节性生长周期方面的局限性，Alemayehu 等(2017)对 SWAT 模型的植物生长模块进行了修正，形成了 SWAT 的修正版本(SWAT-T)，用于模拟热带生态系统的植被变量(如叶面积指数 LAI)对非点源污染的影响。SWAT-T 引进了一个土壤湿度指数(SMI)变量，SMI 被定义为降雨量(P)与参考蒸散量(ETr)的比值。结果表明，SWAT-T 模拟的水分平衡分量(蒸散量和流量)及遥感蒸散量(ET-RS)与实测流量吻合较好。

近年来国内学者在这方面也做了大量探索。桑学锋等(2009)以 SWAT 模型、人工水平衡 AWB 模型及地下水 MODFLOW 模型为基础，耦合构建了基于广义 ET 的区域水资源与水环境综合模拟模型。吴挺峰等(2009)将 SWAT 模型与垂向二维富营养化水体模型相集成，构成了适用于狭长河流型水库的流域富营养化模型。代俊峰等(2009)针对中国南方丘陵水稻灌区的水文特点，改进了 SWAT 模型的灌溉水运动模块以及稻田水分循环模块、稻田水量平衡各要素和产量模拟的计算方法，增加了渠系渗漏模拟模块及其对地下水的补给作用、塘堰的灌溉模块等。谢先红等(2009)在稻田蒸发蒸腾、控制灌溉排水、塘堰实时灌溉等方面对 SWAT 模型进行了改进，使其可以模拟"间歇""淹灌"和"薄浅湿晒"等灌溉模式的水稻灌区水分运动过程。陈强等(2010)将 PSO 算法代替 SWAT 模型原有的 SCE 自动率定算法，构建了新的 SWAT 模型参数自动率定模块，并利用改进的 SWAT 模型多水源灌溉模块，将水资源配置模型的农业灌溉用水展布到改进后的 SWAT 模型中，实现 2 个模型的松散式耦合(陈强 等，2011)。李硕等(2010)提出通用输入文件定制的模型集成方案，并利用动态链接库技术开发了一套 SWAT 模型输入文件定制的类库和输入模型参数调整的功能模块。仕玉治等(2010)针对灌溉资料相对缺乏的流域，以 SWAT 模型为基础，修改了水稻田的自动灌溉制度，并构建了多水源综合灌溉模块。张雪刚等(2010)将 SWAT 模型与地下水 MODFLOW 模型进行耦合，以其水文响应单元和 MODFLOW 模型的有限差分网格(cell)作为基本交换单元，将 SWAT 模型模拟计算的地下水补给量和潜水蒸发量引入 MODFLOW 模型的地下水补给模块和潜水蒸发模块中。初京刚等(2011)开展了将 SWAT 模型与 MODFLOW 模型耦合进行地表水与地下水联合模拟的研究，提出了在 ArcSWAT 2005 环境下 2 种耦合模型中计算单元(分别为水文响应单元(HRU)和网格(CELL))转换的方法。郑捷等(2011)针对平原型灌区人工-自然复合的水文循环特点，考虑平原灌区灌溉渠道、排水沟和河道等人工干扰，在沟渠河网的提取方法、子流域与水文响应单元的划分以及作物耗水量计算模块等方面对 SWAT 模型进行了改进。杨丽雅等(2015)应用简化的 SWAT 模型模拟漓江支流某小流域非点源污染的负荷量，并对模型的适用性做出评价，研究结果表明模型模拟效果良好。

SWAT 模型在模拟岩溶地区的水文、水质方面，国内外有许多应用(Afinowicz et al.，2005；Schomberg et al.，2005)。研究表明，由于 SWAT 模型是基于松散介质特性建立的分布式模型，缺乏必要的组件来刻画岩溶含水系统的特征，因而在模拟岩溶地区的水文问题时存在诸多局限，Coffey等(2004)和Benham等(2006)应用SWAT模型对岩溶流域的基流进行模拟，结果表明模拟结果有较大的误差。国内有研究者针对这些局限曾对SWAT进行过一定的修正，如任启伟(2006)在修正SWAT模型的基础上建立了双重尺度的岩溶流域分布式水文模型。模型结构包括水循环的陆面部分和水面部分。陆面部分控制子流域主河道的水输入，水面部分完成地下河或地表河的汇流输出。模型特别考虑了岩溶流域的特殊结构，采用指数衰减方程刻画表层岩溶带的调蓄过程，应用线性水库刻画浅层岩溶裂隙网络的调蓄作用，并用马斯京根法概算地下河汇流过程。在水质与非点源污染模拟方面，Amatya等(2009)在应用SWAT模型于切皮尔贝睐取溪(Chapel Branch)岩溶流域以评估河流月流量的动态变化时，也发现对岩溶泉流量的模拟存在高估或低估的现象，同时也表明SWAT在模拟岩溶特征流域的营养物质、沉积负荷时，应根据岩溶特征做适当的调整。因此，应用SWAT模型开展岩溶流域的非点源污染模拟，仍然是值得研究的问题。

值得一提的是，在大量SWAT模型的应用研究中，也有国内外学者报道了SWAT模型适应性方面存在的问题。如Schmalz等(2008)在德国北部的应用表明，SWAT模型在模拟平坦、低水力梯度、浅地下水位的湖泊泥炭型地区水文过程时存在较大的不确定性。Hattermann等(2008)的研究表明SWAT模型在模拟湿地过程时存在不足。程磊等(2009)将SWAT模型应用到黄河中游干旱、半干旱区多沙和粗沙典型流域时，SWAT模型产流机制不能有效模拟干旱、半干旱地区的窟野河流域的壤中流、基流和春汛流量过程。

第3章 SWAT模型简介

3.1 模型概述及发展历程

3.1.1 模型概述及其特征

SWAT是一个流域尺度的分布式模型，由Jeff Arnold博士为美国农业部(United States Department of Agriculture，USDA)农业研究服务署(Agricultural Research Service，ARS)开发的环境模型，以预测和评估复杂大流域在不同的土壤、土地利用和管理条件下，土地管理实践对水、泥沙沉积、农业化学物质的长期影响，在加拿大和北美具有广泛的应用。该模型不适合于模拟具体的单一洪水过程，而更适合于流域尺度的环境效应评估。模型有以下几个基本特征。

(1)该模型是具有物理意义的模型，而不是描述输出变量和输入变量之间统计回归的经验方程；该模型的输入变量要求包含特定的有关气象、土壤、地形、植被和流域内土地管理实践等信息；在物理基础上，考虑了流域内部的多种地理过程，包括：水文、气象、泥沙、土壤温度、作物生长、营养盐、农药/杀虫剂和农业管理。可以模拟地表径流、入渗、侧流、地下水流、回流、融雪径流、土壤温度、土壤湿度、蒸散发、产沙、输沙、作物生长、营养盐流失(氮、磷)、流域水质、农药/杀虫剂等多种过程以及多种农业管理措施(耕作、灌溉、施肥、收割、用水调度等)对这些过程的影响。

(2)该模型是一个分布式参数模型，它考虑到了流域内部的地理要素和地理过程在时间和空间上的非均一性和可变性，并以子流域的空间单元划分方法将一个大区域或流域离散化成更小的区域或地理单元——水文响应单元(HRU)，在每个水文响应单元中，地形、土壤、降水、土地利用等地理参数被看作是均一的，因而比较逼近环境过程的真实性，有较强的物理基础。

(3)模型的营养物质模拟主要以氮和磷为主，包含了地表过程、地下水过程及大气尘降过程。可以模拟5种形态的氮和磷(包括矿物态和有机态氮、磷)，包含在径流、侧流和入渗中的NO_3通过水量和平均聚焦度来计算。在地下的入渗和侧流中考虑了过滤的因素影响。降雨事件中有机氮的流失利用了McElroy等人开发并由Willianm和Hann修改的模型来模拟(William et al.，1996)。此模型不但考虑了氮元素在上层土壤和泥沙中的集聚，同时利用供求方法计算了作物生长的吸收。在计算溶解状态下的磷元素在表面径流中的流失方面，采用了Leonard等(1987)研究的方法，这个方法将磷素分成溶解和沉淀两种状态进行模拟。磷元素的流失计算考虑了表层土壤集聚、径流量和状态划分因子等因素的影响。同时考虑了作物生长的吸收。

(4)模型的动力框架为时间连续的分布式模型，模拟的时间跨度可以以每日步长的方式从年、月到年代际。适用于包含各种土壤类型、土地利用和农业管理制度的大流域，可以模拟和评估人类活动对水、沙、农业污染物的长期影响；可以推求水文、污染物(包括点源)输移和转化等过程。

(5)SWAT模型先后与不同的GRASS、ArcView、MapWinGIS和ArcGIS等地理信息系统平台进行了集成，提升了SWAT模型空间信息和空间数据前处理和后处理的能力，增强了可视化的操作功能和表达能力，使原本困难甚至不可能的传统常规定量化研究变得容易和方便。此外，SWAT模型自身更新较快，同时，与之配套的参数率定、数据处理的相关工具开发得也比较完善。

3.1.2 模型的发展历程

SWAT模型是在SWRRB模型的基础上加以改进而成的(Williams et al.，1996；Arnold et al.，1990)。它克服了SWRRB模型最多只能将研究区划分为10个亚区的限制。为了提高划分的空间精细度，SWAT模型在SWRRB模型基础上添加了一个提供河道演算方法的ROTO(Routing Outputs to Outlet)模型(Arnold et a1.，1995)，并使这两个模型结合起来，可以使用户根据自己研究的需要把研究区划分为合适数目的亚流域或格网。其他对SWAT有重要影响的模型包括：CREAMS(Chemicals，Runoff，and Erosion from Agricultural Management Systems)(Knisel，1980)、GLEAMS(Groundwater Loading Effects on Agricultural Management Systems)(Leonard et al.，1987)和EPIC(Erosion-Productivity Impact Calculator)(Williams et al.，1984)。改进的内容有：①可以同时模拟几个子流域的产水量；②增加了地下水或回流组件；③增加了水库组件以模拟水库和池塘等对水和泥沙沉积的影响；④增加了天气模拟模块，以模拟降水、太阳辐射、温度等气象要素以促进长期的模拟，提供气候变化的时空特征；⑤改善了预测地表径流峰率的方法；⑥增加了EPIC的作物生长模块，以估计作物生长的年变化；⑦增加了一个简化的洪水演算组件(flood routing component)；⑧增加了泥沙沉积传输组件以模拟泥沙沉积在河流、水库、池塘、河谷中的运动；⑨可以估计综合输移损失(transmission losses)。

20世纪80年代后期模型使用方面的焦点问题主要集中在水质评估方面，这一时期最显著的改进包括：①增加了杀虫剂组件；②增加了可供选择的预测径流峰率(peak runoff rates)的SCS方法；③新开发了泥沙沉积方程。这些方面的改善拓展了模型处理流域管理等诸多问题的能力；这一时期的SWRRB模型可以容易模拟几百平方千米的流域，但却限于10个流域分区(即子流域)，并且水和沉积输移的模拟是从子流域直接到流域出口，缺乏应有的中间过程，这些局限导致了ROTO模型的开发(Arnold et al.，1995)，ROTO模型提供了一个河道过程方法，通过“链接”多个SWRRB模型的运行来克服SWRRB本身的问题，但SWRRB和ROTO的无机组合，对于使用者来说，存在许多操作上的不便，因此，为了克服这些问题，SWRRB和ROTO被结合在一起，形成了一个统一的模型——SWAT。

SWAT模型创建于20世纪90年代初，经过多次改进和模拟能力的扩展，其中最有意义的几次改进和扩展如下。

① SWAT 94.2：多水文响应单元的合并。

② SWAT 96.2：自动施肥和自动灌溉功能增加到管理选项中；并结合了水的植物冠层截留功能；作物生长模型增加了 CO_2 组件以供气候变化的研究；增加了彭曼(Penman-Monteith)蒸发潜力方程；结合了土壤水运动的侧流过程；增加了基于QUAL2E的河道内营养物质的水质方程和杀虫剂方程。

③ SWAT 98.1：改善了河道水质方程和融雪方程；扩展了营养物质循环的过程；放牧、施肥、片流等分析模块增加到了管理选项中；为适用于南半球，模型也进行了必要的改进。

④ SWAT 99.2：改善了营养物质循环过程和农田与湿地过程；增加了水库、池塘、湿地由沉淀导致的营养物质存留；增加了河道中水的河岸存留过程以及有关的金属过程；增加了SWMM模型及USGS回归方程中的城镇累积和流失方程。

⑤ SWAT 2000：增加了细菌输移过程；改善了气象模拟模块，增加了太阳辐射、相对湿度、风速等逐日数据的文件读入与模拟计算的选择功能，也增加了流域土壤/植物蒸腾潜力数据的文件读入或模拟计算的选择功能。

⑥ 在SWAT 2005版本中，增加了敏感性、模型率定和不确定性分析等自动功能。这些调整大幅度扩展了SWAT模型在流域水问题上的模拟能力。ROTO模型的研发与引入使SWAT模型克服了SWRRB模型只能模拟10个子流域的局限，使其能够在非常大的空间范围内应用。

⑦ 在SWAT 2009版本中，增加了天气预测情景模拟、逐日CN计算中用到的滞留参数可能是土壤含水量或植被蒸散发的函数；增加了对当地污水系统的建模。

目前发布的最新版本是SWAT 2012。由于SWAT模型的运行涉及大量的空间数据输入，因此，其与GIS的集成增强了空间数据前、后处理的能力，使用户界面提升到以视窗平台为主的可视化界面。最初的SWAT与GIS集成界面是SWAT/GRASS、SWAT/MapWinGIS，之后又开发集成了AVSWAT和ArcSWAT。目前，又与QGIS进行了集成，开发了QSWAT。此外，一些与SWAT配套的数据前处理和后处理工具也大量涌现，SWAT开发者推荐的这些工具包括SWAT-CUP(参数率定/不确定性及敏感性分析工具)、水生态系统工具(Water Ecosystems Tool，WET)、数据库工具(SWAT-Weather Database Tool)等。

3.2 模型的主要结构

SWAT模型可以模拟流域内大量的物理过程，考虑到这些过程的空间非均一性，SWAT模型将流域离散化成许多子流域，每个子流域的输入信息被组织成以下几种类型：气候、水文响应单元、水库、池塘或湿地、河道。其中水文响应单元是最小的空间单元，在每个水文响应单元内土壤、土地利用和管理数据是一致的(Neitsch et al.，2002)。

在流域的各种自然过程和自然属性中，水是最活跃的媒介。水平衡是流域内各种过程基本的也是最重要的驱动力。为了精确预测泥沙沉积、营养物质和杀虫剂的运动，水文循环的模拟必须准确地把握流域内的主要水文过程，图3-1为SWAT模型水文模块的水循环结构。流域内的水文模拟可以分成两个部分：

第一部分：水文循环的陆面部分，这一部分控制了每个子流域输移到流域内主干河道中的水、泥沙沉积、营养物质和其他农业化学物质的数量；

第二部分：水、泥沙沉积、营养物质和其他农业化学物质在主干河道运动到流域出口的过程。

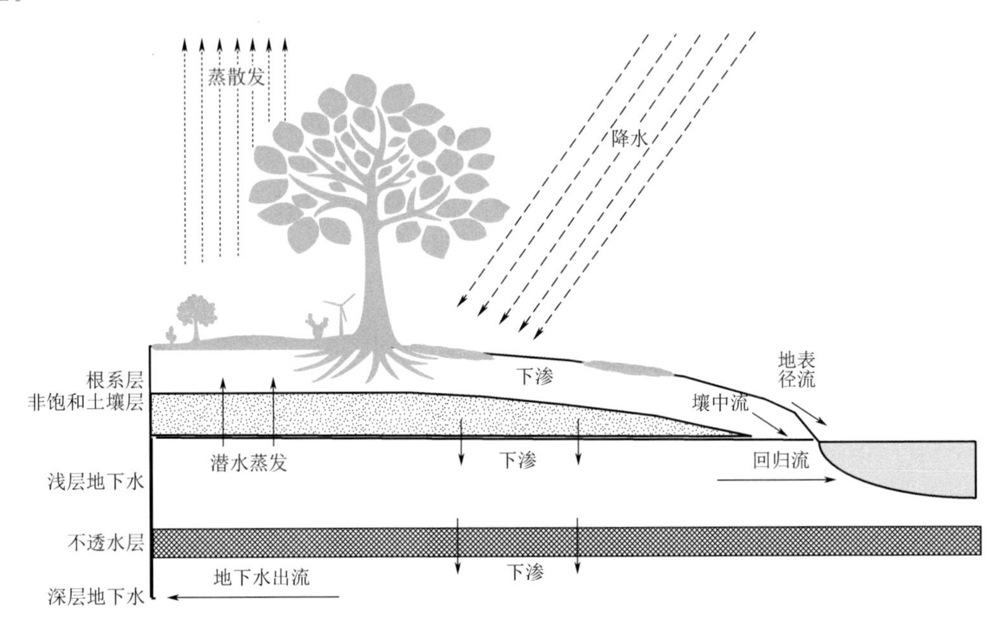

图3-1 SWAT水文循环单元系统水循环结构示意图

3.2.1 SWAT水循环的陆面部分模拟

流域的离散化可以使模型反映出作物和土壤的蒸发/蒸腾的空间差异，地表径流以每个水文响应单元进行计算，并以流域进行汇总。这种分布式的模拟增加了模型的精度，提供了更坚实的物理背景。

图3-2表示了SWAT模型水文循环陆面过程模拟中的一般流程，这个过程中涉及的不同输入和过程将在下面讨论。

3.2.1.1 气候

流域的气候提供了水循环的能量和水分条件，决定着水循环不同过程的相对重要程度。SWAT模型要求的变量由逐日降水、最高/最低气温、太阳辐射、风速和相对湿度等组成。这些变量可以通过文件形式读入实际观测数据，也可以在模拟期间由SWAT模型提供的“气象数据模拟模块”(Weather Generator)来模拟产生。“气象数据模拟模块”不仅可以用来对缺乏气象数据序列的流域进行逐日气象观测数据的模拟，而且可以用来对有气象数据序列的流域进行逐日气象观测数据的插补(如某时段的数据不全)。

利用SWAT 模型的“气象数据模拟模块”来模拟流域内的逐日气象资料，首先用户必须提供流域内的多年月平均气候统计特征，由这些流域内的多年月平均气候统计特征来估计和模拟

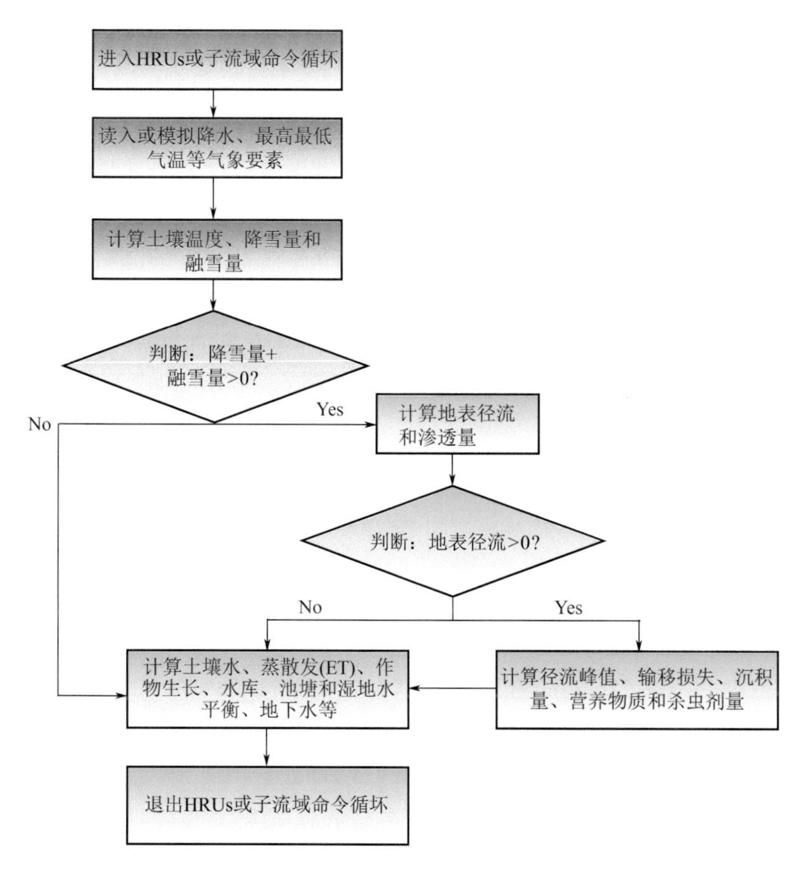

图 3-2　HRUs 或子流域命令循环示意图

各子流域的逐日气象数据，模拟的各子流域逐日气象数据具有空间独立性，即不同子流域的气象数据模拟值没有相关性。这些资料大致包含降水、气温、太阳辐射、风速和相对湿度等。

雪：SWAT 模型通过利用日平均气温资料(0 ℃为界)来判断降雨是以液态(降水)或者以固态(降雪)形成。这里具体考虑到地面积雪覆盖程度、积雪融化状况以及流域海拔高度等。

土壤温度：土壤直接影响到土壤水的运动和土壤植物残渣等废弃物的腐殖度。土壤温度的计算是在地表和每个土层的中心完成的。地表温度是积雪覆盖、植被覆盖、腐殖物覆盖度、裸地地表温度及前日地表温度的函数。地层温度是地表温度、年平均气温、所处地下深度等的函数。

3.2.1.2　水文循环

降水可被植被截留或直接降落到地面。降到地面上的水，一部分下渗到土壤，另一部分形成地表径流。地表径流快速汇入河道，对短期河流响应起到很大贡献。下渗到土壤中的水可能保持在土壤中被后期蒸发掉，或经由地下路径缓慢流入地下水系统。SWAT 模型考虑了以下几种过程。

(1)冠层蓄水(canopy storage)：SWAT 有两种计算地表径流的方法。当采用 Green&Ampt 方法时需要单独计算冠层截留。计算主要输入参数：植被最大 LAI 对应的冠层蓄水量和任意时刻的 LAI。当计算蒸发时，冠层水首先被蒸发。

(2)下渗(infiltration)：计算下渗考虑两个主要参数：①初始下渗率(依赖于土壤湿度和供水条件)；②最终下渗率(等于土壤饱和水力传导度)。

用SCS曲线法计算地表径流时，由于计算时间步长为日，不能直接模拟下渗。下渗量的计算等于降雨量与地表径流之差。Green&Ampt下渗模型可以直接模拟下渗，但需要短时段的降雨数据。

(3)重新分配(redistribution)：重新分配是指降水或灌溉停止后水在土壤剖面中的持续运动。它是由土壤水不均匀引起的。SWAT中重新分配部分采用存储演算技术(storage routing technique)预测根系区每个土层中的水流。

(4)蒸散发(evapotranspiration)：蒸散发包括水面蒸发、裸地蒸发和植被蒸腾。

(5)壤中流(lateral subsurface flow or interflow)：壤中流的计算与重新分配同时进行，用动态存储模型(kinematic storage model)预测。

(6)地表径流(surface runoff or overland flow)：SWAT模拟每个水文响应单元的地表径流量(surface runoff volumes)和洪峰流量(peak runoff rates)。地表径流量的计算可用SCS曲线方法或Green&Ampt方法计算。SWAT还考虑到了冻土上地表径流量的计算。洪峰流量的计算采用一个推理模型(rational method)。

(7)池塘(ponds)：池塘是子流域内截获地表径流的储水结构。池塘被假定远离主河道，不接受上游子流域的来水。

(8)支流河道(tributary channels)：SWAT在一个子流域内定义了两种类型的河道：主干河道(main channel or reach)和支流河道(tributary channels)。支流河道不接受地下水。SWAT根据支流河道的特性决定子流域汇流时间。

(9)运移损失(transmission losses)：这种类型的损失发生在短期或间歇性河流的地方(干旱或半干旱地区)。

(10)地下径流(return flow or base flow)：SWAT将地下水分为两层，即浅层地下水和深层地下水。浅层地下径流汇入流域内河流；深层地下径流汇入流域外河流。

3.2.1.3 土地覆盖与植物生长

SWAT模型利用单一植物生长模型模拟所有的土地覆盖类型，该模型能区分一年生植物和多年生植物。一年生植物生长的标志是种植日期和收获日期，或通过判断植物所需积温与植物的潜热单位的差异大小来进行。

生长潜势(potential growth)：某日植物的生长潜势定义为在理想的生长条件下，植物生物量的增长量。

营养吸收(nutrient uptake)：SWAT模型采用供需方法估计营养物质的吸收。

植物生长限制(growth constraints)：通常由于环境因素，植物生长很难达到理想状态下的潜在植物生长量和产量。模型可以模拟由于水、营养条件和温度等的胁迫问题。

3.2.1.4 土壤侵蚀和泥沙沉积

土壤侵蚀和泥沙沉积由每个水文响应单元在修正的通用土壤流失方程(Modified Universal Soil Loss Equation，MUSLE)基础上进行估计，而不是在USLE方程上进行，提高了估算的精度；考虑了单一风暴事件对土壤侵蚀和沉积的影响以及作物管理因子等的影响。

3.2.1.5 营养物质

SWAT模型考虑了流域内几种形式的氮、磷的运动和传输。图3-3和图3-4表示了SWAT模型中考虑的氮磷循环中的各种过程。

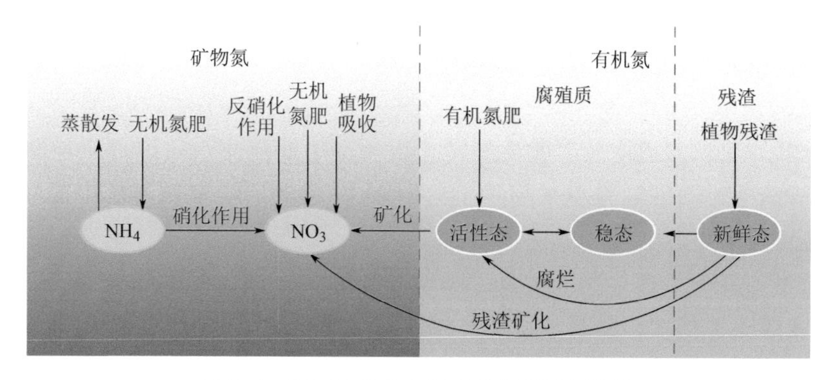

图 3-3 SWAT 模型中考虑的氮循环示意图

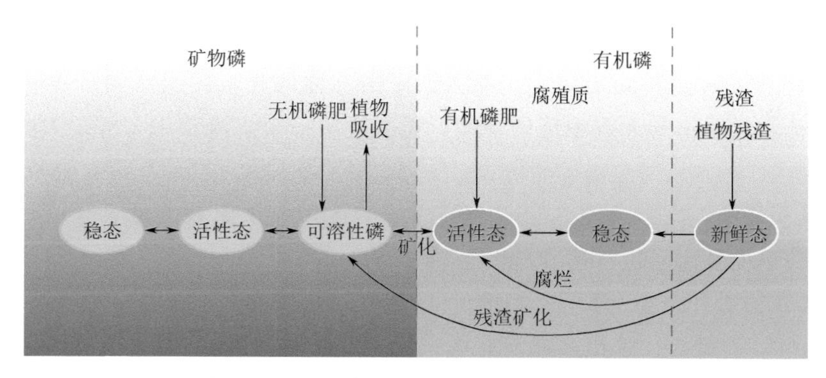

图 3-4 SWAT 模型中考虑的磷循环示意图

3.2.1.6 农药(杀虫剂)

农药或杀虫剂的模拟是在水文响应单元(HRU)的基础上研究流域内农业化学物质的运移。SWAT 模型以溶解或沉积物的形式通过地表径流运移加入河网系统或通过渗透进入土壤剖面和土壤含水层。模拟方程采用了 GLEAMS(Leonard et al.，1987)中的有关内容。

3.2.1.7 农业管理措施

SWAT 允许用户定义每个水文响应单元内的管理方式。如用户可以定义生长季节的开始和结束(可按具体实施时间或按积温来定义)。也可以输入和定义每个水文响应单元的施肥、喷洒农药和灌溉的时间及数量。此外，各种栽培措施(如翻地、移栽等)的时间也可以进行定义并模拟。在生长季节结束之时，作物生长量以作物产量的方式从 HRU 中去除，或以作物残渣留在土壤中。

3.2.2 SWAT 水循环的水面部分模拟

水循环的水面过程即河道汇流部分，主要考虑水、沙、营养物质(N、P)和农药在河网的输移。

3.2.2.1 主河道(或河段)汇流

主河道的演算分为四部分：水、泥沙沉积、营养物质和有机化学物质等。

(1)洪水算法(flood routing)：当水流向下游时，一部分被蒸发和通过河床流失，另一部分被人类取用。补充的来源为直接降雨或点源输入。河道水流演算采用变动存储系数模型或马斯京根(Muskingum)方法。

(2)泥沙算法(sediment routing)：河道中的泥沙传输是由两个同时发生的过程控制的，即沉积和降解。

(3)营养物质算法：河道中营养物质的转化由模型中的河流水质组件所控制；SWAT有关营养物质演算的河流动力学方程采用了QUAL2E，考虑了溶解在河流中或吸附在泥沙沉积中的营养物质。

(4)河道杀虫剂算法：通过引入GLEAMS(Leonard et al.，1987)，SWAT模型可以模拟杀虫剂在地表径流、挥发、渗漏、过滤、泥沙携带等中的运移损耗情况。主要参数有：杀虫剂的可溶性，半衰期、富集率、渗透系数和土壤的容重、有机碳吸收系数。

3.2.2.2 水库汇流算法

(1)水库水量平衡包括：入流、出流、降雨、蒸发和渗流等。

(2)水库出流(reservoir outflow)：SWAT提供三种估算水库出流的选择：①需要输入实测出流数据；②对于小的无观测值的水库，需要规定一个出流量；③对于大水库，需要一个月调控目标。

(3)泥沙沉积算法：泥沙入流开始于上游河道的运移或子流域的地表径流；水库中泥沙浓度采用一个简单的基于入流浓度和量的连续方程。

(4)水库营养物质和杀虫剂算法：一个简单的氮、磷质量平衡模型应用于SWAT中，该模型由Chapra(1997)提出；杀虫剂的演算也采用了Chapra提出的湖泊杀虫剂平衡模型。

3.3 模型主要过程的计算模式

3.3.1 地表径流量的计算

(1)SCS模型

$$Q_{surf}=\frac{(R_{day}-0.2S)^2}{(R_{day}+0.8S)};\ S=25.4\left(\frac{1000}{CN}-10\right) \tag{3-1}$$

式中：Q_{surf}为地表径流量(mm)；R_{day}为日降雨量(mm)；CN为曲线号；S是可能最大滞留量(mm)。

(2)Green-Ampt下渗模型

$$f_{inf}=K_s\left(1+\frac{S}{L}\right)$$

$$Q_{surf}=R_{day}-f_{inf} \tag{3-2}$$

式中：Q_{surf}为地表径流量(mm)；R_{day}为日降雨量(mm)；f_{inf}为下渗率(mm/h)；K_s为饱和水力传导率(mm/h)；L为地面到下渗峰面的深度(mm)；S为下渗峰面处的负压水头(毛管吸力)(mm)。

3.3.2 土壤水的计算

SWAT模拟水文过程基于下述土壤水量平衡方程：

$$SW_t = SW_0 + \sum_{i}^{t}(R_{day} - Q_{Surf} - E_a - w_{seep} - Q_{gw}) \tag{3-3}$$

式中：SW_t 为土壤水量(mm)，SW_0 为初始土壤水量，R_{day} 为日降水量(mm)，Q_{surf} 为日地表径流量(mm)，E_a 为土壤/植物蒸发蒸腾量，W_{seep} 为由土壤剖面进入下渗带(vadose zone)的水量(mm)，Q_{gw} 为回流量(mm)。

3.3.3 地下水的计算

(1)浅层地下水水量平衡

$$aq_{sh,i} = aq_{sh,i-1} + W_{rchrg} - Q_{gw} - W_{revap} - W_{deep} - W_{pump,sh} \tag{3-4}$$

式中：$aq_{sh,i}$ 为第 i 天在浅蓄水层中的储水量(mm)；$aq_{sh,i-1}$ 为第 $i-1$ 天进入浅蓄水层中的储水量(mm)；W_{rchrg} 为第 $i-1$ 天进入浅蓄水层中的水量(mm)；Q_{gw} 为第 i 天进入河道的基流(mm)；W_{revap} 为第 i 天由于土壤缺水而进入土壤带的水量(mm)；W_{deep} 为第 i 天从浅蓄水层进入深蓄水层的水量(mm)；$W_{pump,sh}$ 为第 i 天浅蓄水层中被上层吸取的水量(mm)。

(2)地下径流计算

$$Q_{gw} = \frac{8000，K_{sat}}{L_{gw}^2} h_{wtbl} \tag{3-5}$$

式中：Q_{gw} 为第 i 天进入河道的基流(mm)；K_{sat} 为浅蓄水层的水力传导率(mm/d)；L_{gw} 为地下水子流域边界到河道的距离(m)；h_{wtbl} 为水尺高度(m)。

(3)深层地下水水量平衡

$$aq_{ap,i} = aq_{dp,i-1} + W_{deep} - W_{pump,dp} \tag{3-6}$$

式中：$aq_{dp,i}$ 为第 i 天在深蓄水层中的储水量(mm)；$aq_{dp,i-1}$ 为第 $i-1$ 天进入深蓄水层中的储水量(mm)；W_{deep} 为第 i 天从浅蓄水层进入深蓄水层的水量(mm)；$W_{pump,dp}$ 为第 i 天深蓄水层中被上层吸取的水量(mm)。

(4)地下水补给的计算

某日 i 补给到承压和非承压含水层的水量由下式计算：

$$w(i)_{rchrg} = [1 - \exp(-1/\delta_{gw})] \cdot w_{seep} + \exp(-1/\delta_{gw}) \cdot w(i)_{rchrg} \tag{3-7}$$

式中：$w(i)_{rchrg}$ 为某日 i 补给到两个含水层的水量，δ_{gw} 为滞后时间(d)，w_{seep} 为在土壤剖面底部的总水量，$w(i-1)_{rchrg}$ 为 $i-1$ 天的两个含水层补给量。而由下式计算：

$$w_{seep} = w_{perc,ly=n} + w_{crk,btm} \tag{3-8}$$

式中：$w_{perc,ly=n}$ 为土壤剖面底层 n 渗透的水量，$w_{crk,btm}$ 为某日 i 由旁道流(bypass flow)流经土壤剖面较低边界的水量。

(5)地下水基流的计算

$$w(i)_{gw} = w(i-1)_{gw} \cdot \exp^{(-a_{gw} \cdot \Delta t)} + w_{rchrg,sh} \cdot [1 - \exp^{(-a_{gw} \cdot \Delta t)}] \quad aq_{sh} > aq_{shthr,q} \tag{3-9}$$

$$w(i)_{gw} = 0 \quad aq_{sh} \leqslant aq_{shthr,q} \tag{3-10}$$

式中：$w(i)_{gw}$ 为第 i 日 HRU 进入主河道的日地下水水量(mm)，$w(i-1)_{gw}$ 为第 $i-1$ 日 HRU 进入主河道的地下水量(mm)，α_{gw} 为基流 α 因子或称退水常数，Δt 为模拟的时间步长，$w_{rchrg,sh}$ 为进入浅含水层的日补给量，aq_{sh} 为开始日存储在非承压含水层的水量(mm)，$a_{qshthr,q}$ 为基流向主河道排水发生时非承压含水层的水位阈值(mm)。

3.3.4 河道汇流计算

(1)变动存储系数模型

$$Q_{out,2}=SC\times Q_{in,ave}+(1-SC)\times Q_{out,1} \tag{3-11}$$

式中：$Q_{out,1}$ 为时段初出流量(m^3/s)；$Q_{out,2}$ 为时段末出流量(m^3/s)；$Q_{in,ave}$ 为平均入流量(m^3/s)；SC 为存储系数。

(2)Mskingum 方法

$$Q_{out,2}=C_1\times Q_{in,2}+C_2\times Q_{in,1}+C_3\times Q_{out,1} \tag{3-12}$$

式中：$Q_{in,1}$ 为时段初入流量(m^3/s)；$Q_{in,2}$ 为时段末入流量(m^3/s)；$Q_{out,1}$ 为时段初出流量(m^3/s)；$Q_{out,2}$ 为时段末出流量(m^3/s)；C_1，C_2，C_3 为权重系数，且 $C_1+C_2+C_3=1$。

3.3.5 营养物质模型

3.3.5.1 氮循环的主要过程模型

(1)矿化

$$N_{trns,ly}=\beta_{trns}\cdot orgN_{act,ly}\cdot\left(\frac{1}{fr_{actN}}-1\right)-orgN_{sta,ly} \tag{3-13}$$

式中：$N_{trns,ly}$ 是氮在活性态和有机稳态之间转化的量(kg N/hm^2)；β_{trns} 为常数率(1×10^{-5})；$orgN_{act,ly}$ 是活性有机态的量(kg N/hm^2)；fr_{actN} 是腐殖质在活性态氮中的比例(0.02)；$orgN_{sta,ly}$ 是氮在稳定有机态中的量(kg N/hm^2)。

(2)硝化

$$N_{nit|vol,ly}=NH_{4ly}\cdot[1-\exp(-\eta_{nit,ly}-\eta_{vol,ly})] \tag{3-14}$$

式中：$N_{nit|vol,ly}$ 是土壤层 ly 中通过硝化和挥发转化的氨态氮的总量(kg N/hm^2)；而 NH_{4ly} 是土壤层 ly 的氨态氮的量(kg N/hm^2)；$\eta_{nit,ly}$ 是硝化的调整系数，而 $\eta_{vol,ly}$ 为挥发系数。

(3)脱硝作用

$$N_{denit,ly}=NO3_{ly}\cdot[1-\exp(-1.4\gamma_{tmp,ly}\cdot orgC_{ly})]\qquad \gamma_{sw,ly}\geqslant 0.95 \tag{3-15}$$

$$N_{denit,ly}=0.0\qquad \gamma_{sw,ly}<0.95 \tag{3-16}$$

式中：$N_{denit,ly}$ 是脱硝的氮损失(kg N/hm^2)；$NO3_{ly}$ 为在土壤层 ly 的硝酸盐量(kg N/hm^2)；$\gamma_{tmp,ly}$ 为 ly 土层的氮循环温度影响因子；$\gamma_{sw,ly}$ 为土层 ly 的氮循环水影响因子；$orgC_{ly}$ 为该层的有机碳量(%)。

3.3.5.2 磷循环的主要过程模型

(1)腐殖质矿化

$$orgP_{act,ly}=orgP_{hum,ly}\cdot\frac{orgN_{act,ly}}{orgN_{act,ly}+orgN_{sta,ly}} \tag{3-17}$$

$$orgP_{sta,ly}=orgP_{hum,ly}\cdot\frac{orgN_{sta,ly}}{orgN_{act,ly}+orgN_{sta,ly}} \tag{3-18}$$

式中：$orgP_{act,ly}$ 为磷有机活性态的量(kg P/hm^2)；$orgP_{sta,ly}$ 为磷有机稳态的量(kg P/hm^2)；$orgP_{hum,ly}$ 是土层 ly 的腐殖质有机磷的浓度(kg P/hm^2)；$orgN_{act,ly}$ 为氮有机活性态的量(kg P/hm^2)；$orgN_{sta,ly}$ 为氮有机稳态的量(kg P/hm^2)。

$$P_{mina,ly}=1.4\beta_{min}\cdot(\gamma_{tmp,ly}\cdot\gamma_{sw,ly})^{1/2}\cdot orgP_{act,ly} \tag{3-19}$$

式中：$P_{mina,ly}$ 为腐殖质有机活性态矿化的磷(kg P/hm^2)；β_{min} 为腐殖质活性态有机营养的矿化系数；$\gamma_{tmp,ly}$ 为 ly 土层氮循环温度影响因子；$\gamma_{sw,ly}$ 为 ly 土层氮循环水影响因子；$orgP_{act,ly}$ 为磷有机活性态的量(kg P/hm^2)。

(2)无机磷的吸附

磷的可用指数：

$$Pai=\frac{P_{solution,f}-P_{solution,i}}{fert_{minP}} \tag{3-20}$$

式中：Pai 为磷的可用指数；$P_{solution,f}$ 为施肥以后溶解磷的量；$P_{solution,i}$ 为施肥前溶解磷的量；$fert_{minP}$ 为施肥中溶解磷的量。

$$P_{sol|act,ly}=P_{solution,ly}-\min P_{act,ly}\cdot\frac{Pai}{1-Pai}\quad 假如\ P_{solution,ly}>\min P_{act,ly}\cdot\frac{Pai}{1-Pai} \tag{3-21}$$

$$P_{sol|act,ly}=0.1\left(P_{solution,ly}-\min P_{act,ly}\cdot\frac{Pai}{1-Pai}\right)\quad 假如\ P_{solution,ly}<\min P_{act,ly}\cdot\frac{Pai}{1-Pai} \tag{3-22}$$

式中：$P_{sol|act,ly}$ 是可溶性磷和活性态矿物磷之间转化活动量(kg P/hm^2)；$P_{solution,ly}$ 是可溶性磷的量(kg P/hm^2)；$\min P_{act,ly}$ 是活性态矿物磷的量(kg P/hm^2)；Pai 为磷的可用指数。

3.3.6 泥沙沉积

3.3.6.1 泥沙沉积方程

SWAT 采用的泥沙沉积方程是修正的通用土壤流失方程(MUSLE)：

$$sed=11.8\times(Q_{surf}\cdot q_{peak}\cdot area_{hru})^{0.56}\cdot K_{USLE}\cdot C_{USLE}\cdot P_{USLE}\cdot LS_{USLE}\cdot CFRG \tag{3-23}$$

式中：sed 为某日的泥沙沉积量(t)；Q_{surf} 为地表径流量(mm H_2O/hm^2)，q_{peak} 为峰径流率(m^3/s)；$area_{hru}$ 是水文响应单元的面积(hm^2)；K_{USLE} 是 USLE 可蚀性因子(tm^2 hr/(m^3 tcm))；C_{USLE} 是 USLE 覆被和管理因子；LS_{USLE} 是 USLE 地形因子；$CFRG$ 为粗糙度因子。

3.3.6.2 营养物质输移

(1)硝酸盐的运动

$$conc_{NO3,mobile}=\frac{NO3_{ly}\cdot\exp\left[\frac{-w_{mobile}}{(1-\theta_e)\cdot SAT_{ly}}\right]}{w_{mobile}} \tag{3-24}$$

式中：$conc_{NO3,mobile}$ 是给定土壤层可移动水的硝酸盐浓度(kg N/mm H_2O)；$NO3_{ly}$ 是在该土层中的硝酸盐量(kg N/hm^2)；w_{mobile} 是土壤层总的可移动水的量(mm H_2O)；θ_e 是空隙水量(mm H_2O)；SAT_{ly} 为土壤层的饱和含水量(mm H_2O)。

(2)地表径流中的有机氮

吸附到土壤颗粒中的有机氮可以由地表径流运移到主河道。其负荷模型由 McElroy 等(1976)开发，由 Williams 等(1978)修正：

$$orgN_{surf}=0.001\cdot conc_{orgN}\cdot\frac{sed}{area_{hru}}\cdot\varepsilon_{N:sed} \tag{3-25}$$

式中：$orgN_{surf}$ 是由地表径流传输到主干河道的有机氮量(kg N/hm^2)；$conc_{orgN}$ 是在顶层土壤10 mm的有机氮浓度(g N/t)；sed 是给定日的沉积量(t)；$area_{hru}$ 是水文响应单元的面积(hm^2)；$\varepsilon_{N:sed}$ 是氮的富集率。

(3)溶解磷的运移

土壤表层10 mm的溶解磷以扩散方式移动，其模型为：

$$P_{surf}=\frac{P_{solution,\ surf}\cdot Q_{surf}}{\rho_b\cdot depth_{surf}\cdot k_{d,\ surf}} \tag{3-26}$$

式中：P_{surf} 是由地表径流流失的可溶性磷的量(kg P/hm^2)；$P_{solution,surf}$ 是溶解在土壤层顶层10 mm的磷含量(kg P/hm^2)；Q_{surf} 是给定日的地表径流量(mm H_2O)；ρ_b 是顶层10 mm土壤的容重(mg/m^3)；$depth_{surf}$ 是表层(顶层)(10 mm)的深度；$k_{d,surf}$ 是土壤与磷的分离系数(m^3/Mg)。

(4)地表径流中吸附性有机磷和矿物磷

有机磷和矿物磷通常是吸附在土壤颗粒上通过地表径流运移的，其负荷大小可由下式模拟：

$$sedP_{surf}=0.001\cdot conc_{sedP}\cdot\frac{sed}{area_{hru}}\cdot\varepsilon_{P:\ sed} \tag{3-27}$$

式中：$sedP_{surf}$ 是地表径流中输移的磷(kg P/hm^2)；$conc_{sedP}$ 是在土壤表层10 mm吸附在泥沙沉积中的磷浓度(g N/t)；sed 为给定日的土壤流失量(t)；$area_{hru}$ 为水文响应单元的面积(hm^2)；$\varepsilon_{P:sed}$ 为磷的富集率。

3.3.7 植物生长模拟

SWAT的植物生长模型是EPIC植物生长模型的简化版本，植物生长发育基于积温理论，其模型为单一的植物生长模型，即用一个模型来表示所有植物的生长过程，它主要由两部分组成，一是生物量累积模型，另一个是理想叶面积发育模型。具体内容如下。

3.3.7.1 日生物量最大增量的估算

$$\Delta bio=D\cdot RUE\cdot Reg\cdot H_{phosyn} \tag{3-28}$$

式中：Δbio 是逐日的总生物量潜在增量，RUE 为植物的辐射利用率，D 为空间单元中的平均密度，Reg 为温度、水分和氮磷养分的综合胁迫因子(其值在0～1)，如温度的胁迫以植物(作物)生长的下限温度、最适温度和上限温度等来表达，以植物(作物)生长的S型曲线来描述，植物的三基点温度及其他胁迫因子数据都存储在SWAT 的植物生长数据库中，本书将根据试验区优势植物和作物品种进行必要的调整，其数据主要通过对农林部门的调研来获取。

而 H_{phosyn} 为给定时间内植物叶面积截取的光合有效辐射，该变量由下式确定：

$$H_{phosyn}=0.5H_{day}(1-\exp(k_l\times LAI)) \tag{3-29}$$

式中：H_{day} 为在给定时间内入射的总辐射，$0.5H_{day}$ 为光合有效辐射，k_l 是消光系数(缺省值为-0.65)，LAI 是叶面积指数，由理想叶面积发育模型估算。

3.3.7.2 理想叶面积发育模型

植物生长初期，在叶面积达到最大叶面积之前，冠层高度和叶面积发育由理想叶面积发育模型(曲线)所控制：

$$fr_{\mathrm{LAI}mx}=\frac{fr_{\mathrm{PHU}}}{fr_{\mathrm{PHU}}+\exp(l_1-l_2\cdot fr_{\mathrm{PHU}})} \tag{3-30}$$

式中：$fr_{\mathrm{LAI}mx}$ 是对应于所给植物潜热单位比（fr_{PHU}）的植物最大叶面积指数比。fr_{PHU} 是该植物在生长季节内给定时间的潜热单位比。l_1 和 l_2 是形状系数。fr_{PHU} 的计算公式为：

$$fr_{\mathrm{PHU}}=\frac{\sum_{i=1}^{d}HU}{PHU} \tag{3-31}$$

式中：HU 为某天 i 的累积热量单位，PHU 为该植物的总热量单位。

形状系数通过两个已知点（$fr_{\mathrm{LAI},1}$，$fr_{\mathrm{PHU},1}$）和（$fr_{\mathrm{LAI},2}$，$fr_{\mathrm{PHU},2}$）解方程(3-30)来计算，其公式如下：

$$l_1=\ln\left(\frac{fr_{\mathrm{PHU},1}}{fr_{\mathrm{LAI},1}}-fr_{\mathrm{PHU},1}\right)+l_2\cdot fr_{\mathrm{PHU},1} \tag{3-32}$$

$$l_2=\frac{\left[\ln\left(\frac{fr_{\mathrm{PHU},1}}{fr_{\mathrm{LAI},1}}-fr_{\mathrm{PHU},1}\right)-\ln\left(\frac{fr_{\mathrm{PHU},2}}{fr_{\mathrm{LAI},2}}-fr_{\mathrm{PHU},2}\right)\right]}{fr_{\mathrm{PHU},2}-fr_{\mathrm{PHU},1}} \tag{3-33}$$

某天的冠层高度由下式计算：

$$h_c=h_{c,mx}\cdot\sqrt{fr_{\mathrm{LAI}mx}} \tag{3-34}$$

3.4 模型的其他工具软件

3.4.1 参数敏感度分析工具

SWAT 模型参数众多，为了减小工作量，同时提高模型的运行效率，可以通过敏感性分析去除那些对模拟结果影响较小的参数。SWAT 模型参数的敏感性分析可分为人工和自动两种方法。人工方法即手动校准参数，可以由 SWAT 模型自带的参数校准功能来完成，但该方法参数的取值受主观影响大，参数的率定过程比较复杂，需要耗费大量的时间和精力，因此不能较好地应用到 SWAT 模型的参数识别过程中。自动方法主要是应用 SWAT-CUP 对模型输出的结果进行参数的自动率定、敏感性分析和不确定性分析来实现。该方法速度快、效率高，所以在一般的 SWAT 模型应用中大量使用。它提供了 one-factor-at-a-time 和 global 两种敏感性分析方法，前者是其他参数不变，只改变一个参数的敏感性；后者只提供目标函数对模型参数敏感性的部分信息，通过拉丁超立方采样法(Latin-Hypercube simulations)生成参数与目标函数值的回归，其计算公式为：

$$g=\alpha+\sum_{i=1}^{m}\beta_i b_i \tag{3-35}$$

式中：g 表示目标函数值；α 表示待定常数；β_i 为第 i 个参数的待定系数；b_i 表示第 i 个敏感性分析参数。

SWAT-CUP 是由 Eawag 开发的一个计算机软件（图 3-5），该工具软件集成了 SUFI2，PSO，GLUE，ParaSol 和 MCMC 等算法，以 SWAT 模型模拟结果为基础可以对参数进行敏感度分析、参数率定、结果验证和不确定性分析。在 SWAT-CUP 中，最常用的的方法为 SUFI2 方法，该算法是由 Abbaspour 等(2007)开发的一种综合优化和梯度搜索方法，是目前水文模型不确定性分析的常用方法之一。它首先定义目标函数，由于不同的目标函数建立方法可以导致不同的结果，参数的最终范围跟目标函数的形式直接相关；然后通过拉丁超立方随机采样法随机生成一组参数代入 SWAT 中进行目标函数的计算。考虑了所有不确定性的来源(输入、参数等)，不确定性的程度利用 P 因子(95%置信区间包含实测值比例)和 R 因子(95%不确定性区间平均宽度)来衡量，径流模拟时，P 因子越接近 1，R 因子越接近 0，证明模拟效果越好。在实际使用时，P 因子越大时会导致 R 因子越大，因此必须寻求二者之间的平衡，通常认为 P 因子>0.7，R 因子<1.5 即满足要求，但此范围并不是规定，应该视具体情况而定。得到合适的 P 因子和 R 因子后，通过监测数据和最终“最佳”模拟值之间的决定系数 R^2 和 E_{NS} 纳什系数(Nash-Sutcliffe)进一步量化拟合优度。

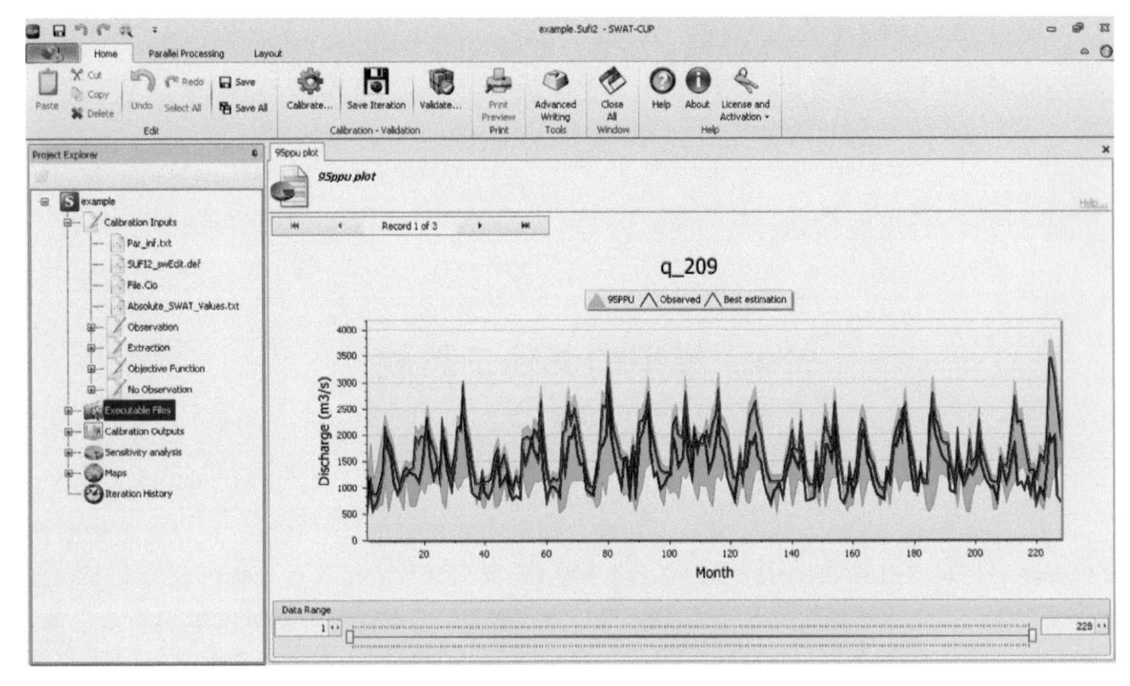

图 3-5　SWAT-CUP 的运行界面

使用时，在建立了 SWAT-CUP 工程文件后，记得将 SWAT 模型的 swat2012(扩展名为 .exe 的可执行文件)拷贝到工程文件 * . Sufi2. SwatCup 文件下，并改名为 swat(扩展名 . exe)。在输入编辑时，注意 File. cio 文件中模型的起始年包括预热部分，总年数也包括预热部分。IDAL 为最后一年的天数，如果是闰年就填写 366，平年就填写 365。但是在 Observation 部分，输入的径流数据是不包括预热部分的。

一次迭代结束之后，查看模拟效果是否满足需要，如果不满足，可以点击 import new parameter，将 SWAT-CUP 建议的新参数范围导入，注意导入后查看参数范围是否超过物理范围，并做手动调整。然后点击 restore files from backup，将原始 SWAT 模拟数据导入，并继续做迭代。

SWAT-CUP SUFI2 没有激活验证选项，需要进行验证时，仍然使用 clibaration 进行，将校准后的参数范围原封不动地输入 par_inf. txt 中，修改 observed. txt，SUFI2_extract_rch. def，file. cio 文件，使这些文件中的数据为验证时期数据，然后执行一次迭代，模拟次数与校准时的模拟次数保持一致，最后查看验证结果。

3.4.2 数据处理工具

(1)SWAT气象数据库工具

SWAT气象数据库(SWAT Weather Database)工具是欧洲-地中海气候变化-风险评估和适应战略中心(CMCC)的Essenfelder博士基于Microsoft Office Access开发的SWAT气象数据处理工具，包括气象台站数据库管理、气象数据库管理、ArcSWAT输入文件input.txt气象数据的生成、SWAT模型中WGEN统计数据的生成等功能(图3-6)。

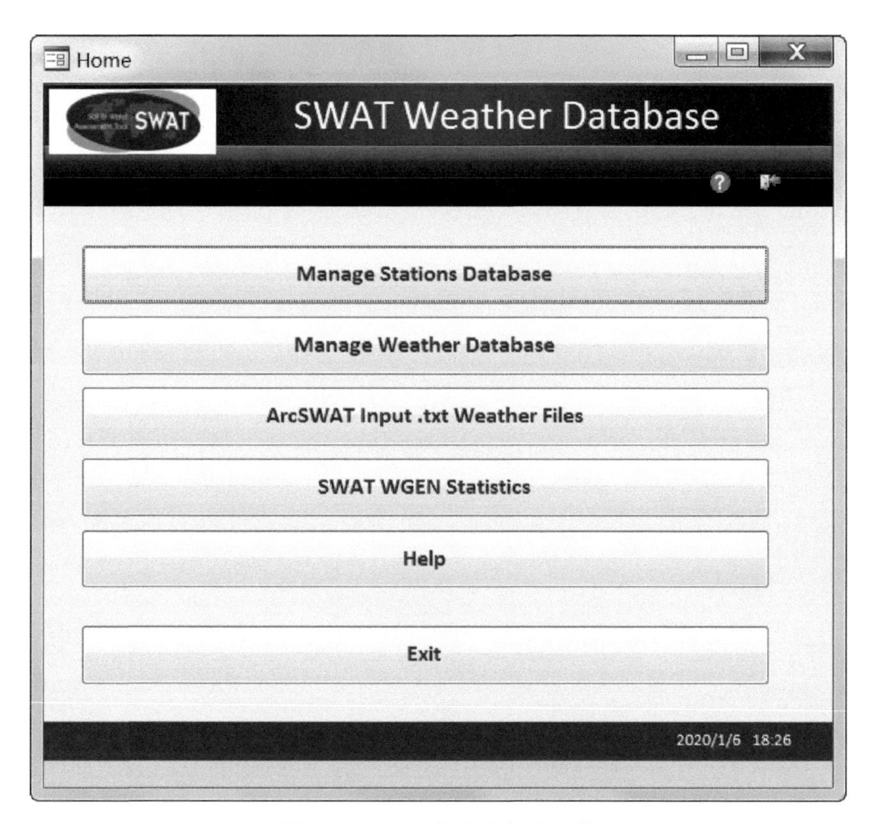

图3-6 SWAT气象数据库工具

WGEN的主要目的在于解决因某些气象站点监测数据缺失而导致模型模拟数据不准确的问题。模型输入的数据有气象站点的气象数据，通过计算获得以上数据的多年月平均值。WGEN关于降水的计算是由一阶马尔可夫链(Markov chain)和伽马(gamma)分布实现的，前者用来判断当天是否有降水产生，如果有则用后者模拟当天的降雨量(樊琨，2015)。由于WGEN是一种随机模型，因而得出的降水预报在个体上具有随机性，整体上具有规律性。

(2)SWAT模型的全球气象数据(Global Weather Data for SWAT)网站

SWAT模型的全球气象数据网站(https://globalweather.tamu.edu/)是美国得克萨斯农工大学国家环境预测中心(National Centers for Environmental Prediction，NCEP)提供的气候预测系统再分析(Climate Forecast System Reanalysis，CFSR)数据的一个网站。CFSR耦合了大气-海洋-陆地-海冰系统，生成了1979—2014年共36 a全球的高分辨率气象数据。通过气候预测系统再分析(CFSR)，该网站可以提供特定位置和时间段的SWAT文件格式的每日CFSR数据(包括温度(℃)、降水(mm)、风(m/s)、相对湿度(%)和太阳辐射(MJ/m^2))(NCEP，2016)。用户只要在网页上输入需要资料的开始时间和结束时间、具体的气象要素名称、文件格式(SWAT文件格式或CSV格式)、用户的邮箱等信息即可得到用户所需要的气象数据。但比较遗憾的是，1979年之前和2014年之后的气象数据没有提供。

(3)水生态系统工具(Water Ecosystem Tool，WET)

水生态系统工具(WET)是由丹麦奥尔胡斯大学Nielsen等人开发的一个开源QGIS插件，其内核是水动力生态系统模型(GOTM FABM-PCLake)，采用Python语言开发，具有友好的图形用户界面(GUI)(图3-7)。该插件可以耦合到SWAT模型中，为用户研究和管理湖泊与水库等水生态系统提供基于模拟实验的软件工具。它可以模拟气候和营养盐负荷变化的不同情景，并评估这些情景对单个水生态系统的影响。WET还模拟不同管理措施对湖库等水体的影响(如模拟生物填充对湖库的效应)，这有助于评估湖库水生态系统对这些不同管理措施实际实施之前的响应。

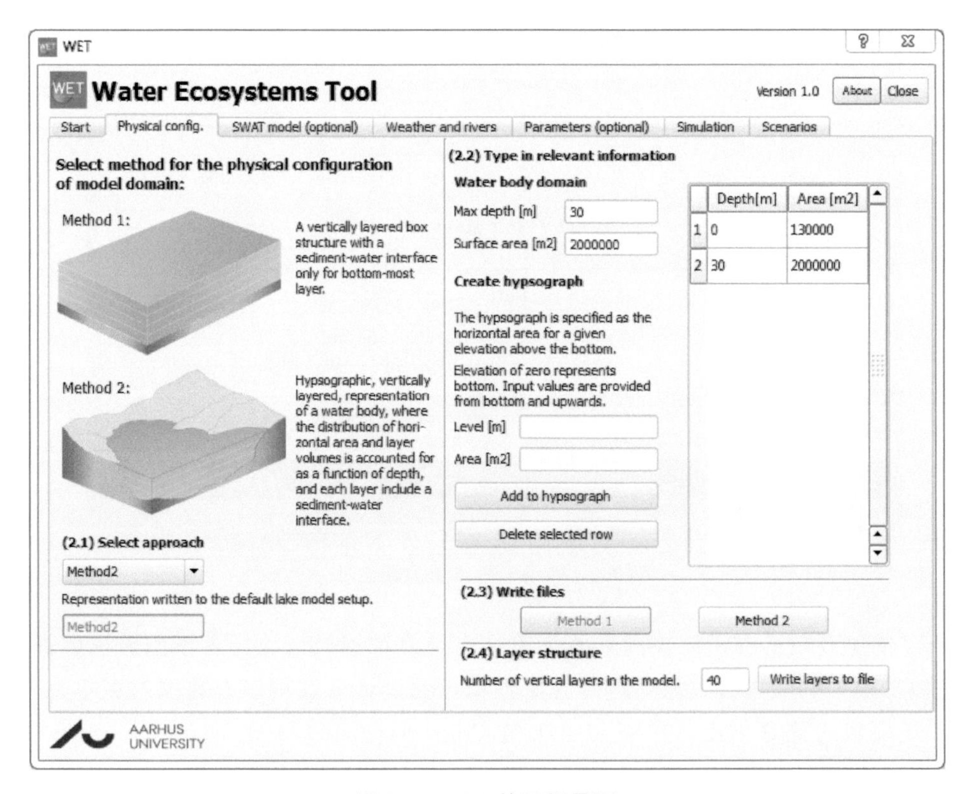

图3-7 WET的运行界面

GOTM是一个通用海洋湍流模型，而FABM-PCLake模型是在PCLake基础上重新设计的湖泊水生态系统模型，耦合了水生生物地球化学模型(FABM)。与最初为温带、完全混合的淡水湖设计的模型不同，新的FABM-PCLake代表了一个完整的水生生态系统模型，它可以与不同的水动力模型相连接，进行零维、一维和三维环境水动力和生物地球化学过程的模拟。该模型描述了鱼类、底栖鱼类、浮游动物、底栖动物、三组浮游植物和有根植物等多种营养水平之间的相互作用，同时还考虑了水体及底泥中氮、磷和硅的氧动力学和养分循环。FABM-PCLake包括生物地球化学过程和物理过程之间的双向交互，其中一些生物地球化学状态变量(如浮游植物)影响光衰减，从而影响光和热的空间和时间分布，而水流、光和温度等水体的物理环境又影响着水体的生物地球化学过程。该模型能够进行数据同化和多模型集成模拟，可应用于气候及环境变化对温带、亚热带和热带湖泊与水库的影响评估(Hu et al.，2016)。

第4章

基于多植物生长模式的SWAT模型修正及其应用

4.1 研究区概况

选取梅江流域为研究区，该流域集水面积约2893 km^2，位于115°44′28″～116°16′06″E，26°17′34″～27°08′54″N。境内以中低山为主，高程分布在170～1440 m，平均高程为379.1 m(图4-1)。

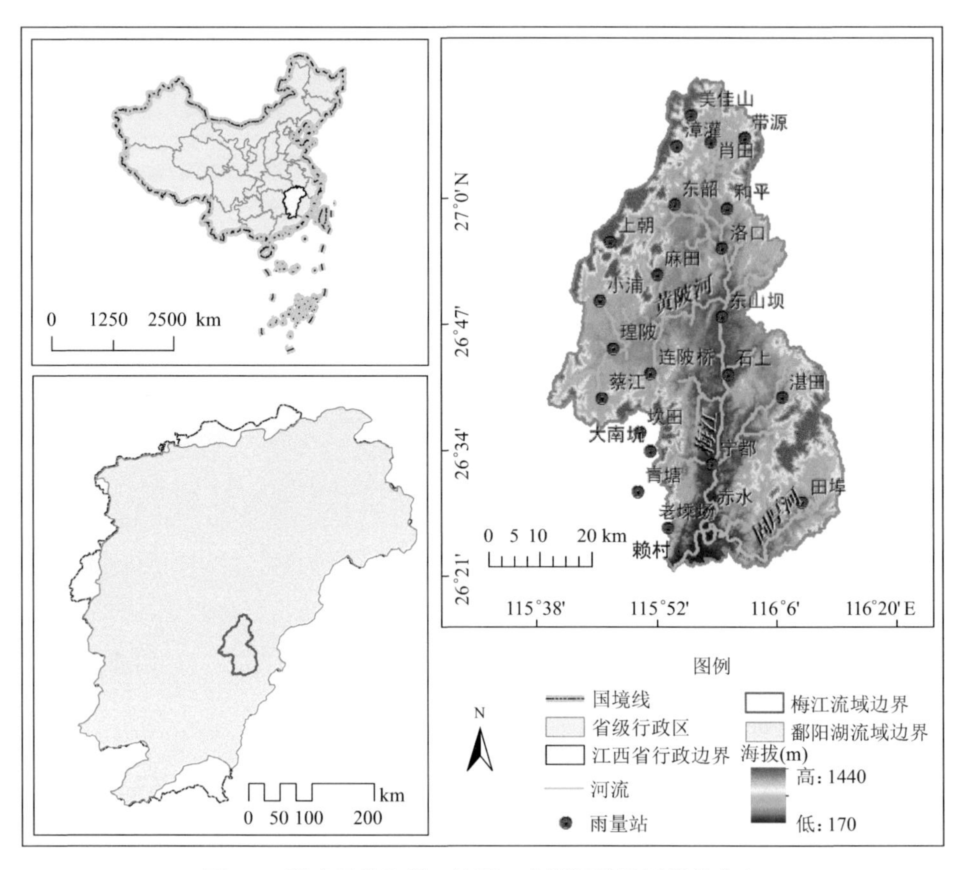

图4-1 研究区的位置、地形、主要河流及雨量站分布

贯穿全流域的梅江发源于宁都肖田乡北缘的王陂障，梅江是赣江的水源区，也是鄱阳湖的主要源头之一，属赣江的上支。流域内气候温和湿润，季风明显，雨量充沛，年平均气温17.3℃，极端最高气温37.9℃，极端最低气温−6.2℃，年降雨量1706 mm，年平均相对湿度80%以上。土壤多为变质岩、花岗岩发育而成的山地红壤和黄红壤，质地为壤土和轻砂壤，土层深厚肥沃。流域内地带性植被为中亚热带常绿阔叶林，森林覆盖率达70%，天然林面积占森林面积的87%。流域内的植被群系主要为针叶林、常绿落叶阔叶混交林、常绿阔叶林、落叶阔叶林、竹林、矮(曲)林、灌丛、草丛。由于研究区处于亚热带湿润季风区，其森林分布特征以混交林为主，即使是人工林，也难见单一的林木。天然植被群系中，常绿阔叶林和针叶林优势明显，其中针叶林的优势树种是马尾松(*Pinus massoniana* Lamb.)和杉木(*Cunninghamia lanceolata*(Lamb.)Hook.)，主要分布在中低丘陵岗地；常绿阔叶林有17种树种，但优势树种为丝栗栲(*C. fargesii* Fr.)和苦槠栲(*C. sclerophylla* (Lindl.) Schott.)，主要分布在人类活动较少且海拔大于600～700 m的高山上(江西省赣州地区行署林垦局，1981；张海星 等，2010)，低丘陵以樟(*Cinnamomum camphora*)和木荷(*Schima superba*)为主，主要分布在居民地附近；落叶阔叶林的垂直地带性分布表现出低矮岗地以杨树(*Populus adenopoda* Maxim.)、桉树(*Eucalyptus* spp.)、苦楝(*Melia azedarach* L.)、乌桕(*Sapium sebiferum* L.)等为主，中高山地以枫香树(*Liquidambar formosana* Hance)、栎(*Q. aliena* var. *acutiserrata*)为主；竹林以毛竹(*Phyllostachys pubescens* Mazel)为主，但总量不多，主要分布在低矮岗地。此外，流域内还有零星分布的果茶园林。

流域内主要水系为梅江(干流)、琳池河(支流)、黄陂河(支流)、会同河(支流)、竹坑河(支流)、固厚河(支流)6条主干河流。其中5条支流的水量占整个梅江干流水量的92.3%。

按2010年人口统计资料，三次产业结构比为24.65∶39.73∶35.62。农业以水稻种植为主，兼有脐橙、莲子等。行政区涉及广昌县、乐安县、宁都县、石城县、兴国县、宜黄县6个县，其中宁都县占研究区面积的96.4%，其余县仅占3.6%。

4.2 模型的修正原理

4.2.1 变化密度、多种类和多种类混杂的森林生长模型的建立方法

原始的SWAT植物生长模型用于森林生长，存在如下问题：①由于叶面积季节变化不大，常绿树木类叶面积若采用理想叶面积发育模型来估算，会存在一定的误差；②所有的林木类型消光系数都设置为−0.65；③森林密度采用平均密度D来表示。

基于上述考虑，对SWAT模型有关森林植被的生长模型，提出如下修正方法：

(1)对于落叶类树木，仍然采用原来的植物生长模型；

(2)对于常绿树木类，植物生长模型的理想叶面积发育模型由叶面积指数与遥感植被指数统计模型来代替；

(3)对于消光系数，通过试验建立试验区优势植物类型遥感消光系数模型来代替统一的消光系数−0.65。试验区优势植物类型遥感消光系数模型由实测的消光系数与遥感植被指数的统计关系来确定；

(4)落叶常绿针阔混交林的植物生长模型由下式确定：

$$H_{\text{phosyn}} = \sum_{i=1}^{n} P_i \cdot H_{\text{phosyn},\ i} \tag{4-1}$$

式中：P_i 为 i 类优势树种在混交林中的比例，$H_{\text{phosyn},i}$ 为 i 类优势树种给定时间内植物叶面积截取的光合有效辐射，n 为混交林中优势树种的数量。每类优势树种的 P_i 通过混合像元的分解技术来获得。

(5)森林密度问题的修正

SWAT植物生长的密度体现在日生物量最大增量公式中(式(3-28))，它对于农作物种植来说，问题不大，但对于森林系统来说，问题比较大。在SWAT模型原有的输入变量中，森林的密度主要体现在土地利用/覆盖中的林地类的2级分类，即有林地、灌木林地等。因此，在式(3-28)中引入森林植被覆盖度来代替其中的平均密度 D，森林植被覆盖度采用遥感方法提取。则日生物量最大增量公式变为：

$$\Delta bio = C_r \cdot RUE \cdot Reg \cdot H_{\text{phosyn}} \tag{4-2}$$

式中：C_r 为遥感提取的流域的森林植被覆盖度，是栅格格式的数据。因此，在流域范围内不是一个单值，而是由遥感数据空间分辨率决定的数据阵列，能反映流域森林植被覆盖度的空间异质性，满足分布式SWAT模型的数据要求。

4.2.2 间作套种方式下农作物生长模型的建立方法

间作套种是我国常见的种植方式，是一种在时间和空间上实现种植集约化的种植方式。根据Keating的方程(Keating, et al., 1993；高阳，2009)可以得出间作套种的高秆作物在给定时间内植物叶面积截取的光合有效辐射为：

$$H_{\text{phosyn},\ H} = 0.5 H_{\text{day}} \left\{ \begin{array}{l} [1 - \exp(k_{l,\ H} \times LAI_{H,\ 1})] + \dfrac{k_{l,\ H} LAI_{H,\ 2}}{k_{l,\ H} LAI_{H,\ 2} + k_{l,\ L} LAI_L} \\ [1 - \exp(k_{l,\ H} LAI_{H,\ 2} + k_{l,\ L} LAI_L] \end{array} \right\} \tag{4-3}$$

而矮秆作物在给定时间内植物叶面积截取的光合有效辐射为：

$$H_{\text{phosyn},\ L} = 0.5 H_{\text{day}} \left\{ \frac{k_{l,\ L} LAI_L}{k_{l,\ H} LAI_{H,\ 2} + k_{l,\ L} LAI_L} [1 - \exp(k_{l,\ H} LAI_{H,\ 2} + k_{l,\ L} LAI_L)] \right\} \tag{4-4}$$

式中：$LAI_{H,1}$、$LAI_{H,2}$ 和 LAI_L 为高秆作物上层和下层的叶面积指数和矮秆作物的叶面积指数，$k_{l,H}$ 和 $k_{l,L}$ 为高矮搭配作物类型的消光系数，上层与下层以矮秆作物的冠层高度为分界点。$LAI_{H,1}$、$LAI_{H,2}$ 的计算由下式表示：

$$\left\{ \begin{array}{l} LAI_{H,1} = \dfrac{h_H - h_L}{h_H} LAI_H \\ AI_{H,2} = \dfrac{h_L}{h_H} LAI_H \end{array} \right. \tag{4-5}$$

式中：h_H 和 h_L 为高秆和矮秆作物的冠层高度，由作物性状和生长习性数据库提供。因此，间作套种产生的日最大生物量累积为：

$$\Delta bio = RUE \cdot (I_H \cdot H_{\text{phosyn},H} + I_L \cdot H_{\text{phosyn},L}) \tag{4-6}$$

式中：I_H、I_L 为高秆和矮秆作物的间作套种指数。本书首次提出间作套种指数的概念来量化间作套种问题，其值定义为在有间作套种的区域某种作物的种植面积与该区域的面积之比。间作套种指数将采用混合像元分解的方法来提取，在这方面也有多种成熟的方法，如线性光谱混合模型法、非线性光谱混合模型、模糊监督分类法、神经网络法等(赖格英 等，2000；范闻捷 等，2005；霍东民 等，2005；郭占军 等，2007；王天星，2008)。

一般地，按照间作套种指数的概念，I_H、I_L 应满足：$I_H+I_L=1$。

4.2.3 农作物复种、间作套种等农事管理问题的修正

SWAT模型设计了农作物复种问题的处理，它通过播种、移植、收割等一系列农事活动管理来实现，但某农作物的播种局限在另一种农作物收割之后才能进行。这种局限限制了间作套种等耕作方式的模拟，为了适应这些耕作方式和植物生长模型的改变，将对SWAT模型的农事管理模块进行修正，并增加相应的数据接口。

本书采用遥感的方法提取研究区农作物的复种指数，用于获取研究区复种的空间信息。

4.2.4 SWAT模型源代码的修正及编译

SWAT模型由Fortran语言编制而成，其执行框架由主程序及大量的子程序构成，共有307个程序文件。

针对式(4-1)和式(4-6)，构造了3个新变量 P(优势树种在混交林中的比例)、I_{H}(高秆作物的间作套种指数)和 I_{L}(矮秆作物的间作套种指数)，由于叶面积指数和消光系数两个变量在原始的SWAT模型中就有，因此无须增设。SWAT模型的叶面积指数(LAI)是在水文响应单元(HRU)中的一个变量，即在HRU中植被的 LAI 是均一的，为此，公式(4-1)和公式(4-6)的 P、I_H 和 I_L 均在水文响应单元(HRU)级别上提取其数值，并增加相应的数据读取子程序ReadNewVar. f。该子程序完成修正后模型所需要的植被叶面积指数(LAI)、植被冠层消光系数(k)等原有变量和 P、I_{H} 和 I_{L} 等新增变量的读取。

由于SWAT模型对于模拟间作套种存在一定的极限，对SWAT模型农事管理模块的修正，主要增加了一个判断某HRU内是否存在间作套种的逻辑变量InterPlant，并增设了新的间作套种规模模块InterPlantMgt. f，该模块参照原有的管理模块，增加了允许多种作物并存管理的功能。

SWAT模型的修正与编译是采用Intel Visual Fortran Compiler 11. 1. 067编译器在Visual Studio 2005平台上修正及编译完成的。

4.3 原始模型输入数据及其处理

4.3.1 DEM数据和河网数据

DEM数据来源于1∶5万的地形图，通过对1∶5万地形图中的等高线进行地形分析，得到栅格大小为25 m×25 m的DEM数据。

河网数据也来源于1∶5万地形图，主要用于SWAT模型的流域离散化过程。

4.3.2 土地利用/覆盖数据

土地利用/覆盖数据是SWAT模型的主要输入变量，同时也是人口及牲畜养殖排放估

算、森林优势组分丰度模型建立、农作物复种与间作套种指数模型建立和叶面积指数与消光系数模型建立的重要参考数据。为了获得最新的土地利用/覆盖数据，采用了高级陆地成像仪(Advanced Land Imager，ALI)的数据作为遥感数据源，选用了 2009 年 3 月 16 日、2009 年 5 月 1 日和 2009 年 6 月 5 日 3 景 ALI 遥感影像，这些数据来源于中国科学院计算机网络信息中心国际科学数据服务平台(http://datamirror.csdb.cn)的 Level L1Gst 数据，轨道号为 121，行号为 41，格式为 GeoTIFF。通过多光谱数据与全色波段的 Gram-Schmidt(GS)数据融合，生成了 10 m 分辨率的多光谱假彩色合成图像，通过目视解译方法对梅江流域土地利用/覆盖进行遥感解译，并对解译结果进行了多次调研和验证。

土地利用/覆盖解译的分类标准在参照 2007 版国家土地利用现状分类的基础上，结合研究区的实际情况，制定了本研究的土地利用/覆盖解译的分类标准(表 4-1)。

表 4-1　土地利用/覆盖解译的分类系统

一级类		二级类	
编码	名称	编码	名称
01	耕地	011	水田
		012	水浇地
		013	旱田
02	园地	021	果园
		022	茶园
		023	其他园地
03	林地	031	有林地
		032	灌木林地
		033	其他林地
04	草地		
07	住宅用地	071	城镇住宅用地
		072	农村宅基地
11	水域	111	河流水面
		112	湖泊水面
		113	水库水面
		114	坑塘水面
		117	沟渠
12	其他用地	121	空闲地
		126	沙地
		127	裸地

根据遥感目视解译的特点，结合非点源污染模拟的特征，在上述标准的基础上，对具有相似的非点源排放特征的类别进行相应调整，如将园地与旱地合并为一类：这是由于在研究区旱地一般都种植蔬菜或经济作物，而园地多半为果园，它们的非点源污染排放方式比较类似，因此，将它们合并为一类。形成的最终类别为：农村居住用地、城镇及交通建设用地、旱地、未利用地、水田、低矮植被(包括草地、灌丛)、疏林地、有林地、河流、湖泊水库坑塘 10 个类别(图 4-2)。

4.3.3　土壤数据及 SWAT 土壤用户数据库的建立

土壤基本数据主要包括土壤类型空间分布图、土壤理化属性数据，来源于江西省宁都县 2009 年完成的《宁都县耕地地力评价》成果和 1986 年完成的土壤普查成果(江西省宁都县土壤普查办公室，1988)，其中土壤类型空间分布 GIS 专题地图比例尺为 1∶5 万(图 4-3)，包括土壤质地、成土母质、剖面、耕层、障碍层、土壤类型、土壤亚类、县土属名、县土种名等属性。

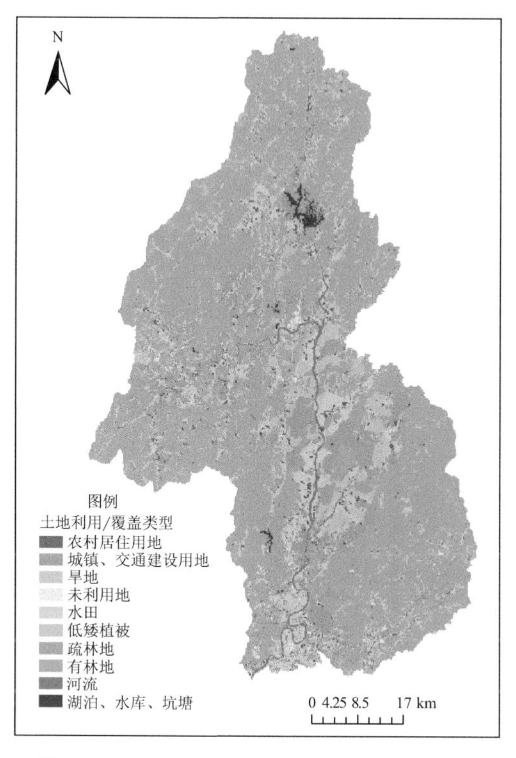

图 4-2 研究区土地利用与覆盖解译的结果

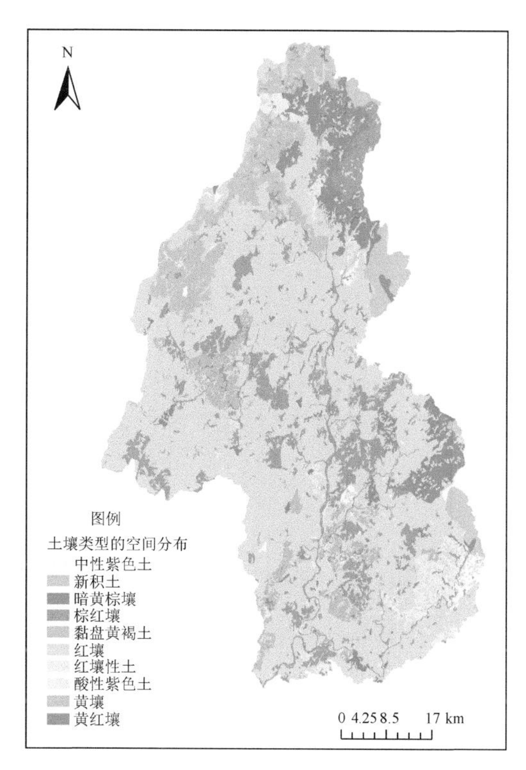

图 4-3 土壤类型空间分布图

SWAT 模型使用的土壤数据包括物理属性和化学属性，物理属性存放在 SWAT 用户数据库(usersoil)中，一共有 17 个属性，其中 SOL_CLAY(layer ＃)、SOL_SILT(layer ＃)、SOL_SAND(layer ＃)、SOL_ROCK(layer ＃)和 SOL_Z(layer ＃)来自于参考文献(江西省宁都县土壤普查办公室，1988)，SOL_BD(layer ＃)、SOL_AWC(layer ＃)、SOL_K(layer ＃)、SOL_CBN(layer ＃)、USLE_K 等变量则按照参考文献(魏怀斌 等，2007)进行转换并计算；而化学属性存放在 SWAT 的土壤输入文件(.chm)中，共有 7 个属性，这些属性数据来源于江西省宁都县 2009 年完成《宁都县耕地地力评价》时所进行的土壤肥力实地采样调查的结果(共 2021 个样点)。

4.3.4 植物/作物生长数据

植物/作物的生长数据主要包括植物生长发育所需的有效积温、发育的最低温度、最高温度和最适温度等农业气象参数，以及最大冠层高度、最大潜力叶面积指数、消光系数、根深、收获指数等品种性状参数。这些参数是 SWAT 模型植物/作物数据库必需参数。这些参数部分来自于 SWAT 模型自带的参数，如松树、杉树、水稻、大豆等，研究区特有的作物来自于江西省宁都县 2009 年完成《宁都县耕地地力评价》时所收集的宁都县作物品种特征数据，此外，最大潜力叶面积指数、消光系数等动态性较强的参数通过本研究建立的遥感反演模型估算而得(赖格英 等，2013)。

4.3.5 施肥数据

肥料数据来自于江西省宁都县2009年完成《宁都县耕地地力评价》时所收集的肥料信息，内容包括：肥料名称、含氮量、含磷量、含钾量等，利用这些数据，按照SWAT模型肥料数据库的建立方法，建成SWAT模型运行所需肥料数据库，表4-2列出了主要用肥的基本参数。

表4-2 主要肥料的基本参数

肥料代码	肥料类型	肥料名称	分子式	含氮量	含磷量	含钾量	含锌量
101	氮肥	尿素	$CO(NH_2)_2$	46	0	0	0
102	氮肥	碳酸氢铵	NH_4HCO_3	17	0	0	0
103	氮肥	硝酸铵	NH_4NO_3	35	0	0	0
104	氮肥	氯化铵	NH_4Cl	25	0	0	0
201	磷肥	普通过磷酸钙		0	14	0	0
202	磷肥	钙镁磷肥		0	15	0	0
203	磷肥	磷矿粉		0	14	0	0
301	钾肥	氯化钾	KCl	0	0	60	0
302	钾肥	硫酸钾	K_2SO_4	0	0	52	0
401	复合肥	磷酸二氢钾	KH_2PO_4	0	52	34	0
402	复合肥	磷酸二铵	$(NH_4)_2HPO_4$	18	46	0	0
403	复合肥	磷酸一铵	$NH_4H_2PO_4$	13	32	0	0
501	微肥	硫酸锌	$ZnSO_4$	0	0	0	21
502	微肥	硼砂	$Na_2B_4O_7 \cdot 10H_2O$	0	0	0	0
503	微肥	高效硅肥		0	0	0	0

研究区不同区域农业施肥数据来自于江西省宁都县2009年进行《宁都县耕地地力评价》过程中所得到的农田用肥调查数据。此次调查在24个乡镇共21062户农户中进行，调查包括施肥品种和每亩施肥量、亩产等内容。将这些数据按照SWAT模型所需的农田施肥管理数据整理成农田管理数据库和施肥数据库。

4.3.6 气象数据、水文和水质数据

气象数据采用了梅江流域周边9个气象站的数据，包括宁都县、宜黄县、瑞金市、石城县、于都县、南丰县、广昌县、泰宁县(福建)、长汀县(福建)1957—2011年共54 a的气温(最高和最低)、湿度、风速和降水数据，利用这些数据，按照SWAT气象用户数据库的要求，整理成SWAT的气象用户数据库(庞靖鹏 等，2007)。

此外，在流域内还采用了33个雨量站2005—2011年共7年的实测降水数据，作为模型的输入，用于模型的建立、参数率定和验证。

水文水质数据主要用于SWAT模型的参数率定和模型验证，包括河流流量数据和河流主要营养盐浓度数据。

为了获得研究试验区水文水质的实测数据，对研究区空间离散化了 87 个子流域，每个子流域一个河段，设置了 9 个断面的测点(图 4-4 和表 4-3)，对流量与水质进行了 6 次测定。9 个断面测点控制了 70 个子流域，占研究区子流域总数的 80.5%。采样要素包括水深、流速、总氮、总磷、氨氮、硝酸盐氮、亚硝酸盐氮。采样所得的水深与流速再转换成流量。

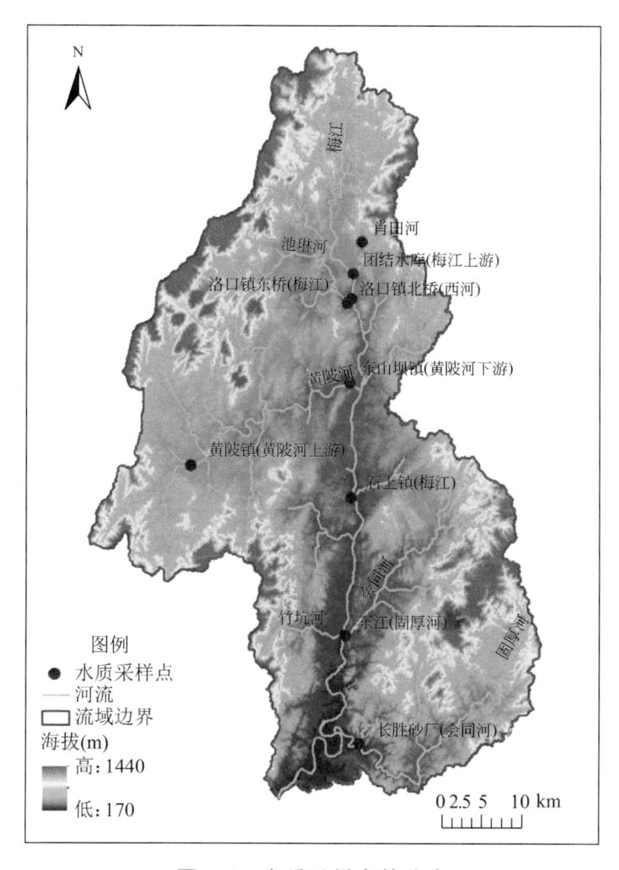

图 4-4　水质采样点的分布

表 4-3　水质采样点名称、控制断面和包含的集水区子流域序号

序号	测点名称	河流断面	集水区包含的子流域序号	子流域出口序号
1	村头村	肖田河	1,2,3,4,5	5
2	团结水库	梅江河	1,2,3,4,5,6,7,8,9,10,11,12,15	15
3	洛口镇西河	琳池河	13,14,17,18,19,21,22	21
4	洛口镇东桥	梅江河	1,2,3,4,5,6,7,8,9,10,11,12,15,16,20	20
5	黄陂镇	黄陂河(上游)	44,53,54,61	53
6	东山坝	黄陂河(下游)	27,28,31,33,34,35,36,37,38,39,40,41,42,43,44,45,48,53,54,55,61	33
7	石上镇	梅江河	1,2,3,4,5,6,7,8,9,10,11,12,13,14,15,16,17,18,19,20,21,22,23,24,25,26,27,28,29,30,31,32,33,34,35,36,37,38,39,40,41,42,43,44,45,46,47,48,49,50,51,52,53,54,55,61	51
8	东江桥下	会同河	56,57,63,64,65,66,70	70
9	长胜砂厂	固厚河	73,74,77,78,84,85,86	86

4.3.7 农业养殖数据与人口排放数据

梅江流域面积为2893 km²，流域内不仅包含林业、农业和少量的工业，同时还有一定规模的养殖业，主要为三黄鸡养殖。为了能较好地利用SWAT模型模拟流域内的非点源污染，农业养殖和人口排放不能不考虑。对农业养殖和人口排放采用了GIS的空间分析方法，建立了在中小尺度流域农业养殖和人口排放空间化方法，具体方法见本研究已发表的论文(Zeng et al.，2013；Yi et al.，2012)。

(1)农业养殖数据

采用排泄系数估算法估算了流域内各乡镇三黄鸡的粪便排放量，在各乡镇统计资料与实地调研的基础上，应用GIS空间分析方法提取了三黄鸡养殖场的分布区域，计算得出流域内三黄鸡以猪粪当量计的粪便负荷产出(图4-5)，具体请参见参考文献(Yi et al.，2012)。

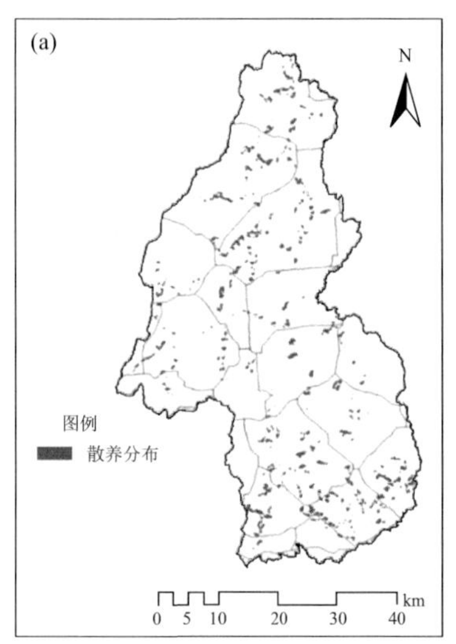

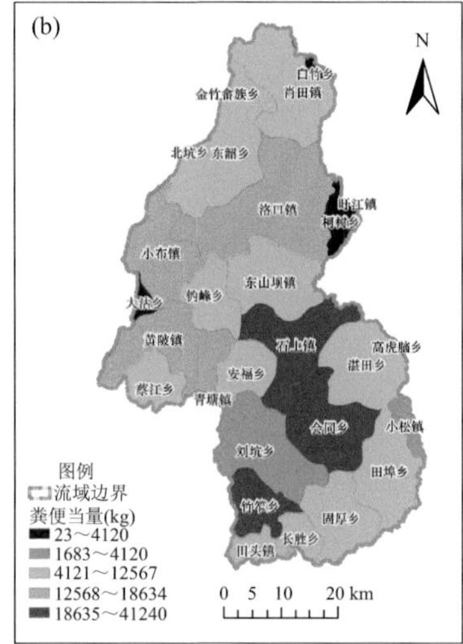

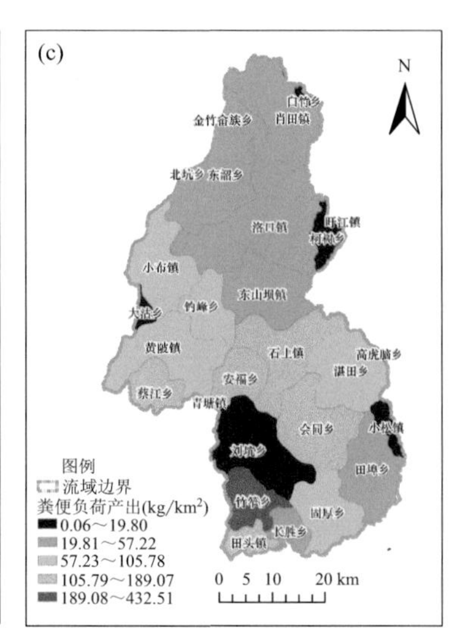

图4-5 梅江流域三黄鸡养殖场分布范围和及其粪便当量分布

(a)三黄鸡养殖场分布范围；(b)粪便当量分布；(c)粪便负荷产出分布

(2)人口排放数据

人口排放数据的估算首先必须将人口数据进行空间化，在人口数据空间化的基础上，按照人口排放的氮(N)和磷(P)当量，估算人口排放的潜在营养负荷，并根据每个子流域的空间范围提取子流域潜在的人口排放总量(图4-6)。

本研究基于GIS空间分析技术和多源数据融合技术对小流域的人口数据空间化方法进行了探究。为使结果更精确，根据小流域的特征选取地形、道路、河流作为主影响因子，并将主因子分成若干类子因子；选取居民点为影响人口分布的指引性因子，以体现人口的空间分布；将土地利用中居民地面积作为居民点的指数，以体现居民点的人口数量大小；引入居民地指数密度变量作为计算各因子对居民点分布的影响定量指标。在模拟过程中，首先计算出子因子的居民地指数密度，将其作为子因子对居民点分布的影响权值，再加权融合得出主因子对居民点分布的影响权值；其次，将整个研究区分为城镇居民点、农村居民点与远离居民点三个区域，以其人口密度作为居民点对人口分布的影响权值；最后，融合主因子对居民点分布的影响权值和居民点对人口分布的影响权值得到整个研究区的人口分布系数，将人口根据人口分布系数生成100 m×100 m分辨率的人口密度图(曾祥贵 等，2013)。

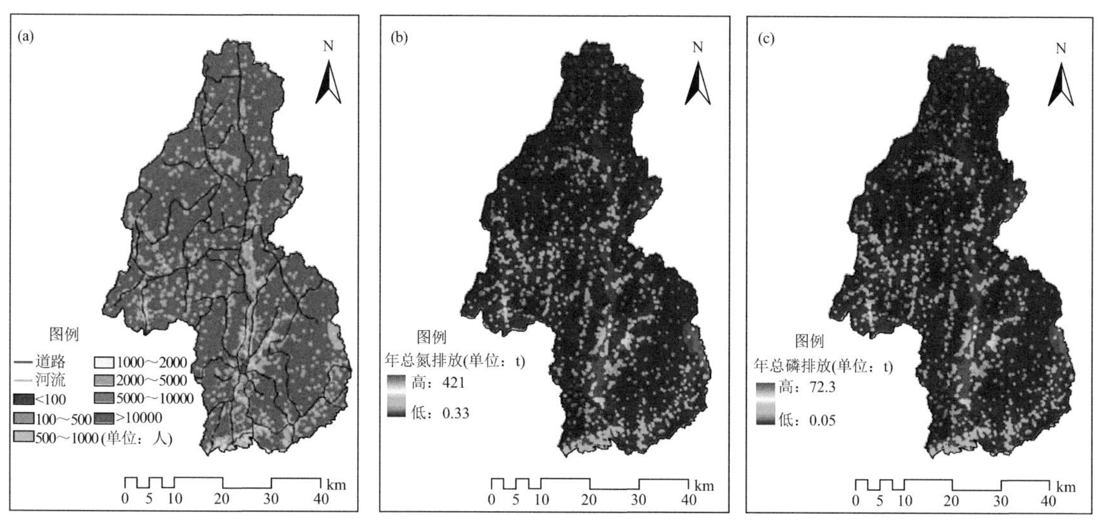

图4-6 人口空间化结果及估算的人口排放的总氮(TN)和总磷(TP)

(a)人口空间化结果；(b)人口排放的总氮空间分布；(c)人口排放的总磷空间分布

4.4 模型修正后新增的输入数据及其处理

根据SWAT模型的修正原理(见4.2节)，修正后的SWAT模型增加了优势树种在混交林中的比例(P_i)、流域的植被覆盖度(C_r)、植被冠层的消光系数(k_l)、植被的叶面积指数(LAI)、高秆和矮秆作物的间作套种指数(I_H和I_L)等变量。为此，需要通过适当的方法获取这些变量的数据，并按照SWAT模型数据输入及修正后的要求给予处理。其中，优势树种在混交林中的比例(P_i)可以利用混合像元的分解技术通过遥感信息提取来获得。在此方法中，优势树种在混交林中的比例就转化为森林组分丰度的概念。

4.4.1 优势植被冠层叶面积指数及消光系数的遥感反演及处理

植被群体冠层叶面积指数(Leaf Area Index，LAI)和消光系数(Extinction Coefficient，EC)是表征植被冠层结构及光能利用关系的基本地表下垫面参量，也是定量分析地球生态系统能量交换特性的重要结构变量。前者是指植物植株所有叶片单面面积总和与植株所占的土地面积的比值，反映可用于光能截获和气体交换的植物潜在叶片面积；而后者是表征植被群体冠层结构特征与太阳光能利用关系的一个参数，它因植被种类、群体结构、叶面积指数大小而异。植被群体中这两个变量存在密切关系，且遵循比尔-朗伯(Beer-Lambert)定律。在农学、林学、生态学和农业气象学等领域中，许多物理模型如农学中的ALMANAC作物生长模型、林学中的FOREST-BGC森林生长模型、生态水文学上的SWAT模型等都应用到这两个变量(Bulcock et al.，2010；Latifi et al.，2010)。目前这两个变量的测定有直接测量法和间接测量法(向洪波 等，2009)。由于这些模型的应用范围都涉及一定的空间尺度，如SWAT模型的应用空间范围可以大到几百万平方千米，如此大的范围采用直接测量法来获取植被群体冠层叶面积指数和消光系数是不可能的。目前通过遥感技术提取大范围的LAI

和EC是间接测量法之一(王东伟 等，2009)。由于遥感数据具有覆盖面积大、更新周期短、花费相对少等优点，所以研究或获取区域LAI及EC的时空分布大多基于遥感方法。

利用遥感技术反演区域的LAI，目前国内外有大量的研究与应用，而区域植被消光系数EC的获取，从现有的文献检索来看主要采用实地测量的办法来进行(李开丽 等，2005；杨贵军 等，2010)，用遥感数据反演区域植被EC的研究还比较少。因此，这是一个值得探讨的问题。有关区域植被LAI的遥感反演，比较常见的方法有经验模型法和物理模型法。物理模型法是指利用基于物理方法的(森林)冠层反射率模型进行LAI反演。其中以几何光学模型和辐射传输模型为基础的混合模型最具代表性。这类方法具有较强的物理基础，但要求输入较多难以获得的参数，且这些参数也易带来不同量级的误差，因此该方法尚存在一定的不确定性。而经验模型法着眼于光谱绝对值或其变换形式，如波段反射率和由此计算得到的光谱植被指数(VI)，并通过建立LAI-VI之间的回归模型来反演区域的LAI。因此经验模型法简单灵活，易于应用，但对不同的数据需要重新拟合参数和不断调整模型(李开丽 等，2005)；在遥感信息源的选择上，有基于TM、ETM等常规多光谱遥感数据的(Walthall et al.，2004)，也有基于MODIS或Hyperion等高光谱遥感数据的(Guang et al.，2009；梁亮 等，2011)。在高光谱数据中，由于MODIS数据的空间分辨率有限，而Hyperion数据相对来说较难获取且计算工作量大，因此高光谱数据的应用还存在一定的局限性。

针对不同的应用目标，国内外学者利用TM、ETM等常规多光谱遥感数据对森林植被叶面积指数的提取进行了大量的研究和实践(吴文友 等，2010；朱高龙 等，2010)。例如，骆知萌等(2005)利用不同时相的Landsat ETM遥感数据，通过与野外观测的LAI数据建立回归关系，对RS(比值植被指数)、NDVI(归一化植被指数)和RSR(缩小的比值植被指数)进行了比较分析，并建立了针叶林的LAI反演模型；陈崇等(2011)利用Landsat TM遥感影像和同期的LAI观测数据反演了研究区30 m的LAI空间分布数据，并通过与RS、NDVI、RSR、SAVI(土壤修正植被指数)和EVI(增强型植被指数)的对比分析，得出NDVI是反演研究区LAI的最佳植被指数；李海洋等(2011)基于Prospect、Liberty和Geosail等机制模型，通过Prospect模型与Liberty模型模拟阔叶与针叶的反射率和透射率，并建立查找表反演了研究区的LAI。

我国南方地处中亚热带湿润地区，雨量丰沛，植被发育并多呈混交状态，疏密程度变化大，少见单一大面积的均匀分布。通过测定单一植被类型的叶面积指数和光合有效辐射(用于估算消光系数)，并利用遥感数据计算的植被指数来反演区域的LAI或EC，难以表达区域的真实LAI或EC状况(姚延娟 等，2007)。美国陆地卫星Landsat TM或ETM是常见的多光谱遥感数据，其不同时相的影像比较容易免费获取。因此，针对区域植被分布的这种特征，探讨如何有效而充分地利用TM或ETM这一常见的多光谱遥感信息源来提取区域叶面积指数和消光系数，是一个有实际意义的应用问题。

本书针对这一问题，以美国陆地卫星Landsat-7 ETM为遥感信息源，通过3种图像融合方法的比较，选取最佳图像融合方法，生成空间分辨率为15 m的多光谱数据。在实测流域内优势植被叶面积指数和光合有效辐射的基础上，根据Beer-Lambert定律，探讨基于经验模型法的流域优势植被冠层叶面积指数反演模型的建立，以及利用经验模型法反演流域优势植被冠层消光系数的可行性，为修正分布式模型SWAT的植物生长模式提供流域植被的LAI和EC等下垫面水文参数，以弥补LAI采用平均值和EC为0.6所带来的不足。

4.4.1.1　方法与数据来源

(1)方法

对叶面积指数的遥感反演，采用基于植被指数法的经验公式法来进行。首先在实测的流域优势植被冠层的叶面积指数基础上，通过与遥感数据估算的植被指数建立统计关系，然后利用该统计关系，按照遥感植被指数来估算流域的叶面积指数。

对消光系数的遥感反演，以 Beer-Lambert 定律为基础。据 Beer-Lambert 定律，有：

$$I = I_0 e^{-EC \times LAI} \quad \text{或} \quad EC = -\frac{1}{LAI}\ln\frac{I}{I_0} \tag{4-7}$$

式中：I 为冠层内的光合有效辐射强度，I_0 为冠层顶的光合有效辐射强度，LAI 为冠层叶面积系数，EC 为冠层消光系数。由式(4-7)和实测的 LAI，可计算出实测点的消光系数 EC。

(2)数据来源

ETM 遥感数据来源于中国科学院计算机网络信息中心国际科学数据服务平台(http://datamirror.csdb.cn)，数据采集时间为 2010 年 8 月 2 日，条带号为 121，行编号为 41 和 42。由于 ETM 数据自 2003 年 5 月以来机载扫描行校正器(SLC)发生故障，所以 2003 年以后的 ETM 数据需要进行条带修复才能使用。为此采用由中国科学院计算机网络信息中心国际科学数据服务平台提供的多影像自适应局部回归(RGF)方法对所选影像进行了条带修复。ETM 数据共有 8 个波段，其中第 8 波段为全色波段，空间分辨率为 15 m，其余 1～5 波段和 7 波段相当于 TM 的相应波段，空间分辨率为 30 m。

叶面积指数和光合有效辐射强度的野外数据测量时间为 2011 年 4 月中旬、7 月下旬和 11 月上旬，考虑到叶面积指数的季节变化，4 月中旬和 11 月上旬的野外测量主要针对常绿阔叶与针叶林，选取典型的常绿阔叶与针叶林进行量测。由于常绿阔叶与针叶林的叶面积指数的季节变化不大，因此 4 月与 11 月的叶面积指数测量结果可以反映遥感图像采集时的植被状态。7 月下旬的测量主要针对落叶林和灌丛，时间上大致与遥感数据采集时间保持一致。每天的测量时间选择在 09 时以后和 15 时之前，并根据仪器的操作规范和当时的云况，给传感器镜头加盖不同角度的遮盖帽。其中，叶面积指数的测量仪器采用美国生产的 LAI2000 植被冠层分析仪，光合有效辐射强度的测量采用美国生产的光量子测量仪(3415F)进行，该仪器测量的波长范围为 400～700 nm，测量的光合有效辐射强度范围在 0～2000 μmol/(m^2 · s)范围内，精度约 5%。光合有效辐射强度与叶面积指数同步进行，分别测试植被冠层顶部的光合有效辐射强度(I_0)和冠层内部的光合有效辐射强度(I)(测量叶面积指数的高度)两个数据，然后根据式(4-7)计算该植被冠层的消光系数。

在研究区内针对优势植被采集了 33 个点的叶面积指数、光合有效辐射强度(图 4-7)，采样点的分布主要从水平和垂直两个角度考虑。在垂直分布上，选择了流域北部的凌云山(海拔 1454.9 m)和西南部的莲花山(海拔 953.8 m)作为采样点，共采集了 10 个样点。LAI 和 I、I_0 的实地测定在测量点附近采取了 3 次重复的测量方法，最后取 3 次重复的平均值，每次重复的有效空间范围大致在 10×10 m^2～15×15 m^2，对应于 ETM 经图像融合后 15 m 空间分辨率的一个像元大小。表 4-4 给出了其中 23 个采样点的实测叶面积指数、推求的消光系数及相应的优势植被类型，用于回归模型的建立。其余 10 个点的数据用于验证。

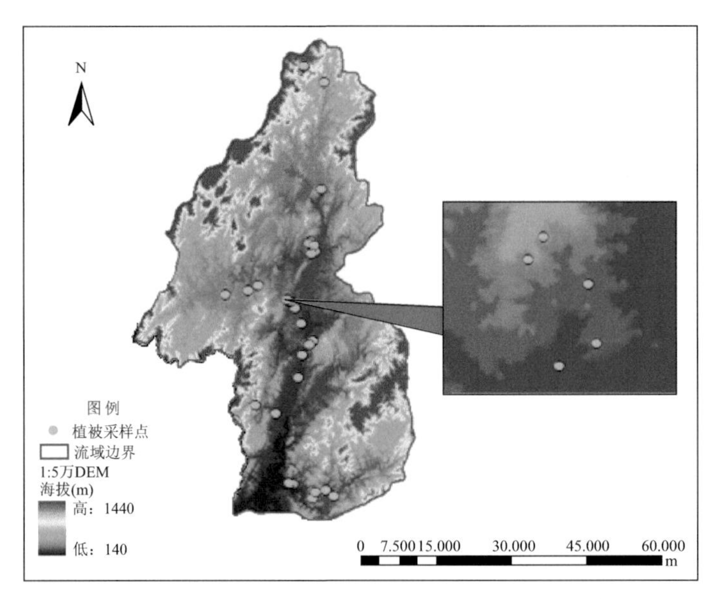

图 4-7 叶面积指数和光合有效辐射强度(I、I_0)采样点分布图

表 4-4 实测的优势植被叶面积指数、消光系数及对应的优势植被类型

测点序号	叶面积指数	消光系数	优势植被类型	测点序号	叶面积指数	消光系数	优势植被类型
1	1.43	1.17	针叶林(马尾松)	13	1.90	1.12	灌丛
2	0.77	1.25	针叶林(马尾松)	14	1.74	0.65	灌丛
3	0.61	1.76	针叶林(马尾松)	15	1.67	0.49	竹林
4	1.65	1.21	常绿阔叶林(苦槠栲)	16	2.14	1.11	针叶林(杉木林)
5	1.39	1.49	常绿落叶阔叶混交林(樟树＋苦楝树)	17	2.05	1.01	针叶林(杉木林)
6	2.92	1.49	竹林	18	1.26	1.7	针叶林(马尾松)
7	2.28	1.17	常绿针阔混交林(樟树＋杉木)	19	0.64	2.33	针叶林(马尾松)
8	1.57	1.43	灌丛	20	0.53	2.34	竹林
9	1.21	1.73	落叶阔叶林(桉树林)	21	2.49	1.37	针叶林(杉木林)
10	0.73	1.78	草丛(芒草＋蕨类植物)	22	0.86	1.82	灌丛
11	3.69	0.78	常绿阔叶林(丝栗栲)	23	1.21	0.9	针叶林(马尾松)
12	2.39	1.03	常绿阔叶林(丝栗栲)				

4.4.1.2 ETM 数据的预处理

(1)ETM 遥感图像的几何校正和辐射定标

对获取的 2010 年 8 月 2 日的两景遥感图像首先进行几何精校正，以 1∶5 万的地形图为基准，以水体和水系为参考对象选择控制点，并使校正的总体误差(RMS)控制在一个像元之内。完成几何精校正以后，再对该两景影像进行辐射定标，其目的是将无量纲的计数值 DN(digital number)值转化为传感器接收的光谱辐射值。L1 级的图像辐射定标可按照式(4-8)进行(Chander et al.，2009)。

$$L_\lambda = G_{rescale} \times Q_{cal} + B_{rescale} \tag{4-8}$$

式中：L_λ 是传感器接收到的光谱辐射值，$G_{rescale}$ 为每个波段的增益值，Q_{cal} 为图像的 DN

值，$B_{rescale}$ 为每个波段的偏移值。

(2)ETM数据的辐射校正

为消除或减少大气分子和气溶胶的散射和吸收对地物反射率的影响，对辐射定标后的ETM进行了辐射校正，校正方法采用ENVI中的FLAASH模块，该模块嵌入了MODTRAN4辐射传输代码，可以为影像选择标准MODTRAN模型大气和气溶胶类型进行大气校正。大气校正所涉及的主要参数见表4-5。

表4-5 ETM影像FLAASH校正的主要参数

参数名称	影像中心点的经度	影像中心点的纬度	传感器平均高程	分辨率	地面高程
数值	116.19537°E	27.42595°N	705 km	30 m	0.3791 km
参数名称	反射波段转换比例	飞行日期	GMT标准时间	大气模式	气溶胶模式
数值	10	2010-08-02	02:37:06	MLS	Rural

4.4.1.3 ETM数据的融合及融合前后的效果分析

图像融合是一种图像处理技术，它可将较低空间分辨率的多光谱影像通过与高空间分辨率的全色波段影像重采样生成一幅具有较高分辨率的多光谱影像遥感，使得处理后的影像既有较高的空间分辨率，又保留多光谱的特征(许榕峰 等，2004)。在使用LAI2000植被冠层分析仪进行实地LAI测量时，尽管进行了3次重复测量，但也只代表了实测点10～15 m见方的有限空间范围。为了更好地匹配叶面积指数的实测数据，反映采样点植被混交和疏密不均的状态，在ETM原始30 m空间分辨率影像数据基础上，通过图像融合方法以获得15 m分辨率的遥感数据。但图像融合的方法在某种程度上会导致遥感数据的失真，为此选择了常用的HSV、Brovey和Gram-Schmidt(GS)方法进行了融合后原始信息保持情况的对比分析。

图4-8a和图4-8b分别表示了所选的三种方法融合后影像的DN及NDVI与原始的DN和NDVI抽样值，两图中的红线分别为原始的DN值和NDVI值。从图中可以看出，在三种融合方法中，HSV方法融合后的DN和NDVI值与原始数据的DN和NDVI值差别最大，Brovey方法次之，而GS方法差别最小，说明经GS方法融合后的遥感数据能比较好地保持原始图像的信息。为此，选择GS方法对ETM数据进行融合，生成了15 m分辨率的多波段数据。

为比较ETM数据在融合前后数据质量的变化及对反演LAI及EC的改善效果，分别在融合前后的ETM图像上提取23个采样点的NDVI值，并计算这些值的均值、最大值、最小值、方差及与LAI和EC的相关系数(表4-6)。从表4-6可以看出，融合前NDVI的均值、最大值和方差都小于融合后的值，NDVI与LAI及EC的相关系数也都小于融合后的值，说明融合后由于增加了ETM的空间分辨率，计算出的NDVI具有较好的空间变异性，体现了采样点一定范围内植被混交和疏密不均的特征，能较好地匹配实测的LAI和EC，因而其相关系数都较融合前为大。因此，ETM的数据融合在某种程度上可以改善LAI和EC的反演，因而也能更好地匹配分布式流域模型对空间异质性的数据需求。

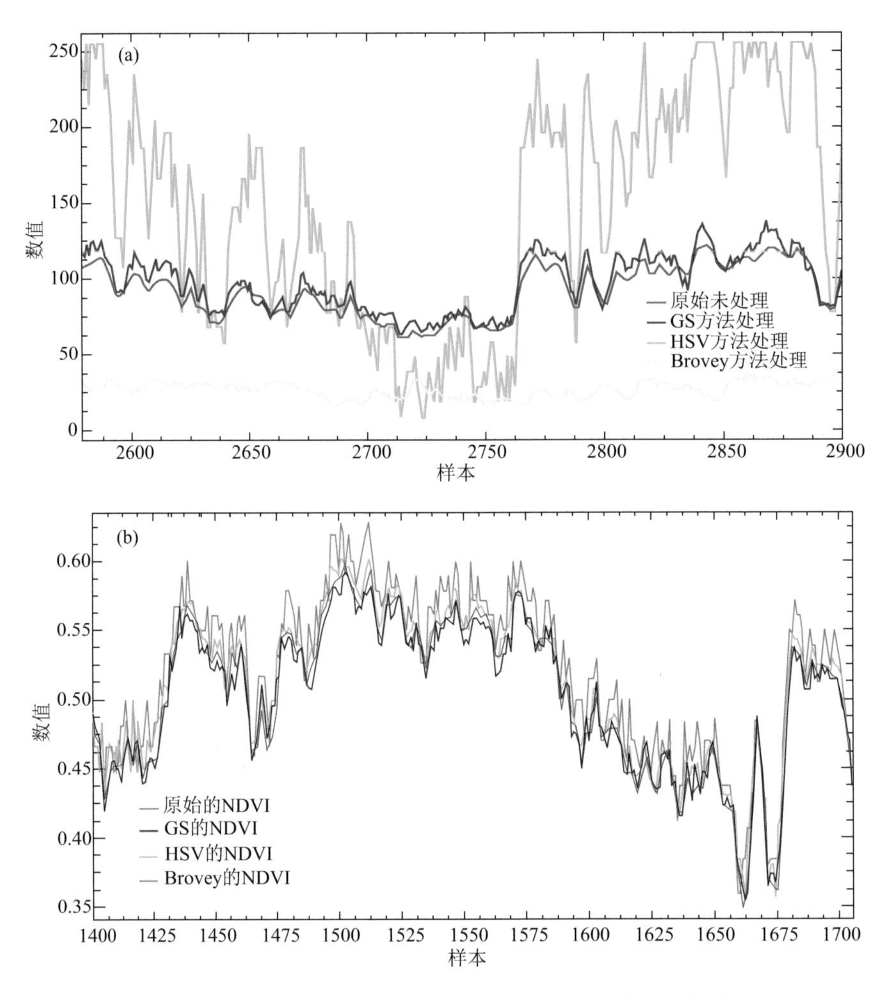

图 4-8 几种图像融合处理前后的 DN 与 NDVI 植被指数比较

(a)DN 值；(b)NDVI 值

表 4-6 ETM 融合前后 NDVI 的相关统计参数

统计参数	NDVI 均值	NDVI 最大值	NDVI 最小值	NDVI 方差	NDVI 与 LAI 的相关系数	NDVI 与 EC 的相关系数
融合前	0.37	0.50	0.23	0.062	0.62	0.46
融合后	0.44	0.63	0.20	0.132	0.81	0.68

4.4.1.4 遥感反演模型的建立与应用

(1)基于 ETM 数据的叶面积指数和消光系数模型的建立

目前植被指数的计算有多种方法，不同的植被指数意义不同(杨飞 等，2008)。本节选取了常见的 4 种植被指数，通过分析它们与实测的 LAI 之间的统计关系，选择最佳的植被指数以建立基于 ETM 数据的叶面积指数和消光系数模型，4 种植被指数的计算公式见表 4-7。

表 4-7 常见植被指数公式

植被指数	计算公式
比值植被指数 (Ratio Vegetation Index, RVI)	$RVI = \rho_{NIR} / \rho_R$

续表

植被指数	计算公式
归一化植被指数 (Normalized Difference Vegetation Index, NDVI)	$NDVI = (\rho_{NIR} - \rho_R) / (\rho_{NIR} + \rho_R)$
土壤调整植被指数 (Soil Adjusted Vegetation Index, SAVI)	$SAVI = (\rho_{NIR} - \rho_R)(1+L)/(\rho_{NIR} + \rho_R + L)$
转换型土壤调整指数 (Transformed Soil Adjusted Vegetation Index, TSAVI)	$TSAVI = [a(\rho_{NIR} - a \times \rho_R - b)]/(a \times \rho_{NIR} + \rho_R - ab)$

注：ρ_R、ρ_{NIR} 分别为红、近红外波段反射率；a、b 分别为本研究区内土壤线的斜率和截距，其中 $L=0.5$，$a=1.0578$，$b=0.0688$。

利用经过预处理的 ETM 的波段 3(红波段)和波段 4(近红外波段)数据，分别计算 RVI、NDVI、SAVI 和 TSAVI 植被指数。利用 GIS 的空间分析功能，提取了 23 个测点位置的 RVI、NDVI、SAVI 和 TSAVI 数值，并与实测的各点 LAI 进行相关分析。通过绘制散点图的方法，可以发现 4 种植被指数与 LAI 之间都有较好的指数关系(图 4-9 和表 4-8)，其中以 NDVI 与 LAI 之间的关系最好，R^2 达到了 0.81。为此，将 $LAI=0.295e^{3.56\times NDVI}$ 模型作为利用 ETM 植被指数反演流域优势植被冠层叶面积指数的模型。

从图 4-9 可以看出，尽管通过 4 种植被指数与实测 LAI 建立的指数关系拟合 LAI 的误差有大小，但都表现了一种基本趋势，即随着叶面积指数的增大，误差也随之增加，其中 SAVI 和 NDVI 的表现最为明显，这在某种程度上说明，虽然 NDVI 和 SAVI 两种植被指数采用指数关系来拟合实测 LAI 和估算 LAI 的，拟合效果较好，但随着 LAI 值的增大，反演的误差也随之增大，这与目前的其他研究结果吻合，说明用遥感植被指数来反演叶面积指数存在饱和现象(谭昌伟 等，2005)。

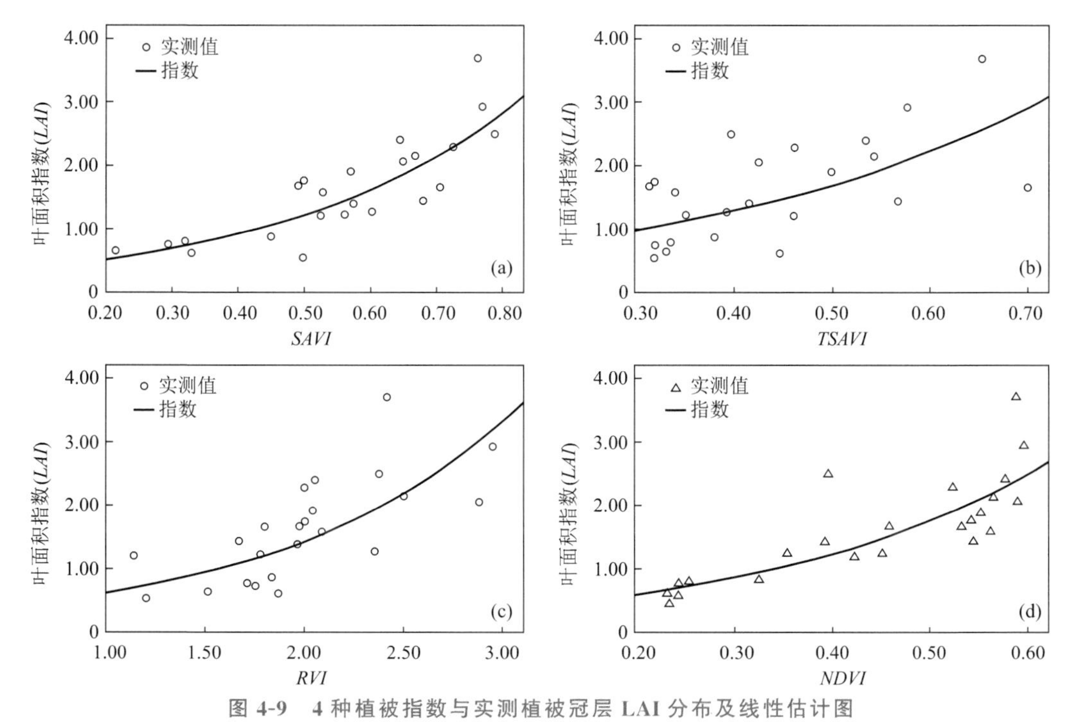

图 4-9 4 种植被指数与实测植被冠层 LAI 分布及线性估计图

(a) SAVI 与 LAI 关系；(b) TSAVI 与 LAI 关系；(c) RVI 与 LAI 关系；(d) NDVI 与 LAI 关系

表 4-8 4种植被指数与叶面积指数(LAI)的统计模型及统计参数

植被指数	模型	相关性(R^2)	显著性(sig.)	F 值
NDVI	$LAI=0.295e^{3.56\times NDVI}$	0.81	0	82.67
RVI	$LAI=0.267e^{0.84\times RVI}$	0.52	0	21.91
SAVI	$LAI=0.291e^{2.85\times SAVI}$	0.73	0	55.75
TSAVI	$LAI-0.429e^{2.74\times TSAVI}$	0.48	0.004	13.76

按照同样方法，可以得EC与各植被指数的统计关系。从散点图上可以发现，EC与各植被指数之间大致是一种线性相关关系(图4-10)，其中以NDVI与EC的相关性最好。经过拟合，建立的消光系数EC与NDVI的线性回归关系为：$EC=2.45-2.49\times NDVI$，该模型的$R^2=0.68$，$F=41.61$，显著性统计量sig.为0。为此，将该模型作为利用ETM植被指数反演流域优势植被冠层消光系数的统计模型。

与叶面积指数反演模型对比，EC与NDVI的相关性不及LAI与NDVI的相关性，这在某种程度上说明了尽管EC与NDVI存在明显的相关，但EC与NDVI的关系比LAI与NDVI的关系更复杂，不确定性更大。这从式(4-7)中也可以证实这一点，EC不仅与LAI有关，而且与$\ln(I/I_0)$也有关，而LAI、I和I_0这三个变量的实测值误差均会导致由式(4-7)估算的EC值与实际优势植被EC的偏差，因此EC与NDVI的相关性不及LAI与NDVI的相关性是必然的。从图4-11和图4-12可以看出，EC与$\ln(I/I_0)$呈线性关系，而EC与LAI则呈弱指数关系，且呈现负相关关系。因此，EC和$NDVI$是一种线性回归关系存在一定的合理性。

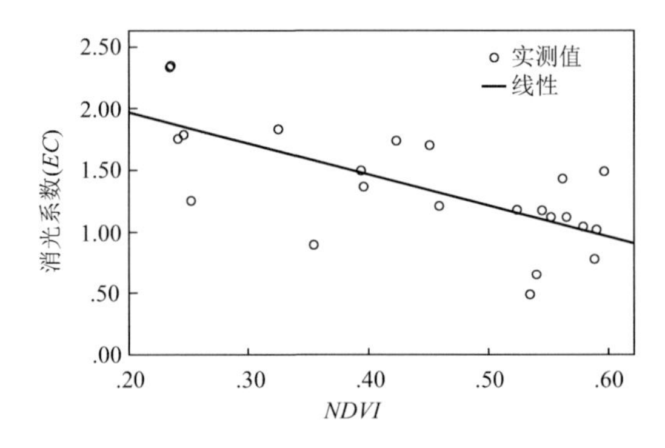

图 4-10 NDVI与实测植被冠层EC分布及线性估计图

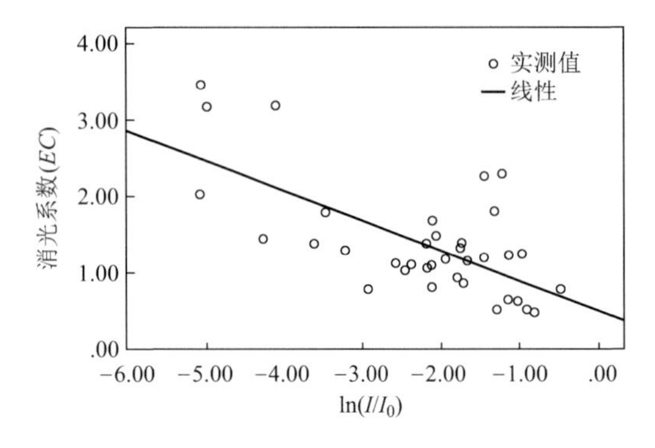

图 4-11 实测 $\ln(I/I_0)$与EC分布图

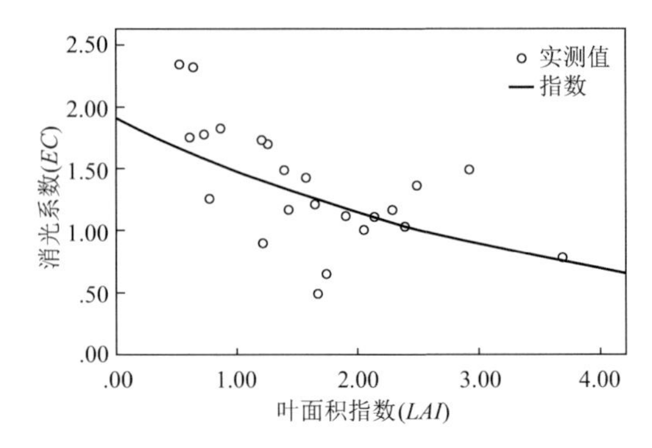

图 4-12 实测 EC 与 LAI 的分布图

(2)模型的应用

利用上述建立的LAI和EC反演模型，在ETM计算的SAVI/NDVI数据基础上，最后反演了整个流域的叶面积指数和消光系数。由于整个流域尚包含水体、居民地、裸地和耕地等非林地区域，为了去除掉本研究不考虑的非林地区域的LAI和EC，得到能有效表现流域内以林地为主的优势植被LAI和EC分布，利用GIS的空间分析方法，将不在讨论范围之内的LAI和EC予以剔除，从而得到了以林地为主的优势植被的LAI和EC分布(图4-13)。从图4-13可以看出，整个流域优势植被的LAI和EC分别为0.28～4.2和0.54～2.38。由此可以看出，LAI和EC具有较大的空间变异性。

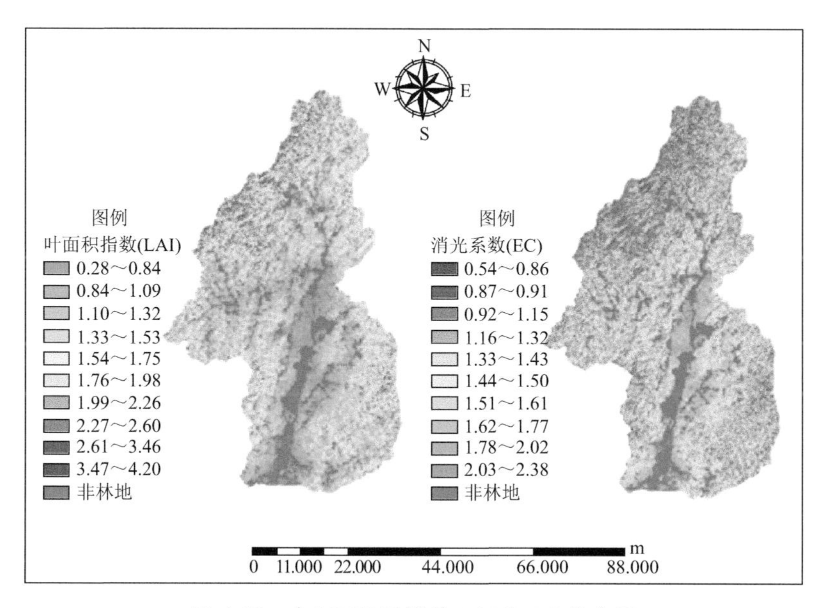

图4-13 由NDVI反演的LAI和EC分布图

(3)结果验证

为了对LAI和EC统计反演模型的有效性进行检验，提取预留10个采样点位置的NDVI值，并按照统计反演模型，分别估算了LAI和EC。表4-9分别列出了这10个采样点估算与实测的LAI及EC、相应误差及采样点优势植被类型。

从表4-9可以看出，LAI和EC的均方根误差(Root Mean Square Error，RMSE)分别为0.42和0.50，说明LAI的反演验证效果好于EC的反演验证效果。其中，LAI反演的主要误差贡献来自于采样点2、3和4号点，均为LAI实测值较大的采样点，而LAI实测值较小的采样点，其反演误差均较小，这与建模过程中的误差分布比较一致。EC反演的误差贡献规律不明显，但也呈现了较大的EC和较小的EC反演误差较大的趋势。

表4-9 结果验证的误差分析表

序号	LAI			EC			优势植被类型
	估算值	实测值	绝对误差	估算值	实测值	绝对误差	
1	0.98	0.92	−0.06	1.61	1.23	−0.38	针叶林(马尾松)
2	0.86	1.32	0.46	1.70	1.33	−0.37	灌丛+针叶林(杉木)
3	1.85	2.62	0.77	1.17	1.34	0.17	灌丛+针叶林(杉木)

续表

序号	LAI			EC			优势植被类型
	估算值	实测值	绝对误差	估算值	实测值	绝对误差	
4	1.27	1.93	0.66	1.43	1.80	0.37	常绿阔叶林(丝栗栲)
5	1.95	2.50	0.55	1.13	2.03	0.90	竹林
6	2.17	2.59	0.42	1.06	0.82	−0.24	竹林
7	0.52	0.69	0.17	2.05	1.86	−0.19	针叶林(松树)
8	0.44	0.60	0.16	2.18	2.72	0.54	针叶林(杉树,马尾松)
9	1.66	1.62	−0.04	1.24	0.63	−0.61	针叶林(杉树)
10	1.34	1.29	−0.05	1.39	2.11	0.72	常绿阔叶林(丝栗栲)
RMSE		0.42			0.50		

(4)主要结论

流域植被冠层的叶面积指数或消光系数是许多分布式水文模型或环境/生态水文模型的重要输入，利用遥感技术提取大范围的空间异质LAI和EC是目前行之有效的方法。本研究针对我国南方地区植被发育并多呈混交状态、植被疏密程度变化大等特点，围绕较常用且易于获取的ETM数据，在进行ETM多波段数据融合的基础上，探讨了RVI、NDVI、SAVI和TSAVI四种常用的植被指数反演梅江流域优势植被冠层植被指数与消光系数的方法，结果表明：

① GS图像融合方法具有较好的保真性，应用ETM多波段融合方法可以获取空间分辨率更高的LAI反演数据，有利于反映我国南方地区植被混杂且疏密不均的特点，可以更好地匹配分布式流域模型对空间异质性的数据需求；

② 在4种常见的植被指数中，LAI与NDVI的相关性较好，并与NDVI呈指数关系，而EC与NDVI则大致呈线性关系；与叶面积指数反演模型对比，EC与NDVI的相关性不及LAI与NDVI的相关性，EC与NDVI的关系比LAI与NDVI的关系更复杂，不确定性更大；

③ 通过NDVI反演LAI，呈现出一种基本趋势，即随着优势植被类型叶面积指数的增加，误差也随着增加。说明对于叶面积指数较大的植被类型，采用遥感NDVI来反演其LAI，存在较大的不确定性，需要采用更有效的方法来反演。

4.4.2 流域森林组分丰度和植被覆盖度的遥感信息提取及处理

在流域非点源污染发生及形成机制研究中，地表下垫面特征是流域非点源污染模拟模型的重要边界条件。在本研究修正以后的SWAT模型中，就增加了流域优势树种在混交林中的比例(P_i)、流域的植被覆盖度(C_r)等变量，替代了原有反映森林植被状态的相应变量，作为原有模型相应变量的一种细化。在具体实现过程中将优势树种在混交林中的比例转化为森林组分丰度的概念。森林组分丰度和植被覆盖度参数的获得，传统上可以通过生物方法人工调查来实现，但该方法在大范围内进行时比较耗费人力和物力。目前遥感技术定量反演这些参量的方法已经比较成熟(李小文，2005)。

4.4.2.1 遥感数据及预处理

(1)遥感数据

对研究区森林组分丰度和植被覆盖度进行遥感提取，采用美国宇航局地球观测卫星(Earth-Observing One，EO-1)高级陆地成像仪(Advanced Land Imager，ALI)的数据作为遥感数据源，EO-1 ALI 不同波段的波长与空间分辨率见表 4-10。

表 4-10 EO-1 ALI 不同波段的波长与空间分辨率

波段	波长(μm)	带宽(nm)	空间分辨率(m)
Pan(B01)	0.480～0.690	210.0	10
MS-1'(B02)	0.433～0.453	20.0	30
MS-1(B03)	0.450～0.515	65.0	30
MS-2(B04)	0.525～0.605	80.0	30
MS-3(B05)	0.633～0.690	57.0	30
MS-4(B06)	0.775～0.805	30.0	30
MS-4'(B07)	0.845～0.890	45.0	30
MS-5'(B08)	1.200～1.300	100.0	30
MS-5(B09)	1.550～1.750	200.0	30
MS-7(B10)	2.080～2.350	270.0	30

注:表中第 1 列中“'”表示在 ETM 传感器基础上新增的波段,余同。

由于研究区较大，所以选用 2009 年 3 月 16 日、2009 年 5 月 1 日和 2009 年 6 月 5 日共 3 景 ALI 遥感影像镶嵌成整个研究区所需的遥感影像，其坐标系统为 WGS 84 UTM 50。各景遥感影像的基本参数见表 4-11。

表 4-11 获取的 ALI L1Gst 数据的基本参数

文件名	太阳方位角	太阳高度角	成像时间(GMT)	中心经度	中心纬度
EO1A1210412009075110KZ	134.18°	51.96°	2009-03-16 02:38:53	116.15°E	26.72°N
EO1A1210412009121110PY	111.88°	64.22°	2009-05-01 02:32:27	115.93°E	27.72°N
EO1A1210412009157110PX	94.74°	67.05°	2009-06-05 02:32:55	115.98°E	26.71°N

(2)地形校正

受丘陵山地的地形影响，影像光谱很容易产生同物异谱或同谱异物现象，可用地形校正模型来部分消除。Teillet 等(1982)提出了余弦校正模型，认为校正后像元接受的总辐射值与坡面像元接受的总辐射值有一个由入射角的余弦决定的直线比例关系。入射角定义为太阳天顶与垂直于坡面的方位夹角，α 为太阳入射角，其计算式为：

$$\cos\alpha = \cos\theta\cos\beta + \sin\theta\sin\beta\cos(\lambda - \omega) \tag{4-9}$$

式中：θ 是像元所在平面的坡度角，λ 是太阳方位角，β 是太阳天顶角，ω 是像元所在平面的坡向角。从 DEM 数据中可以计算出坡度角和坡向角。余弦校正模型表述为：

$$L_H = L_T\left(\frac{\cos\beta}{\cos\alpha}\right) \tag{4-10}$$

式中：L_H 为水平地面某点的辐射值，L_T 为倾斜地面某点的辐射值。

图 4-14a，b 给出了校正前与校正后的对比。但从图中可以看出，校正以后的图对比度

下降了，为此对校正以后的影像进行了直方图拉伸，最后得到图 4-14c。

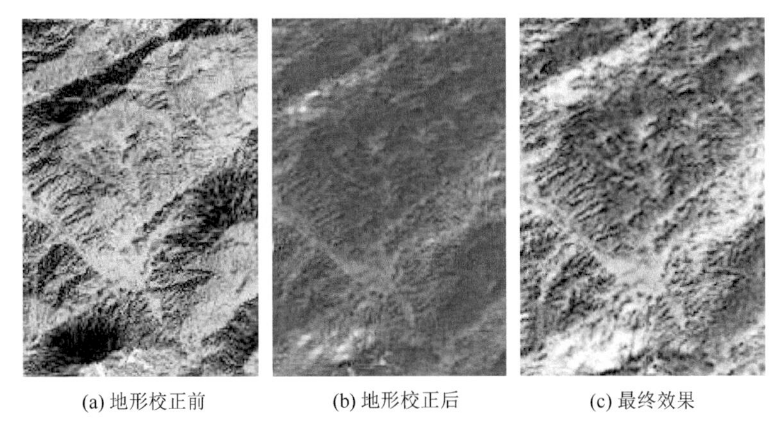

(a) 地形校正前　　(b) 地形校正后　　(c) 最终效果

图 4-14　余弦地形校正及其过度校正处理

(3)辐射校正

辐射定标是遥感图像辐射校正不可缺少的基础过程。其物理意义是将记录的原始计数值(Digital Number，DN)转换为大气外层表面的光谱辐射值。ALI 有两个星上辐射定标装置，一个是基于卤素灯的积分球与分光辐射度计，另一个是以漫反射板为基准源的星上定标系统。利用它们获取的定标参数可以为遥感图像进行辐射的定标，其定标公式如下(Chander et al.，2009)：

$$L_{\lambda}=\left(\frac{L_{\max\lambda}-L_{\min\lambda}}{Q_{\text{calmax}}-Q_{\text{calmin}}}\right)(Q_{\text{cal}}-Q_{\text{calmin}})+L_{\min\lambda} \tag{4-11}$$

或

$$L_{\lambda}=G_{\text{rescale}}\times Q_{\text{cal}}+B_{\text{rescale}} \tag{4-12}$$

其中，

$$G_{\text{rescale}}=\left(\frac{L_{\max\lambda}-L_{\min\lambda}}{Q_{\text{calmax}}-Q_{\text{calmin}}}\right),\ B_{\text{rescale}}=L_{\min\lambda}-\left(\frac{L_{\max\lambda}-L_{\min\lambda}}{Q_{\text{calmax}}-Q_{\text{calmin}}}\right)Q_{\text{calmin}} \tag{4-13}$$

式中变量的各项意义为：L_{λ} 为传感器所接收到的光谱辐射(W/(m^2·μm·sr))，Q_{cal} 为图像的 DN 值(为无量纲数)，Q_{calmax} 和 Q_{calmin} 分别为遥感影像 DN 的最大值和最小值，$L_{\max\lambda}$ 和 $L_{\min\lambda}$ 分别是由 Q_{calmax} 和 Q_{calmin} 推算的光谱辐射 L 的最大值和最小值。而 G_{rescale} 为各波段的增益值((W/(m^2·μm·sr))/DN)，B_{rescale} 为各波段的偏移值(W/(m^2·μm·sr))，它们可以从影像的头文件中读取。表 4-12 列出了所获取的 3 景影像的辐射定标系数。

表 4-12　ALI 的辐射定标系数

波段名称	中心波长(nm)	G_{rescale}((W/(m^2·μm·sr))/DN)	B_{rescale}(W/(m^2·μm·sr))
Pan(B01)	585	0.024	−2.2
MS-1'(B02)	443	0.045	−3.4
MS-1(B03)	483	0.043	−4.4
MS-2(B04)	565	0.028	−1.9

续表

波段名称	中心波长(nm)	$G_{rescalc}$((W/(m^2·μm·sr))/DN)	$B_{rescalc}$(W/(m^2·μm·sr))
MS-3(B05)	662	0.018	−1.3
MS-4(B06)	790	0.011	−0.85
MS-4'(B07)	868	0.0091	−0.65
MS-5'(B08)	1250	0.0083	−1.3
MS-5(B09)	1650	0.0028	−0.6
MS-7(B10)	2215	0.00091	−0.21

大气校正所需要的波谱响应函数从澳大利亚联邦科学与工业研究组织(Astronomers at Australia's Commonwealth Scientific Research Organization, CSRIO)网站下载(CSRIO, 2001)。ALI不同波段的响应函数见图4-15和图4-16。

根据ENVI遥感图像处理软件的光谱库文件的生成方法，将ALI不同波段的光谱响应函数转换成ENVI光谱库文件格式。供FLAASH大气校正时作为多光谱数据参数设置中的过滤器函数文件(Fileter Function File)之用。表4-13列出了ALI影像进行FLAASH大气校正的主要参数。

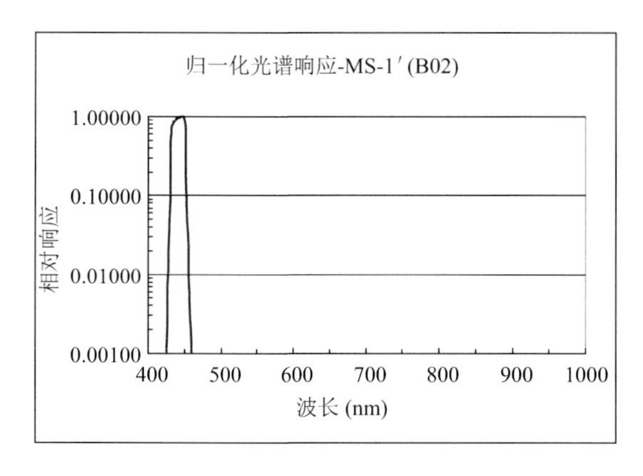

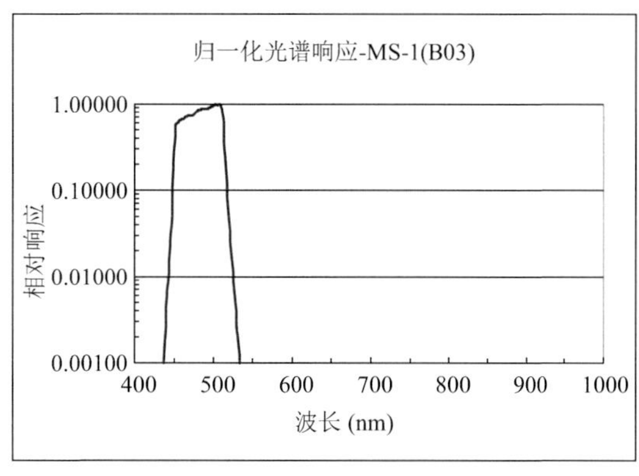

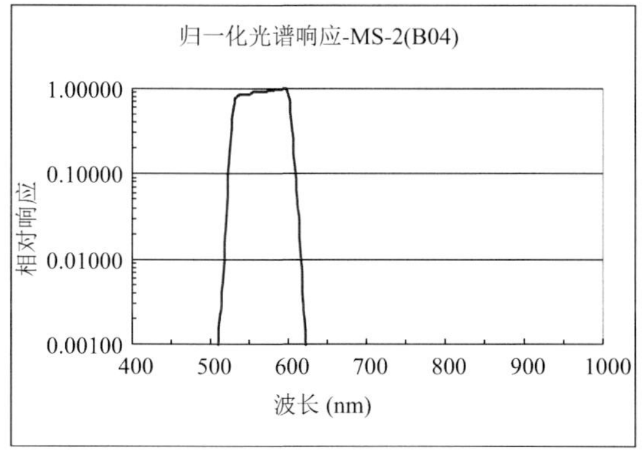

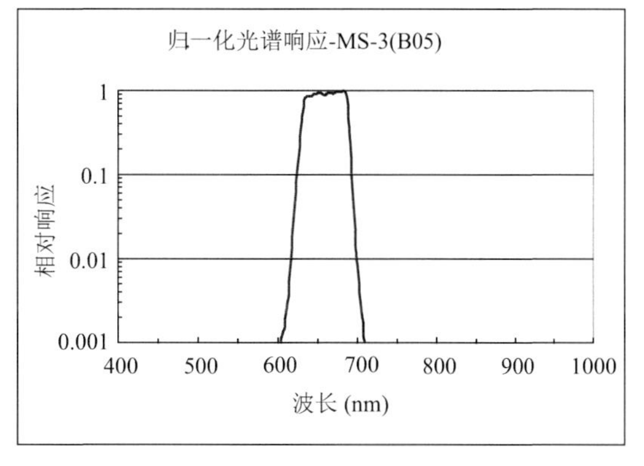

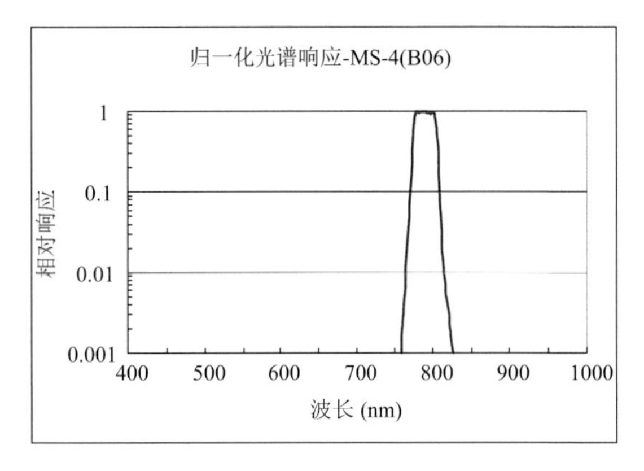

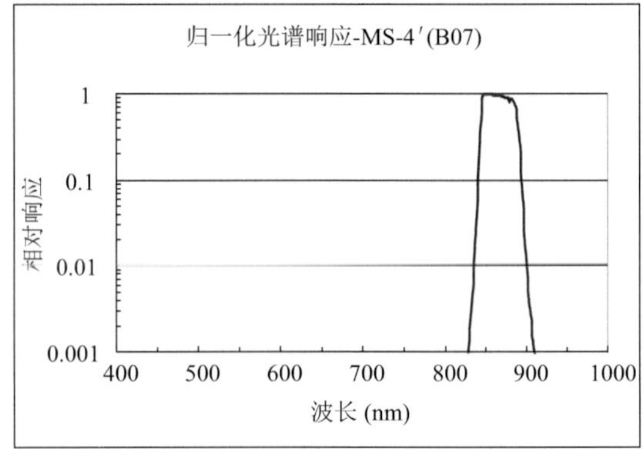

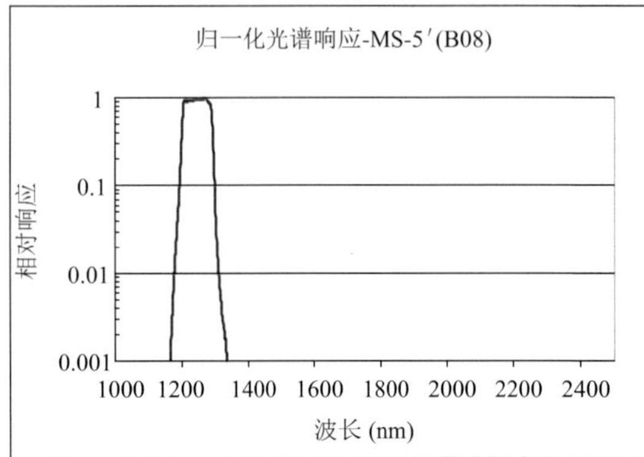

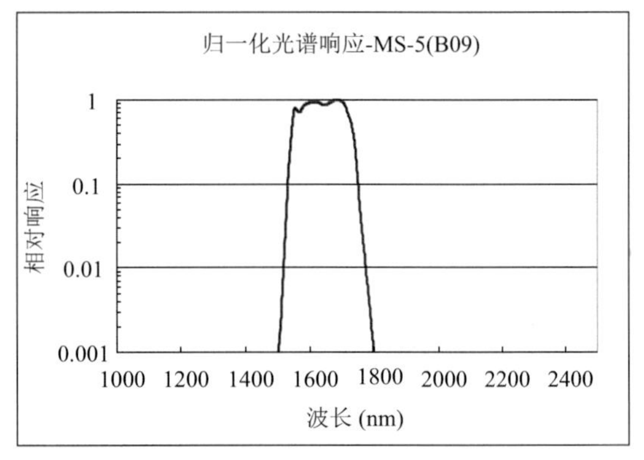

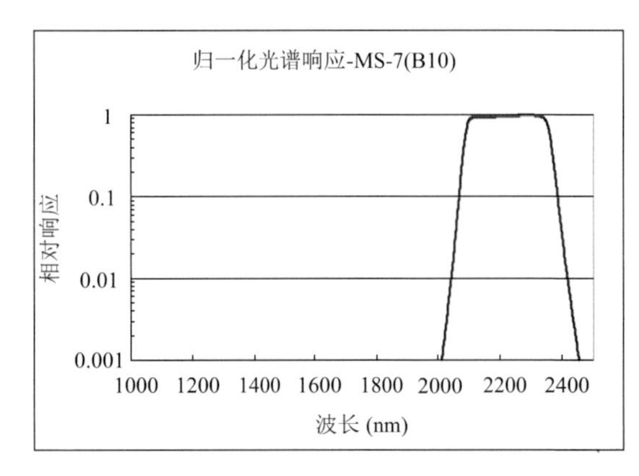

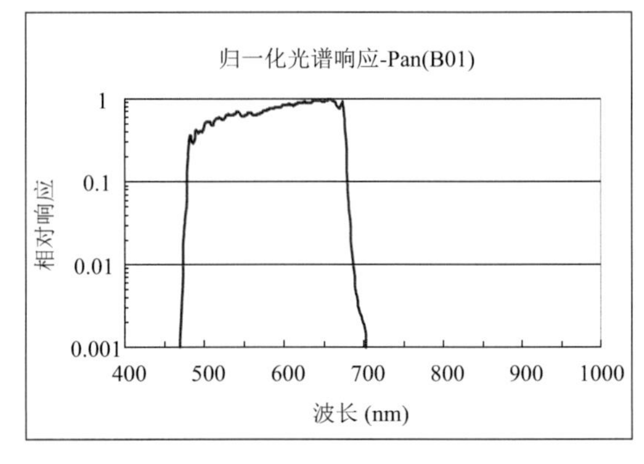

图 4-15 ALI 不同波段的光谱响应函数

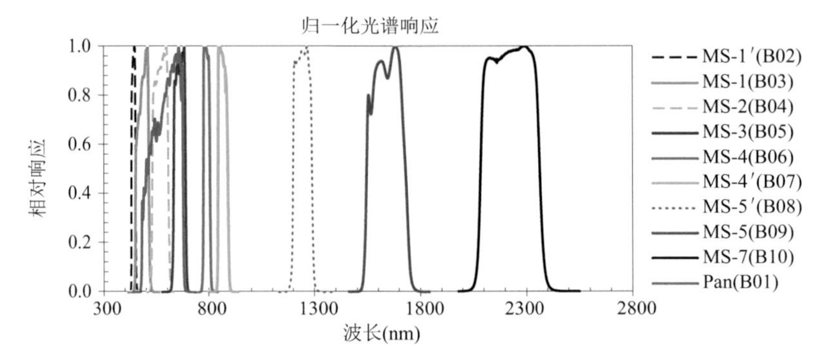

图 4-16 ALI 不同波长的光谱响应函数比较

表 4-13 ALI 图像 FLAASH 模块输入参数

传感器类型	景中心坐标	传感器高度(km)	地面海拔高度(km)	像元大小(m)	飞行日期	飞行时间(h : min : s)
Unknown-MS	见表 4-11	705	0.3791	30	见表 4-11	见表 4-11
大气模型	水汽反演	气溶胶类型	气溶胶反演	初始能见度(km)	气溶胶反演设置	光谱响应函数
Mid-Latitude Summer	NO	Rural	2-Band(k-T)	11	标准陆地上	见图 4-15 和图 4-16
第一波段指数	气溶胶标高(km)	CO_2 (mL/m^3)	平方分割函数	领域校正	Modtran 分辨率(cm^{-1})	多散射模型
0	2	390	NO	YES	5	Scaled DISORT

4.4.2.2 森林组分丰度遥感信息提取线性混合模型的建立与应用

森林组分丰度从中、低空间分辨率遥感影像中获取的方法主要是利用混合像元分解技术。最常见的混合像元分解模型有线性光谱混合模型、模糊模型、概率模型、几何光学模型和随机几何模型等(Charles et al.，1996)。线性光谱混合模型原理简单、物理意义明确、效率高，目前应用最广(Braswella et al.，2003；陈晋 等，2016)。例如，李慧等(2005)利用线性光谱模型分解混合像元方法，从 ASTER 多光谱遥感数据提取福州地区植被覆盖丰度的定量信息，与归一化差值植被指数进行了回归分析，结果相关系数高达 95%；郑有飞等(2008)应用线性混合模型和 MODIS 数据分离出郑州市农田、水体、林地、草地和居民建筑用地 5 种主要地物组成及其组分丰度，但结果表明即使是极为平坦的平原地区，地形起伏也会影响到线性分解的精度；陈峰等(2010)对无约束条件法、带部分约束条件法、普通带全约束条件法和带全约束条件的可变端元法 4 种混合像元线性光谱分解方法进行了对比，结果表明，普通带全约束条件法和带全约束条件的可变端元法的分解结果比无约束条件法和带部分约束条件法的分解结果更合理，均方根误差明显要小；同时，带全约束条件的可变端元法要优于普通带全约束条件法。光谱归一化处理则对不同分解方法带来不同的影响，应依据实际需要采取合适的光谱处理方式；项宏亮等(2013)基于 2006 年 7 月 30 日合肥市 TM 影像数据，运用支持向量机(SVM)监督分类与线性光谱混合模型相结合的方法提取研究区不透水面丰度值，并与单一运用线性光谱混合模型提取结果进行比较，结果表明支持向量机监督分类和线性光谱混合模型相结合方法的提取精度高于线性光谱混合模型。

本研究运用线性混合模型，通过野外观测获得的各端元信息，利用 EO-1 ALI 遥感影像，通过 MNF 变换、PPI 计算和 N 维可视化选择端元，最后进行线性分解，获得了梅江流域阔叶林、针叶林和低矮植被的丰度信息，用于修正的 SWAT 模型。

(1)方法

线性混合模型假定混合像元的光谱是该瞬时视场内各类地物光谱线性组合，即认为像元的光谱亮度值是构成像元的基本组分光谱亮度值以其占像元面积的比例为权重系数的线性组合。第 i 波段像元的反射率 γ_i 可表示为下式(Adams et al.，1986；Hill et al.，1998)：

$$\gamma_i = \sum_{j=1}^{n}(\alpha_{ij}X_j) + e_i \tag{4-14}$$

式中：γ_i 为混合像元的反射率；α_{ij} 为第 i 个波段第 j 个端元组分的反射率；X_j 为该像元第 j 个端元组分的丰度；e_i 为第 i 波段的误差；$i=1$，2，…，m（m 表示波段数）；$j=1$，2，…，n（n 表示端元数）。该模型在满足两个约束条件下求解，即：

$$\begin{cases}\sum_{j=1}^{n} X_j = 1 \\ 0 < X_j < 1\end{cases} \quad (j=1, 2, \cdots, n) \tag{4-15}$$

① MNF 变换

最小噪声分离法（MNF）是主成分变换的一种，用于计算数据的有效维数。由于 ALI 影像波段间具有很强的相关性，使用最小噪声分离变换将信噪比最大的数据集中于前几个主成分，同时降低波段间的相关性，以提高光谱分解精度。研究区前 3 个 MNF 分量空间纹理清晰，信息量占了总体信息量的 87%，前 4 个主成分占了 92%，见图 4-17。而后 3 个分量空间纹理十分模糊，含有大量的噪声，因此计算像元纯度指数时可以只选取 MNF 变换后的前 3 个分量。

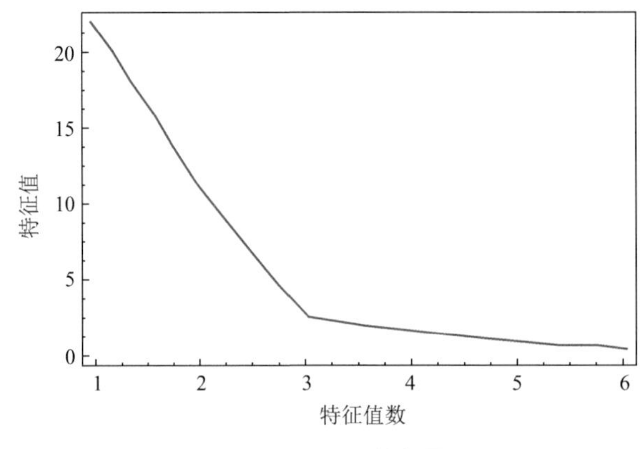

图 4-17　MNF 特征图

② PPI 与端元交互选择

在 MNF 变换的基础上，使用像元纯净指数（Pixel Purity Index，PPI）工具可以计算多光谱图像的像元纯净指数（PPI），在图像中寻找波谱最“纯”像元。

通过 ENVI 软件的 n-DVisualizer 工具交互选择端元，并结合研究区实际优势植被类型的调查和定位资料（表 4-14），确定裸土、水体、建筑物、阔叶林、针叶林和稀疏灌丛 6 类，其可视图端元交互选择结果见图 4-18 和图 4-19。

表 4-14　研究区实际地物类型的调查及定位资料

序号	经度(°E)	纬度(°N)	地物类型
1	116.0865	27.0737	杉树
2	115.8927	26.6956	杉树、松树
3	116.0157	26.6881	松树
4	115.9084	26.469	丝栗栲、苦槠栲
5	115.9075	26.468	丝栗栲、苦槠栲

续表

序号	经度(°E)	纬度(°N)	地物类型
6	116.0833	26.8633	稀疏林
7	115.9546	26.5017	灌丛、杉树
8	115.9553	26.5012	灌丛、杉树
9	116.0269	26.3633	裸地
10	116.0765	26.7736	马尾松
11	116.0982	26.9213	马尾松
12	116.0803	26.9797	稀疏林
13	116.0864	26.8313	稀疏林
14	116.0867	26.3311	灌丛
15	116.0853	26.8245	灌丛
16	116.0432	26.5806	丝栗栲、苦槠栲
17	116.0466	26.5904	丝栗栲
18	116.0498	26.6387	灌丛
19	116.0658	26.8918	裸地
20	116.0546	26.8825	建筑物
21	116.0723	26.8519	建筑物
22	116.0769	26.8941	水体
23	116.0458	26.7858	水体

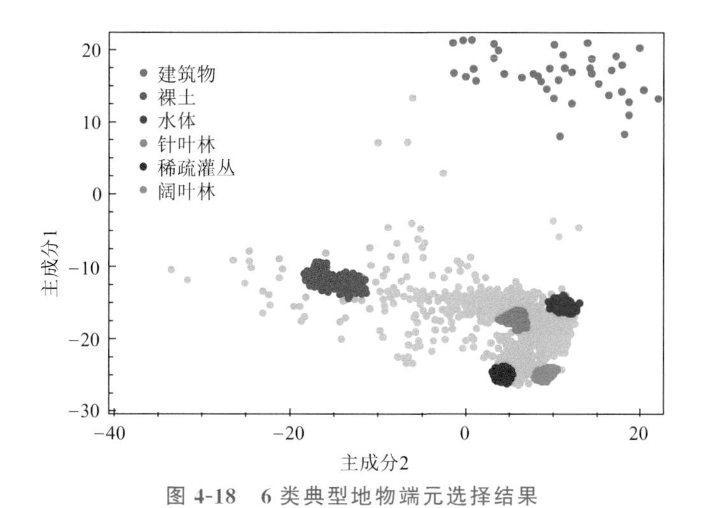

图 4-18 6类典型地物端元选择结果

(2)森林组分丰度遥感信息提取方法的应用及结果

按照建立的森林组分丰度模型对研究区的不同森林组分进行了丰度信息的遥感提取，由于在不同的土地利用/覆盖类型下，单个像元都可能存在不同土地利用/覆盖的相互混杂，因

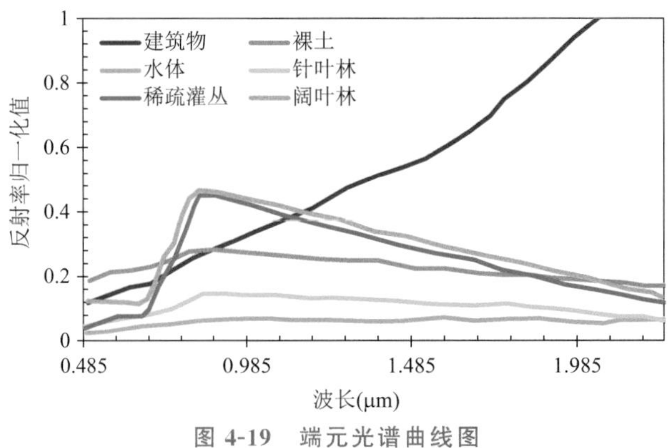

图 4-19　端元光谱曲线图

此在对森林组分丰度进行遥感信息提取时，也对居民地、水体、裸地等土地利用/覆盖类型进行了丰度提取。图 4-20 呈示了不同植被类型与土地利用/覆盖的丰度。

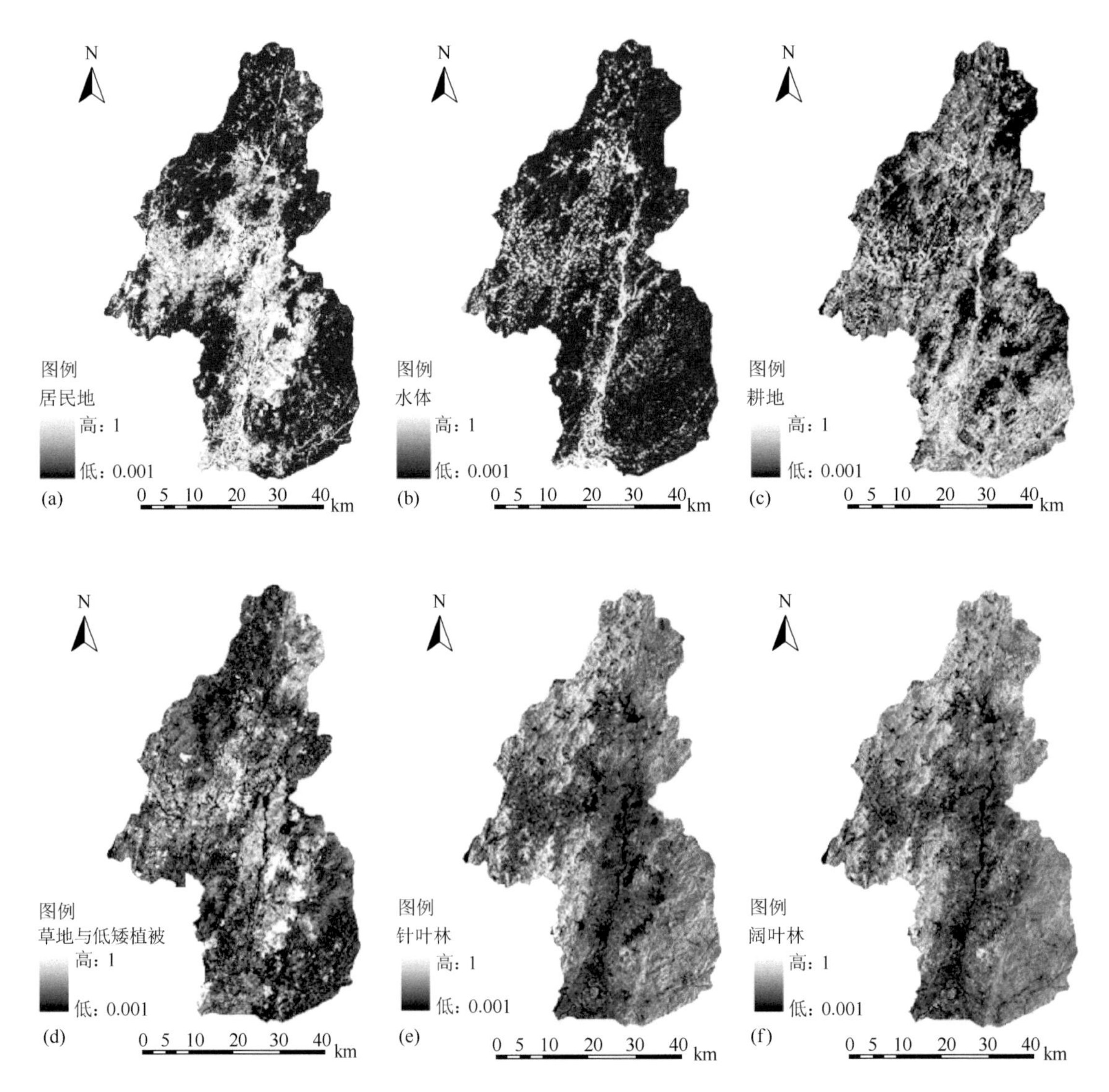

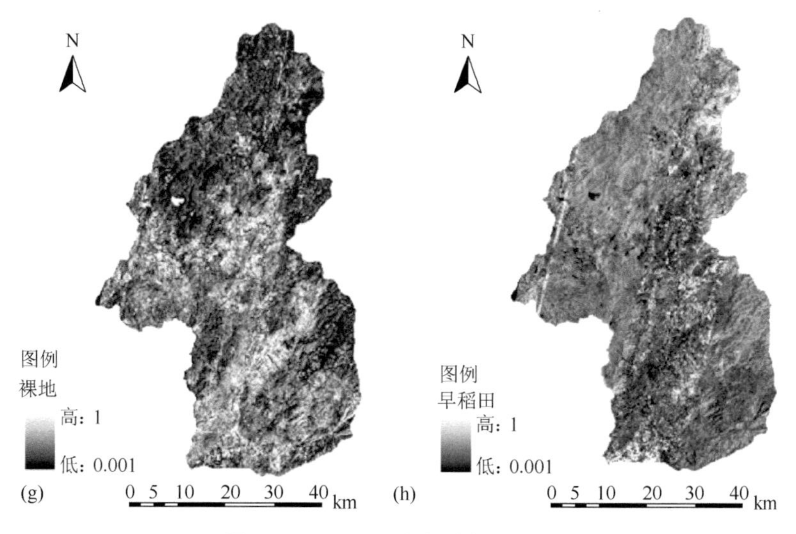

图 4-20 不同植被类型与覆盖的丰度

4.4.2.3 森林植被覆盖度的遥感提取与应用

植被覆盖度是指植被在地面的垂直投影面积占统计区总面积的比值，是描述地表植被作为地表植物群落定量指标和描述生态系统的基础数据等的重要参数，在研究区域生态系统方面起着特别重要的作用。植被覆盖度的遥感提取已经有许多成熟的方法，包括经验模型(如 NDVI，SAVI，MSAVI)、光谱混合分析法(SMA)、像元二分模型、决策树、分类树、人工神经网络、混合像元分解、像元分解密度模型法和光谱梯度差法、代数运算、主成分分析、傅里叶变换、小波变换等。像元二分法模型是研究植被覆盖度比较成熟的方法之一，并广泛应用于实际的植被覆盖度遥感监测中(何宝忠 等，2016)。

(1)方法

植被覆盖度遥感估算模型采用像元二分模型，利用前面处理好的 EO-1 ALI 影像数据，在遥感图像处理软件 ENVI 环境下，计算流域的植被覆盖度，计算公式如下：

$$fvc = \frac{NDVI - NDVI_{SOIL}}{NDVI_{VEG} - NDVI_{SOIL}} \tag{4-16}$$

式中：$NDVI_{VEG}$ 为全植被覆盖像元的 NDVI 值；$NDVI_{SOIL}$ 为无植被覆盖的裸土像元的 NDVI 值。

(2)结果

图 4-21 给出了最终的计算结果，从图中可以看出，流域的植被覆盖度取值范围在 0～1。

4.4.3 农作物复种指数和间作套种指数的遥感信息提取及处理

复种是指在同一块土地上一年内连续种植超过一熟(茬)作物的种植方式，土地的重复种植程度通常用复种指数来表示，复种指数的计算方式为一块土地一年内收获的作物面积总和与种植面积的比例。复种多熟是我国农业耕作的基本特征，正确获取研究区农作物的复种指数，是利用 SWAT 模型模拟农业系统非点源排放的重要基础。

目前基于遥感的耕地复种指数的提取，国内外已有大量的应用。该方法主要的数据源是具有高时间分辨率的 NOAA/AVHRR 或 MODIS 数据。其原理是利用其归一化植被指数

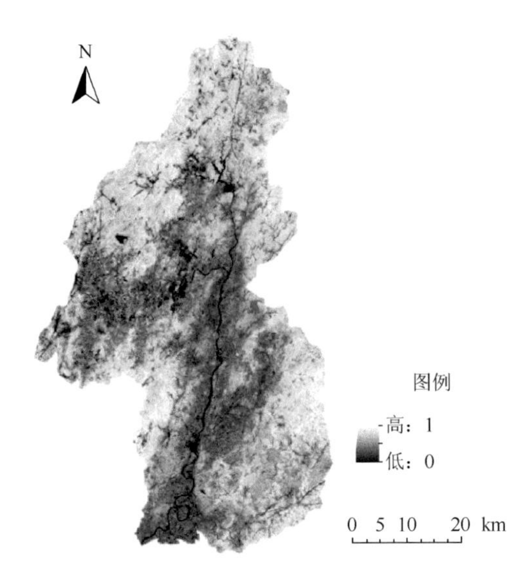

图 4-21 梅江流域森林植被覆盖度

(NDVI)或增强型植被指数(EVI)在作物生长阶段的周期性变化，提取耕地作物熟制信息并计算耕地的复种指数，例如，辜智慧(2003)采用 S-G 滤波方法对 SPOT/VGT 多时相 NDVI 数据进行去噪重构，挑选出中国耕作制度区内具有代表性的 NDVI 时间序列曲线，建立熟制标准曲线库，采用交叉拟合度检验法提取了我国农作物的复种指数；范锦龙(2003)采用时间序列谐函数分析法(HANTS)对 SPOT/VGT 旬合成 NDVI 时序数据进行去噪重构，然后应用峰值法提取了我国农作物的复种指数；闫慧敏等(2005)以 NOAA/AVHRR 10 d 合成的 NDVI 时序数据为数据源，采用最大值合成法消除云层和大气的影响，并在峰值特征点检测法的基础上，结合作物生长季相特征和农田管理特点，提取了我国农田的复种多熟信息；彭代亮等(2006)则利用 MODIS/NDVI 数据，对由 23 个时相构成的曲线进行分析，得出浙江省耕地 4 种典型的年内变化的 NDVI 曲线，并设计二次差分算法提取了曲线的峰值，得到了浙江省 2001—2004 年的复种指数；朱孝林等(2008)用线性内插法和 S-G 滤波法对 SPOT/VGT 多时相 NDVI 数据进行去噪平滑，提出迭代修正的方法提取了中国北方 1999—2004 年 17 省(区、市)的农用地复种指数；吴岩等(2008)采用五点加权平均法对 MODIS/NDVI 时序数据进行平滑重构，然后利用峰值法提取了农作物的复种指数信息；唐鹏钦等(2011)提出了一种小波变换的去噪方法，通过设计二次差分算法提取了华北平原 2007 年的耕地复种指数。综上所述，基于遥感的复种指数提取主要是采用各种去噪平滑方法重构时间序列遥感数据，然后通过不同的方法提取作物的复种多熟信息，从而得到复种指数。但这些复种指数多为区域尺度的，不能具体反映我国耕地零散种植、精耕细作的特点，难以适应非点源污染模拟时的需要。为此，本研究尝试以 MODIS-NDVI 时序数据为数据源，在 GIS 空间分析模块上设计二次差分算法，建立能反映耕地零散种植、精耕细作的复种指数提取模型来提取复种指数，为现有非点源污染模型的改进提供基础数据。

间作套种是我国常见的种植方式，间作套种指数将采用混合像元分解的方法来提取，在这方面也有多种成熟的方法，如线性光谱混合模型法、非线性光谱混合模型、模糊监督分类法、神经网络法等。本研究采用线性光谱混合模型法，利用多光谱 ALI 遥感数据，结合 EO-1Hyperion 高光谱数据，进行研究区间作套种指数的遥感提取。

4.4.3.1　数据来源及处理

(1)农作物复种指数遥感信息提取的数据源及处理

采用 MODIS 数据作为农作物种植指数遥感信息提取的数据源。从美国宇航局网站(https://wist.echo.nasa.gov/api/)下载了 2009 年、2010 年和 2011 年 3 年的 MOD13Q1/16 d 合成的全球 250 m 分辨率植被指数(NDVI)。经过几何校正和剪切，获得所需的数据。

从网站下载的 MODIS-NDVI 数据虽然采用最大值合成法将日 NDVI 数据合成 16 d 的 NDVI 数据，但仍受到大气、云层、太阳光照角、传感器观测视角等的影响，使数据包含了很多的噪声。如果直接以这些数据值构建作物的时序植被指数曲线，则会出现很多锯齿状的毛刺，不利于作物复种信息的提取。因此，在真正提取作物的复种信息之前，要对数据进行去噪重构，剔除掉锯齿状的毛刺。

目前对时序遥感数据的去噪重构方法有最大值合成法(MVC)、最佳指数斜率提取(BISE)、中值迭代滤波法(MIF)、时间窗口的线性内插法(TWO)、Savitzky-Golay 滤波法(S-G Filter)、时间序列谐函数分析法(HANTS)等。其中，HANTS 考虑了植被生长周期性和数据本身的双重特点，能较真实地反映植被的周期性变化规律。除此之外，HANTS 方法还是对快速傅里叶变换的改进，不仅可以去除云污染点，而且对时序影像的要求也没那么严格，可以是不等时间间隔的影像，在频率和时间系列长度的选择上具有更大的灵活性，因而 HANTS 得到了广泛的应用。本节对 MODIS-NDVI 数据的去噪重构也选择了 HANTS 法，经过尝试，把适应误差容限值(fit error tolerance)设为 1000，超过决定度(degree of over determinedness)设为 15 能取得较理想的去噪平滑效果。HANTS 去噪平滑前后 NDVI 时序曲线对比效果如图 4-22 所示。

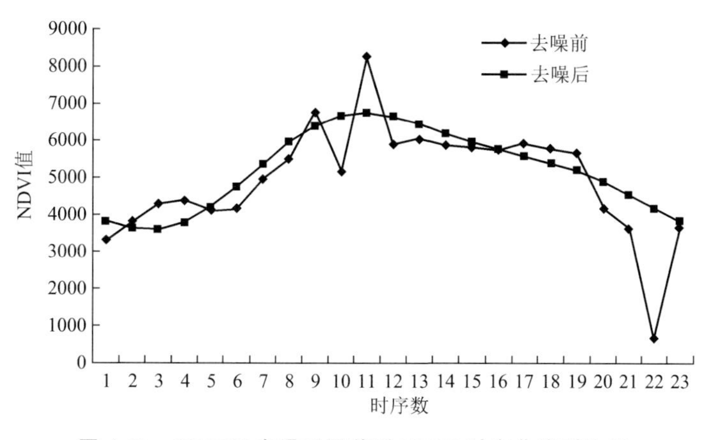

图 4-22　HANTS 去噪平滑前后 NDVI 时序曲线对比图

(2)农作物间作套种指数遥感信息提取的数据源及处理

本研究首次提出农作物间作套种指数的概念，间作与套种在作物栽培中是两种不同但极相似的概念，在一块地上按照一定的行、株距和占地的宽窄比例种植几种庄稼，叫间作套种。一般把几种作物同时期播种的叫间作，不同时期播种的叫套种。但利用遥感技术来提取农作物的间作套种指数，由于难以分清作物播期差异，故在本研究中将间作套种指数定义为在一块地上按照一定的行、株距和占地的宽窄比例种植 2 种作物时，两种作物种植面积的比例。

农作物间作套种指数遥感信息提取的数据源采用EO-1的ALI多光谱数据和EO-1Hyperion高光谱数据，其中ALI的数据预处理见本书4.4.2节。EO-1Hyperion高光谱数据是由EO-1卫星携带的三种传感器之一Hyperion所获取的高光谱数据，而Hyperion传感器是第一台星载高光谱图谱测量仪，也是目前唯一在轨的星载高光谱成像光谱仪和唯一可公开获得的高光谱测量仪，共有242个波段，光谱范围为400～2500 nm，光谱分辨率达到10 nm。地面分辨率为30 m，幅宽7.7 km。本研究获取的Hyperion高光谱数据级别为L1Gst，其基本参数见表4-14。获取的L1Gst产品已进行了系统级的辐射校正和几何校正；L1Gst产品在L1Gs基础上利用DEM进行了正射校正。

表4-15　获取的Hyperion高光谱数据L1Gst数据的基本参数

文件名	太阳方位角	太阳高度角	成像时间GMT	坐标系统	中心经度	中心纬度
EO1H1210412009075110KZ	133.897°	51.877°	2009-03-16 02:36:51	WGS84 UTM 50	116.19°E	27.53°N
EO1H1210412009121110PY	111.60°	64.09°	2009-05-01 02:32:25	WGS84 UTM 50	115.95°E	27.60°N
EO1H1210412009157110PX	94.74°	67.05°	2009-06-05 02:32:55	WGS84 UTM 50	116.00°E	27.60°N
EO1H1210412009247110PR	123.26°	58.48°	2009-09-04 02:28:42	WGS84 UTM 50	116.11°E	27.51°N
EO1H1210412009260110PL	132.64°	56.55°	2009-09-17 02:33:23	WGS84 UTM 50	116.01°E	27.47°N

对Hyperion进行了未定标和受水汽影响波段的去除、坏线修复、条纹去除、Smile效应降低、大气纠正等预处理，获得了176个波段质量较好的图像。具体处理方法参见文献(梁继 等，2009)。

4.4.3.2　基于遥感和GIS空间分析的农作物复种指数模型的建立

耕地的复种情况与耕地的植被指数时序曲线的变化较吻合，即一年一熟区的时序植被指数曲线在一年内形成明显的单峰，一年两熟区的时序植被指数曲线在一年内形成双峰。为此，可以通过提取时间序列的植被指数变化曲线的波峰个数来确定耕地的复种指数(范锦龙，2003)。而波峰个数的确定，本研究是通过二次差分算法实现的。即将一年内的23个时序数据按时间顺序排成一个数组，先用后面的数据减去前面的数据，那么将得到22个新值，对这22个新值进行如下处理：如果是正数则把这个值赋为1，如果是负数则把这个值赋为－1；然后对由1和－1组成的22个新值的新数组再进行后面的数据减去前面的数据的运算，那么将得到21个由－2、0、2组成的新数组，其中值为－2的点就是峰值点，－2的个数就是波峰的个数，就是复种的次数(彭代亮 等，2006)。其建模流程如图4-23所示。

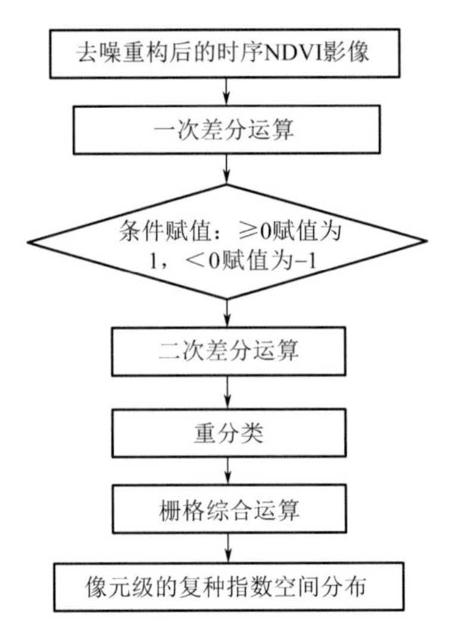

图4-23　基于GIS的复种指数提取建模流程图

其中的重分类和栅格综合运算步骤说明如下：

(1)重分类。在GIS软件的重分类功能里对二次差值NDVI影像进行重分类，分类字段为影像的值，把旧值2赋为新值0，旧值0和－2保持不变。重分类后的NDVI影像的值只剩0和－2两种。

(2)栅格综合运算。对重分类后的NDVI时序数据设计适当的算法，提取出同一像元值为－2的个数，即波峰的个数。具体算法为：

$$R=\sum_{i=1}^{21}\frac{x_i}{-2} \tag{4-17}$$

式中：R为运算结果，x_i为第i景重分类后的NDVI影像的像元值。

(3)耕地复种指数的提取及验证。利用上面建好的模型对梅江流域2010年、2011年重构后的NDVI时序数据进行运算，然后与梅江流域2010年的耕地利用数据进行叠加运算，便得到了梅江流域2010年和2011年耕地的复种指数，一年一耕的区域多分布在山区，一年两耕的区域多分布在山谷和河流地带。如图4-24所示。

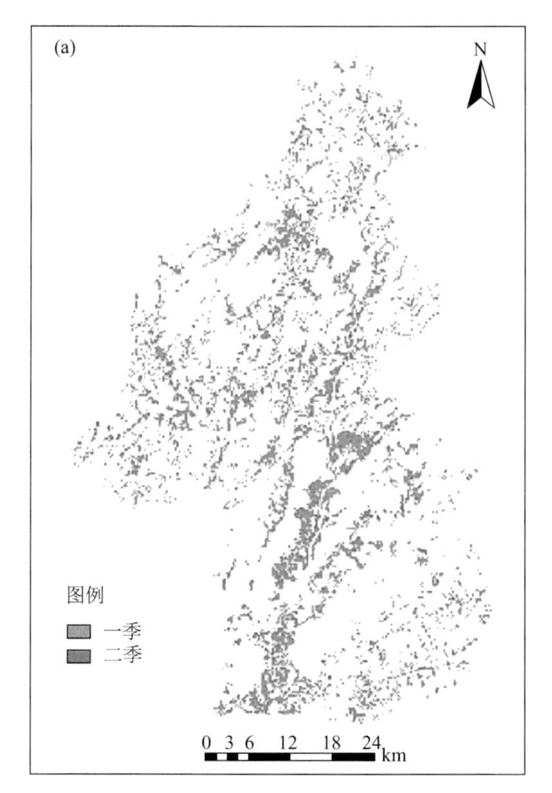

图4-24 2010年(a)、2011年(b)梅江流域耕地复种指数空间分布图

复种指数的结果验证采取了野外采样的方法，从野外采样结果可以得知：模型提取的复种指数正确率为83.33%。其中一个错误为双季水稻被判读为单季水稻，而另一个错误为单季水稻被判读为无数值，究其原因为土地利用类型被判读为非耕地类型。野外采样结果与由模型提取的复种指数对照见表4-16。

表 4-16　野外采样结果与模型提取的复种指数对照表

序号	时间(年-月-日)	经度(°E)	纬度(°N)	实际情况	判读情况	判读正误
1	2011-04-23	116.0859	26.8764	单季水稻	1	正
2	2011-04-23	116.0864	26.8313	花生旱地	1	正
3	2011-04-23	116.0867	26.8311	双季水稻	1	误
4	2011 07 15	116.0667	26.7693	双季水稻	2	止
5	2011-07-15	116.0486	26.7696	中稻	1	正
6	2011-07-16	116.0385	26.5504	双季水稻	2	正
7	2011-07-16	116.0390	26.5505	双季水稻	2	正
8	2011-07-16	116.0457	26.5899	单季水稻	1	正
9	2011-07-16	116.9382	26.7037	单季水稻	1	正
10	2011-07-16	116.0288	26.3608	单季水稻	无数值	误
11	2011-07-17	116.0696	26.3369	花生旱地	1	正
12	2011-07-17	116.0935	26.3504	单季水稻	1	正

4.4.3.3　基于遥感的农作物间作套种指数模型的建立与应用

图 4-25 是通过野外实际调查定位以后，在 Hyperion 高光谱数据影像上提取的研究区主要经济作物光谱曲线图，主要经济作物以花生、荷花、红薯、大豆为主。荷花常常与水稻混种在一起，而花生则常常与大豆套种。通过分析图 4-25，在研究区种植的农作物(荷花、花生、红薯、双季稻、单季稻和大豆)，虽然光谱曲线非常相似，但也有明显差异，如从双季早稻与花生的光谱曲线中可以看出，由于成像时间是双季稻的黄熟季节，因而双季早稻在可见光中绿光的反射小于花生，但在近红外波段双季早稻的反射率却大于花生(因水稻的叶片近似针叶，反射率高)。

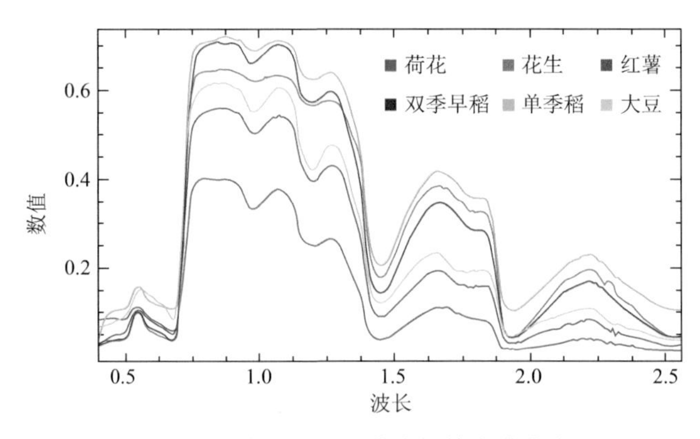

图 4-25　研究区主要经济作物的光谱曲线图

利用 Hyperion 高光谱数据，结合混合像元分解技术，可以有效提取研究区主要农作物间作套种指数。由于 Hyperion 高光谱数据中的 242 个波段有一些是重叠的，所以去除掉一些重叠的波段，最后剩下 178 个波段。利用线性光谱分解方法，对研究区进行主要农作物间作套种指数的遥感提取。由于方法同前，这里不再赘述，详见本书 4.4.1 节。提取结果见图 4-26。

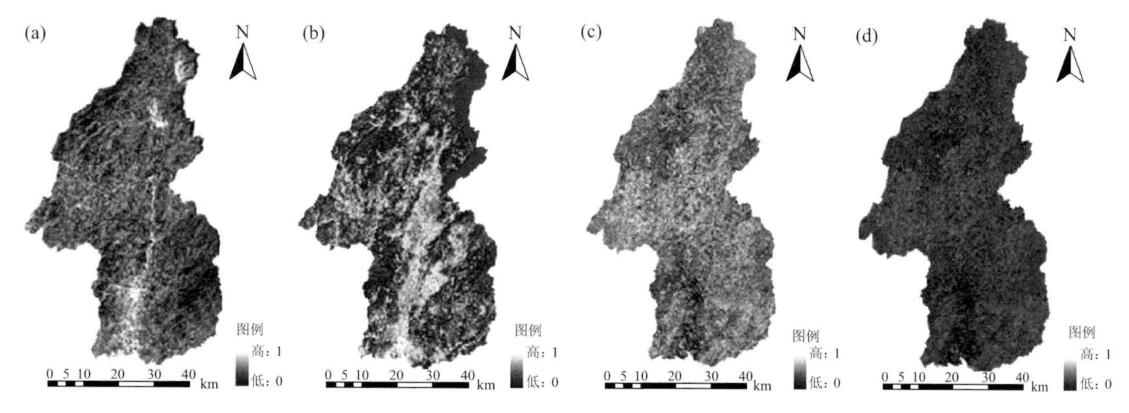

图 4-26　提取的主要农作物间作套种指数

(a)荷花；(b)双季早稻；(c)红薯；(d)大豆

4.5　模型的参数率定及模型误差分析

参数率定包括水文和水质两方面的参数率定，从模型建立方面来看，也包含两方面的模型建立，即原始未修正前的 SWAT 模型建立和基于多植物生长模式修正后 SWAT 模型的建立。为了说明原始模型与修正后模型的模拟精度变化，在模型的参数率定方面，只对原始模型进行参数率定，对修正后模型不再进行参数率定，即修正后模型只用原始模型率定的参数结果，以期比较作物/植物生长模型修正且输入参数也相应修正后，模型输出的结果是否与实测值误差更小。

4.5.1　参数的率定方案

采用了汇流累积区面积为 3000 hm^2 的阈值进行了空间离散化，生成了 87 个子流域，并采用土地利用/覆盖、土壤、坡度比例阈值为 20：10：20 的水文响应单元(HRU)划分阈值，得到 700 个水文响应单元。

选取了 2005—2011 年作为模型调试运行、参数率定、验证的时间，其中 2005—2007 年为调试运行时间，2008—2010 年为模型参数率定时间，2011 年为模型验证时间。

模型参数率定先对水文参数进行率定，率定完水文参数以后，再对营养盐负荷参数进行率定，这期间不再对水文参数进行率定，使用的模型均为原始模型。

修正模型的模拟参数采用原始模型率定的参数结果，除了模型进行了修正及输入参数进行了相应调整外，其余变量及参数均控制在与原始模型的变量和参数一致，并使用修正模型的模拟结果进行不同研究目标的分析。

4.5.2　模型的参数率定

4.5.2.1　流量的参数率定与敏感性分析

参数率定采用 SWAT-CUP 软件进行，该软件采用 t 检验的方法，对变量进行敏感性评价，一般认为 $P<0.05$ 为敏感性变量(Shannak，2017)。流量的参数敏感性试验包括 CN2、

ALPHA_BF、GW_DELAY、GWQMN、GW_REVAP、ESCO、SOL_AWC 等 13 个参数，各参数名称、物理意义和率定结果见表 4-17，其中参数名称中的扩展名表示所在数据库名称。

表 4-17 流量的率定参数及率定结果

序号	参数名称	物理意义	率定结果
1	CH_K2. rte	主河道冲积层的有效水力传导率(mm/h)	487.5
2	ALPHA_BF. gw	基流的 α 因子(d)	0.025
3	SOL_AWC. sol	土壤的饱和含水量(mm/mm)	0.355
4	CH_N2. rte	主河道的曼宁"n"值	0.293
5	CN2. mgt	SCS 径流曲线数	96.43
6	OV_N. hru	地表径流的曼宁"n"值	18.75
7	GWQMN. gw	浅水层回归流发生时水深阈值(mm)	0.050
8	GW_DELAY. gw	地下水延迟时间	355.5
9	ESCO. bsn	土壤蒸发补偿因子	0.825
10	DEPIMP_BSN. bsn	模拟到达的地下水位至不透水层的深度(mm)	150.0
11	MSK_CO1. bsn	用于控制正常流存储时间常数影响的率定系数	2.75
12	MSK_CO2. bsn	用于控制低流存储时间常数影响的率定系数	1.75
13	GW_REVAP. gw	地下水再蒸发系数	0.145

图 4-27 给出了这 13 个参数的率定敏感性程度，从 P 值可以看出，CH_K2、ALPHA_BF 和 GW_REVAP 3 个参数比较敏感，其中以 CH_K2 最敏感。

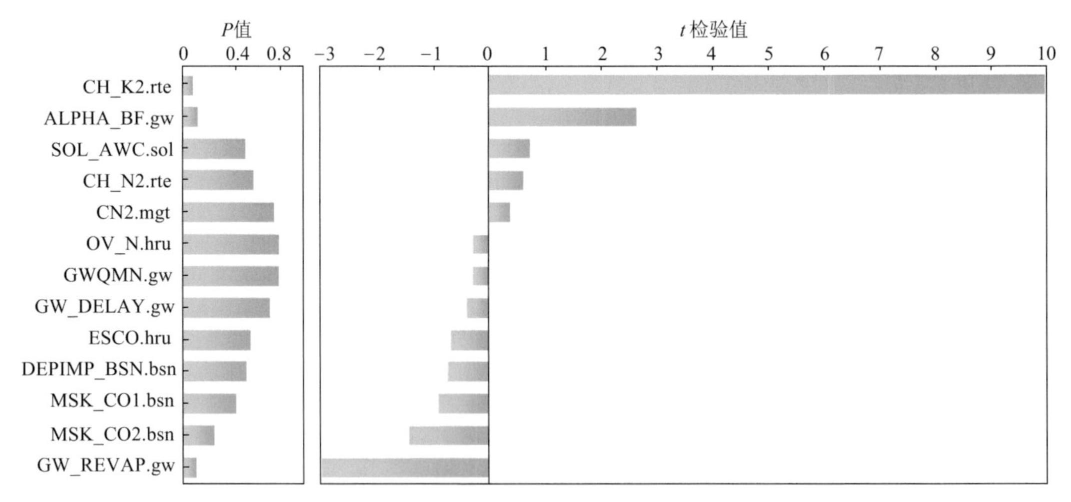

图 4-27 13 个流量参数率定的敏感程度 t 检验值和 P 值

4.5.2.2 营养盐负荷的参数率定与敏感性分析

氮营养盐负荷的参数率定选择了 NPERCO、CMN、ERORGN、SPCON、BIOMIX、SHALLST_N 等 8 个参数，其中 NPERCO、CMN 2 个参数对氮营养盐的排放具有一定的敏感性(图 4-28a)。磷营养盐负荷的参数率定选择了 PSP、RSDCO、BIOMIX、PHOSKD 和

PPERCO等10个参数，其中PSP和SPEXP 2个参数反映敏感，以PSP参数最为敏感(图4-28b)。各参数的名称、物理意义及率定结果见表4-18。

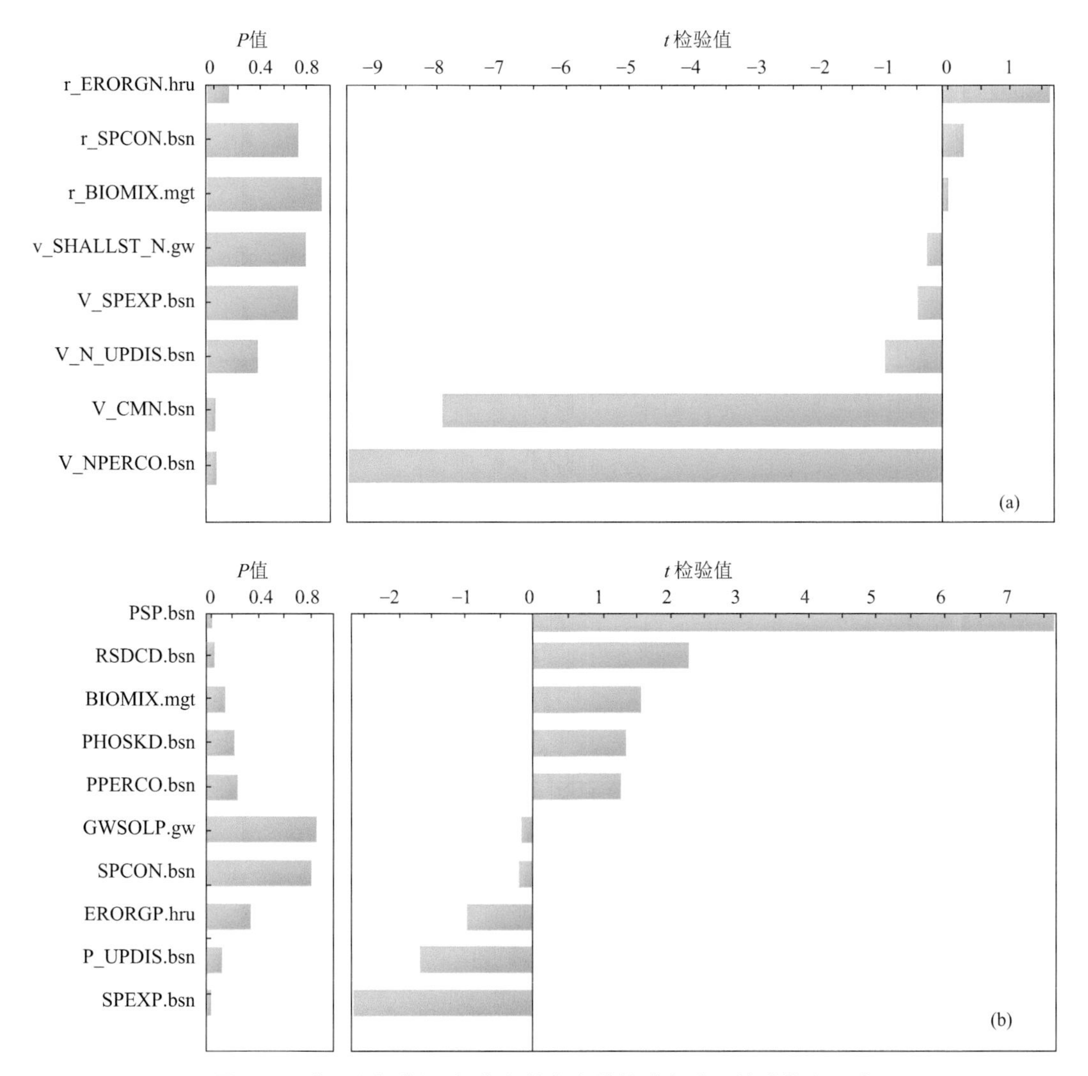

图4-28 氮(a)和磷(b)相关参数率定的敏感程度t检验值和P值

表4-18 氮和磷相关参数的率定结果

序号	氮			磷		
	参数名称	物理意义	率定结果	参数名称	物理意义	率定结果
1	SHALLST_N. gw	流域通过地下水排向河道的硝酸盐浓度(单位：mg/L)	675.0	GWSOLP. gw	流域通过地下水排向河道的可溶性磷的浓度(单位：mg/L)	625.00
2	BIOMIX. mgt	生物混合系数	0.875	BIOMIX. mgt	生物混合系数	0.775
3	NPERCO. bsn	氮的渗透系数	0.325	PPERCO. bsn	磷的渗透系数	13.938
4	CMN. bsn	活性有机氮矿化率因子	0.0012	RSDCO. bsn	植物/作物残渣分解系数	0.098
5	SPCON. bsn	河道演算中泥沙被重新携带的线性指数	0.0048	SPCON. bsn	河道演算中泥沙被重新携带的线性指数	0.0043

续表

序号	氮			磷		
	参数名称	物理意义	率定结果	参数名称	物理意义	率定结果
6	SPEXP. bsn	河道演算中泥沙被重新携带的幂指数	1.338	SPEXP. bsn	河道演算中泥沙被重新携带的幂指数	1.388
7	ERORGN. hru	有机氮富集率	3.375	ERORGP. hru	有机磷富集率	3.875
8	N_UPDIS. rte	氮吸收分配参数	32.50	PHOSKD. bsn	磷的土壤分配系数	167.5
9				PSP. bsn	磷的吸附系数	0.510
10				P_UPDIS. rte	磷吸收分配参数	32.50

在氮和磷参数率定基础上，对上述反映敏感的参数，再用 SWAT-CUP 进行微调率定，得到最优的参数，利用这些率定好的参数进行模拟。在实测氮和磷负荷数据基础上对模拟结果进行验证，并分析模拟的有效性程度。

4.5.3 模型的验证与有效性分析

4.5.3.1 原始模型的验证与有效性分析

在参数率定结果的基础上，用修正模型对 2011 年进行模拟。利用 6 次 9 个采样点的水质采样数据和同期的宁都县水文站的实测流量，与模型同期同断面输出的流量及营养盐负荷进行有效性分析，采用相关系数(R^2)和有效性系数 Nash-Sutcliff(NS)来衡量模型的有效性。其中 NS 系数的计算公式如下：

$$NS = 1 - \frac{\sum_{i=1}^{n}(\xi_{oi} - \xi_{mi})^2}{\sum_{i=1}^{n}(\xi_{oi} - \overline{\xi_o})^2} \tag{4-18}$$

式中：ξ_o、$\overline{\xi_o}$ 和 ξ_m 分别为观测值、观测值平均值及模拟值，n 为统计的样本数。NS 值变化范围为 $-1\sim1$，其值越接近 1，说明模型的有效性越好。

从原始模型模拟的流量与实测流量及流域平均降雨量的对照图(图 4-29)可以看出，模拟与实测的流量趋势基本一致，但模拟的峰值与实测的峰值存在较大的出入，主要表现在模拟

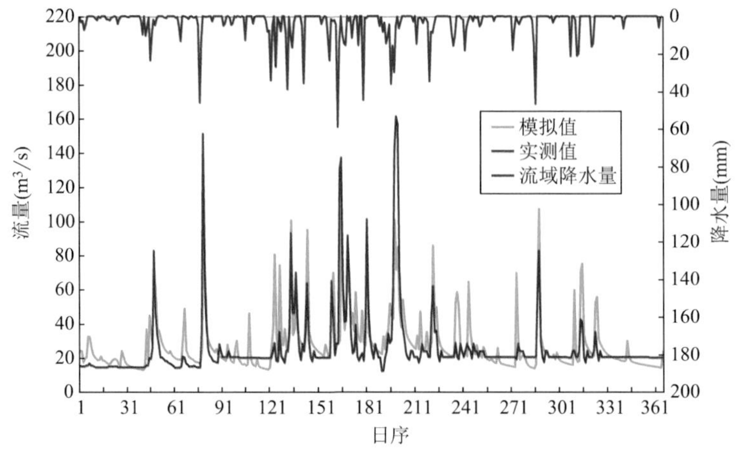

图 4-29　原始模型模拟的流量与实测流量及流域平均降水量对照

的极大峰值偏小、中小峰值偏大。与流域平均降水量比较可看出，流量模拟值与流域降水量的变化趋势有比较好的一致性，模型的地表产流调蓄模拟方面不及实际情况。在研究区不同部位有多个不同规模的水库，由于没有获取到相关的水库数据，因而模型没有考虑水库对河道的调蓄作用。模型结果中基流和降水量小的峰值模拟相对较差可能与此有关。

从原始模型模拟流量的有效性分析可以看出，模拟值与实测值的相关系数为 0.753，达到极显著水平。此外模型的 *NS* 系数为 0.686，说明模型存在较好的有效性(表 4-19)。

表 4-19　原始模型模拟流量的有效性分析

参数名称	平均值(m^3/s)	最大值(m^3/s)	最小值(m^3/s)	标准差(m^3/s)	天数(d)	R^2(α=0.01)	*NS*
实测值	25.633	161.00	12.30	19.948	365	0.753	0.686
模拟值	28.005	120.63	12.88	17.133	365		

模型在模拟 TP 和 TN 营养盐负荷方面，时间流与空间流趋势都基本一致(图 4-30、图 4-31)。表 4-20 给出了原始模型模拟营养盐方面的有效性分析，从营养盐负荷的平均值、最大值和最小值来看，模拟值总体比实测值偏高。另外，从 R^2 值和 *NS* 值来看，模拟效果略差于流量的模拟，且 TN 的模拟效果比 TP 的模拟效果差。

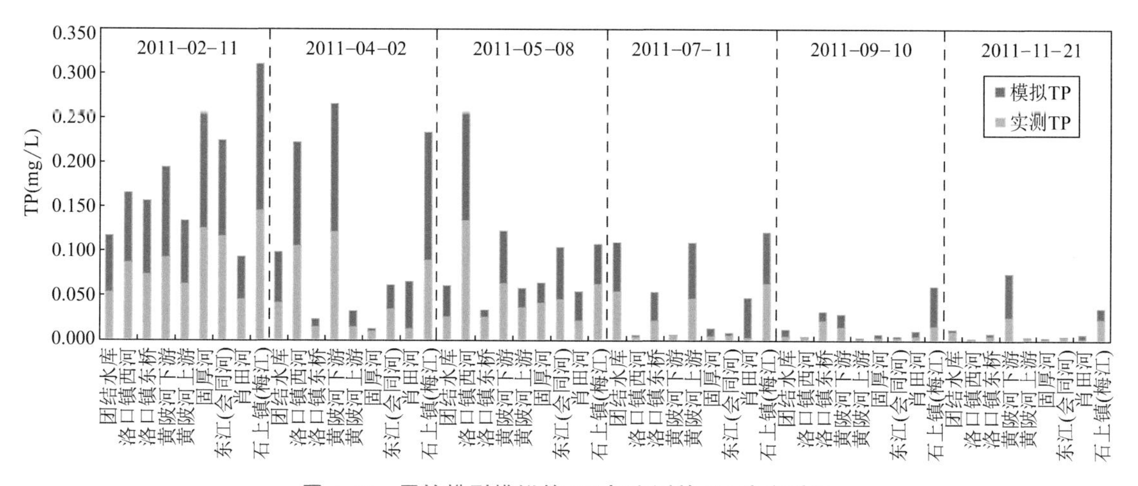

图 4-30　原始模型模拟的 TP 与实测的 TP 浓度对照

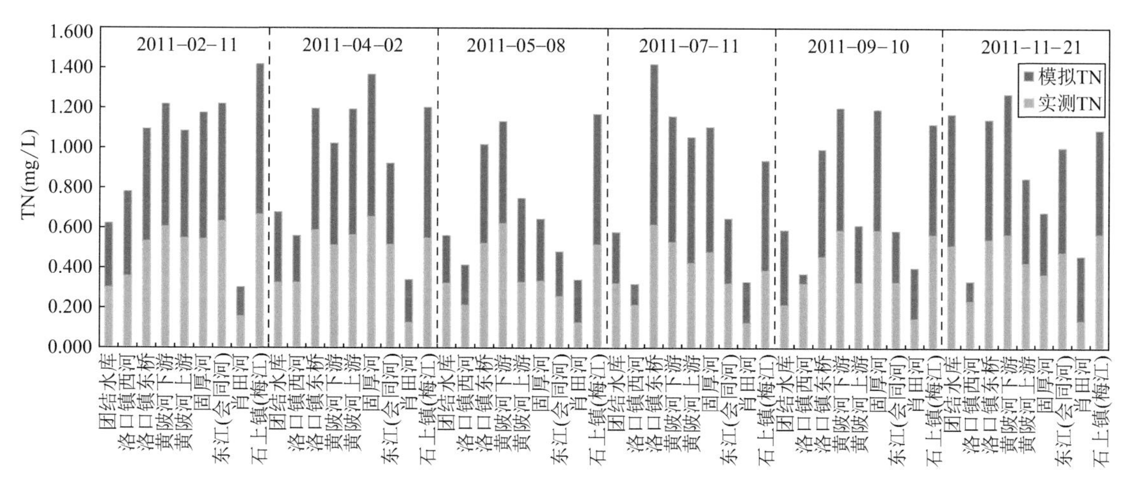

图 4-31　原始模型模拟的 TN 与实测的 TN 浓度对照

表 4-20 原始模型模拟营养盐方面的有效性分析

变量	平均值 (μg/L)	最大值 (μg/L)	最小值 (μg/L)	标准差 (μg/L)	样本数 (采样点)	$R^2(\alpha=0.01)$	*NS*
TP 实测值	0.038	0.145	0.001	0.040	54	0.79	0.68
TP 模拟值	0.042	0.165	0.001	0.044	54		
TN 实测值	0.416	0.665	0.124	0.161	54	0.62	0.65
TN 模拟值	0.444	0.803	0.047	0.192	54		

4.5.3.2 基于多植物生长模式修正后的 SWAT 模型的验证与有效性分析

从修正模型模拟的流量与实测流量及流域平均降水量的对照示意图(图 4-32)可以看出，修正模型在流量方面的模拟与原始模型基本一致，但对比图 4-29，在流量的峰值模拟方面，修正模型有较大的改善，说明修正模型能够较好地反映地表径流方面的实际情况。

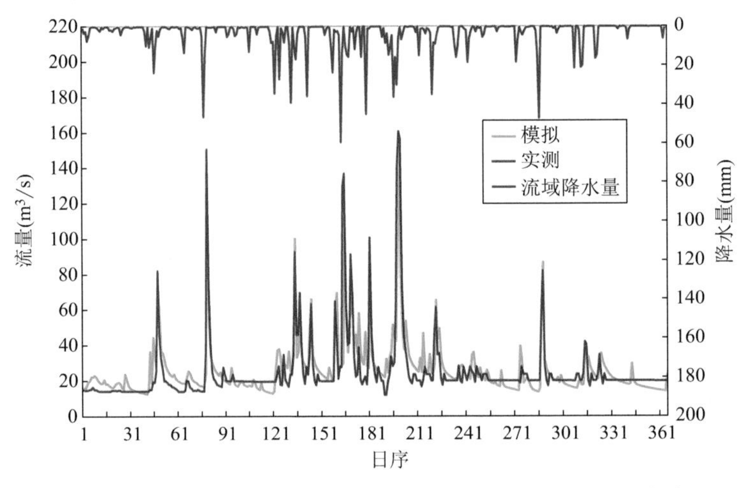

图 4-32 修正模型模拟的流量与实测流量及流域平均降水量对照

从模拟的流量平均值、最大值、最小值、流量总量来看，修正模型的模拟结果更接近实测值(表 4-21)。相关系数(R^2)由原始模型的 0.753 增加到修正模型的 0.863，而 *NS* 系数则由 0.686 增加到 0.740，分别增加了 14.6%和 7.8%。说明修正模型的流量模拟效果比原始模型的流量模拟效果要好。

表 4-21 修正模型的流量模拟有效性分析

模型	参数名称	平均值 (m^3/s)	最大值 (m^3/s)	最小值 (m^3/s)	标准差 (m^3/s)	$R^2(\alpha=0.01)$	*NS*
原始模型	实测值	25.633	161.00	12.30	19.948	0.753	0.686
	模拟值	28.005	120.63	12.88	17.133		
修正模型	实测值	25.633	161.00	12.30	19.948	0.863	0.740
	模拟值	26.802	151.42	12.52	16.500		

在营养盐负荷模拟方面，将 9 个水质采样点的 6 次(分别为 2011 年 2 月 11 日、4 月 2 日、5 月 8 日、7 月 11 日、9 月 10 日和 11 月 21 日)实测 TP 和 TN 浓度与模拟的 TP 和 TN 浓度见图 4-33 和图 4-34。修正模型在模拟营养盐负荷方面的有效性分析可以看出，修正模型在模拟 TP 时效果好于模拟 TN，R^2 与 *NS* 系数分别为 0.82、0.66 和 0.71、0.69(表 4-22)。对比原始模型，修正模型在模拟 TP 和 TN 方面的 R^2 和 *NS* 系数，分别增加了 3.8%、6.5%和 6.4%、6.1%。

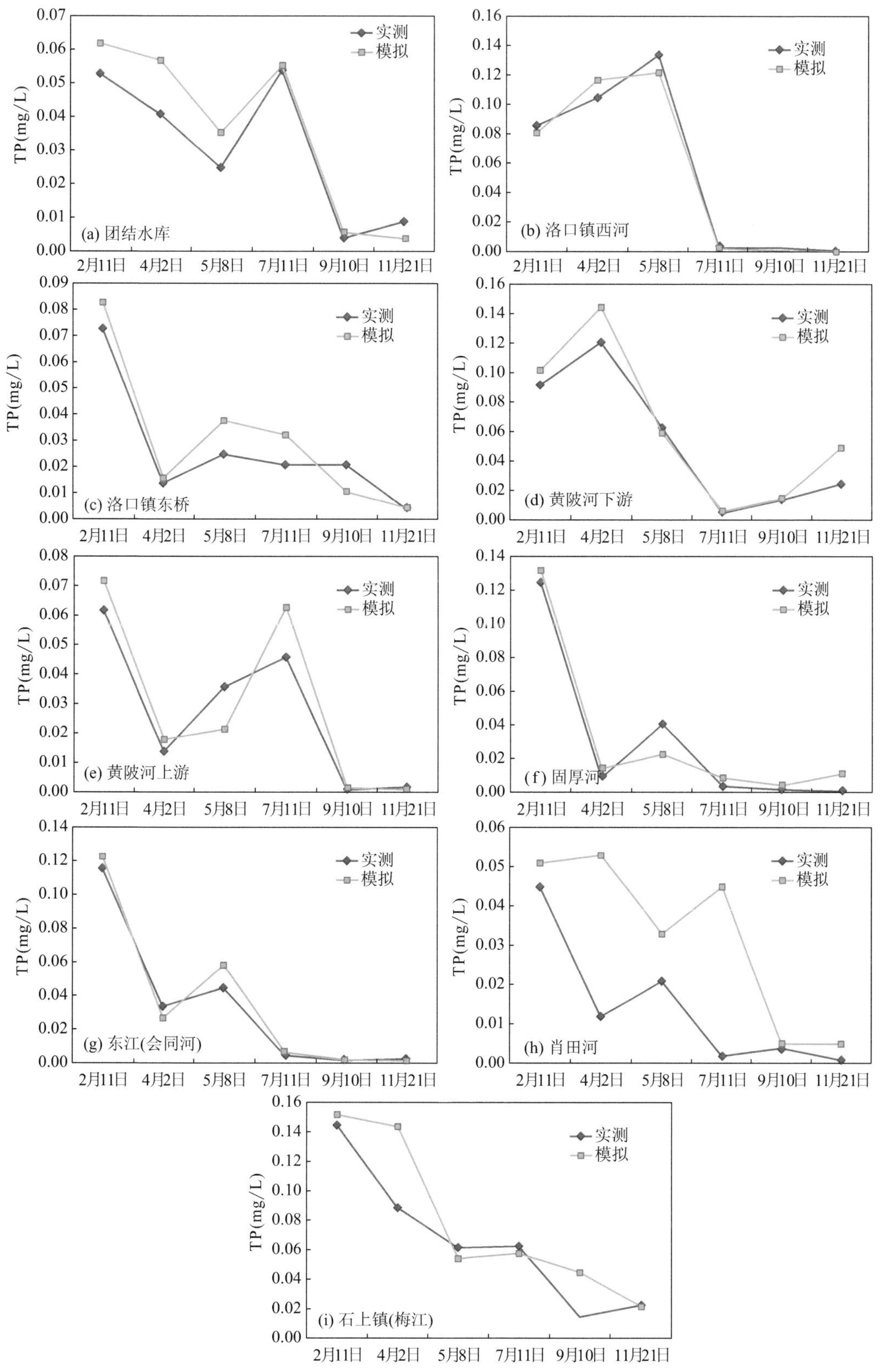

图 4-33　修正模型在模拟 TP 浓度的时空流与实测的时空流对照

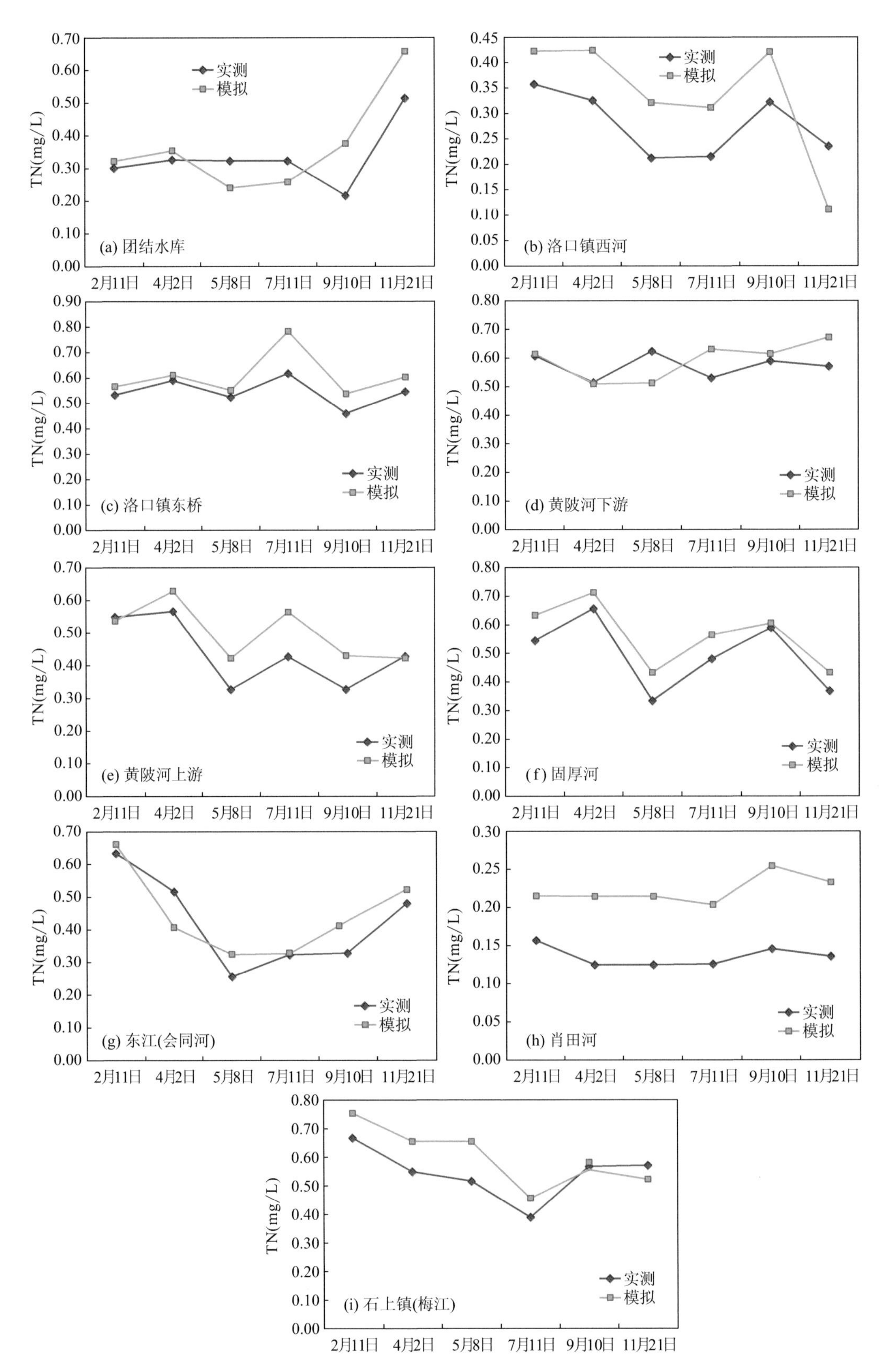

图 4-34 修正模型在模拟 TN 浓度的时空流与实测的时空流对照

表 4-22 修正模型在模拟营养盐负荷方面的有效性分析

变量	平均值 (m^3/s)	最大值 (m^3/s)	最小值 (m^3/s)	标准差 (m^3/s)	样本数	$R^2(\alpha=0.01)$	*NS*
TP 实测值	0.038	0.145	0.001	0.040	54	0.82	0.71
TP 模拟值	0.044	0.152	0.001	0.043	54		
TN 实测值	0.416	0.665	0.124	0.161	54	0.66	0.69
TN 模拟值	0.444	0.803	0.047	0.162	54		

从模型对流量和营养盐的模拟结果来看，修正后的 SWAT 模型在模拟峰值流量和 TN、TP 时，效果优于原始模型。说明相较于原始 SWAT 模型采用平均森林植被密度和单一的植物生长模式估算生物累积量，修正的 SWAT 模型采用变化密度、多种类和多种类混杂的森林生长模型，更能反映森林生长的真实情况，因而在进行森林植被景观对非点源污染影响的模拟中，可以有效利用植被覆盖度、森林组分丰度和叶面积指数等变量从不同角度来描述森林植被景观的不同状态。

4.6 模拟及结果分析

为了定量评估与分析这些森林植被景观以及农作物间作套种的农耕方式对非点源污染的影响，利用修正模型在控制性模拟方式下，模拟了 2011 年流域的非点源污染的排放。图 4-35 显示了各子流域不同营养盐负荷的产出能力(kg/(hm^2 · a))。其中，ORGN 为模拟期间子流域由 HRU 进入河道的有机氮，ORGP 为模拟期间随泥沙进入河道的有机磷，

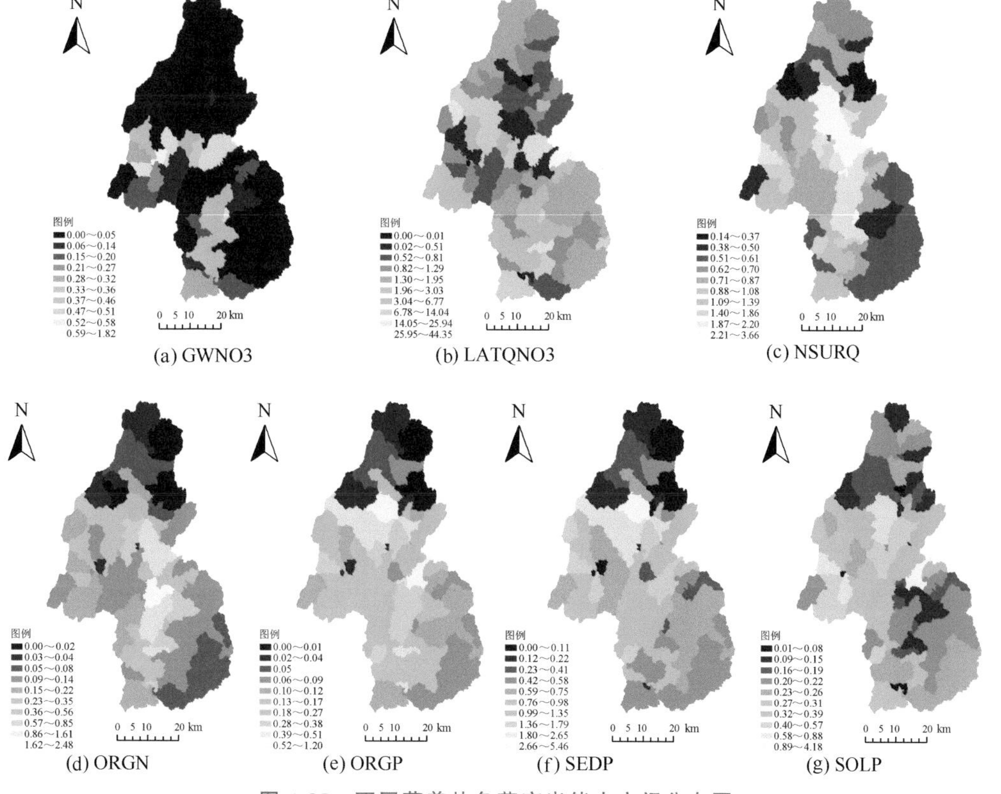

(a) GWNO3 (b) LATQNO3 (c) NSURQ
(d) ORGN (e) ORGP (f) SEDP (g) SOLP

图 4-35 不同营养盐负荷产出能力空间分布图

NSURQ 为模拟期间随地表径流进入河道的 NO_3，SOLP 为模拟期间由地表径流输入河道的溶解矿物性磷，SEDP 为模拟期间随泥沙进入河道的矿物性磷，$LATQNO_3$ 为模拟期间由侧流输入河道的 NO_3，GWNO3 为模拟期间由地下水从 HRU 输入河道的 NO_3，其单位均为 $kg/(hm^2 \cdot a)$。这些变量均从模拟的子流域输出结果中读取。

森林植被景观主要从植被覆盖度、森林优势组分丰度和优势植被叶面积指数这几个变量来表示。植被覆盖度表示了在一定空间范围内的植被疏密程度，而森林组分丰度则描述了在一定的植被覆盖度下不同植被混杂所占比例大小，叶面积大小则描述了植被冠层结构中植被有效截取太阳能面积的大小。这些变量从不同角度刻画了植被宏观与微观方面的细致程度。

4.6.1 植被覆盖度对子流域非点源污染负荷产出的影响机制分析

利用遥感反演的研究区植被覆盖度数据，在 GIS 下提取每个子流域的平均覆盖度，并与每个子流域不同营养盐负荷的产出能力进行相关分析，得到子流域营养盐负荷产出能力与植被覆盖度的相关系数(R)(表 4-23)。从表 4-23 可以看出，植被覆盖度与 ORGN、ORGP、NSURQ 和 GWNO3 都有很好的相关，其中尤以 ORGN 和 GWNO3 相关最好，并且都呈负相关关系。这表明流域的植被覆盖度越好，这些营养盐负荷的产出能力越小。图 4-36 和图 4-37 分别表示了子流域覆盖度与不同营养盐负荷之间的相关散点图和植被覆盖度的子流域分布。

表 4-23 子流域营养盐负荷产出能力与植被覆盖度的相关系数

营养盐名称	ORGN	ORGP	NSURQ	SOLP	SEDP	LATQNO3	GWNO3
相关系数(R)	−0.49**	−0.29**	−0.36**	−0.01	−0.02	0.03	−0.44**

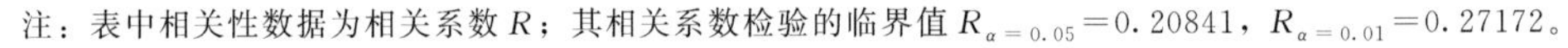

注：表中相关性数据为相关系数 R；其相关系数检验的临界值 $R_{\alpha=0.05}=0.20841$，$R_{\alpha=0.01}=0.27172$。

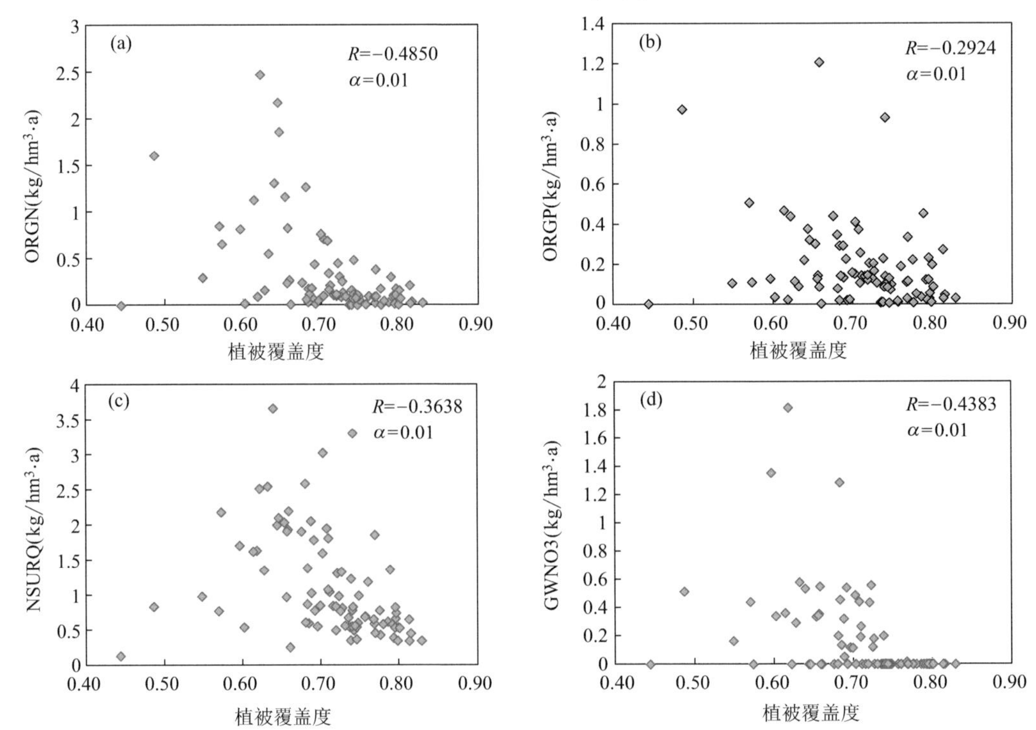

图 4-36 不同营养盐负荷与子流域植被覆盖度相关散点图

(a)ORGN；(b)ORGP；(c)NSURG；(d)GWNO3

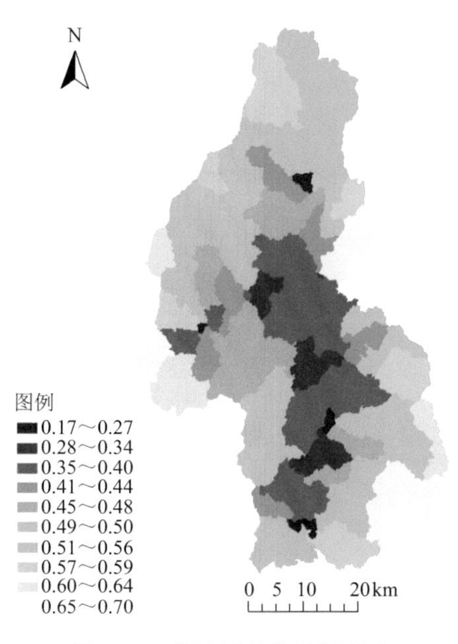

图 4-37 子流域的植被覆盖度

4.6.2 森林组分丰度对非点源污染负荷产出的影响机制分析

利用模拟的 2011 年营养盐输出结果，定量分析森林植被景观对非点源污染的影响及其形成机制。采用研究区 87 个子流域的森林组分丰度与各子流域的营养盐负荷产出能力(kg/(hm^2 · a))作为分析指标，进行相关分析，其中森林组分包括针叶林、阔叶林、稀疏灌丛，所得结果见表 4-24。

表 4-24 不同植被类型与营养盐负荷排放之间的相关性分析

植被类型	ORGN	ORGP	NSURQ	SOLP	SEDP	LATQNO3	GWNO3
针叶林	−0.562**	−0.345**	−0.481**	−0.032	−0.124	−0.022	−0.499**
阔叶林	−0.515**	−0.310**	−0.453**	−0.012	−0.084	0.002	−0.531**
稀疏灌丛	0.402**	0.171	0.386**	0.057	0.222*	0.104	0.120

注：表中相关性数据为相关系数 R；其相关系数检验的临界值 $R_{\alpha=0.05}=0.20841$，$R_{\alpha=0.01}=0.27172$。

从表 4-24 可以看出，针叶林和阔叶林对营养盐负荷的产出能力都呈负相关关系(除了阔叶林与 LATQNO3 的关系是正相关关系外)，与 ORGN、ORGP、NSURQ 和 GWNO3 的相关系数都达到极显著水平，其中尤以针叶林的影响最为突出。而稀疏灌丛与各营养盐的产出能力都呈正相关关系，与 ORGN、ORGP、NSURQ、SEDP 和 GWNO3 的相关系数都达到显著或极显著水平。

对比植被覆盖度与非点源负荷之间的关系可以看出，森林组分丰度与非点源负荷之间的相关关系明显比植被覆盖度大，说明森林组分丰度能更好地反映植被生长与非点源负荷产出的关系。

图 4-38 给出了部分森林组分丰度与部分营养盐负荷产出能力的关系散点图，从散点图也可以比较直观地看出，这些森林组分丰度与营养盐负荷产出能力有较好的关系。图 4-39 则给出了子流域不同森林组分的丰度。

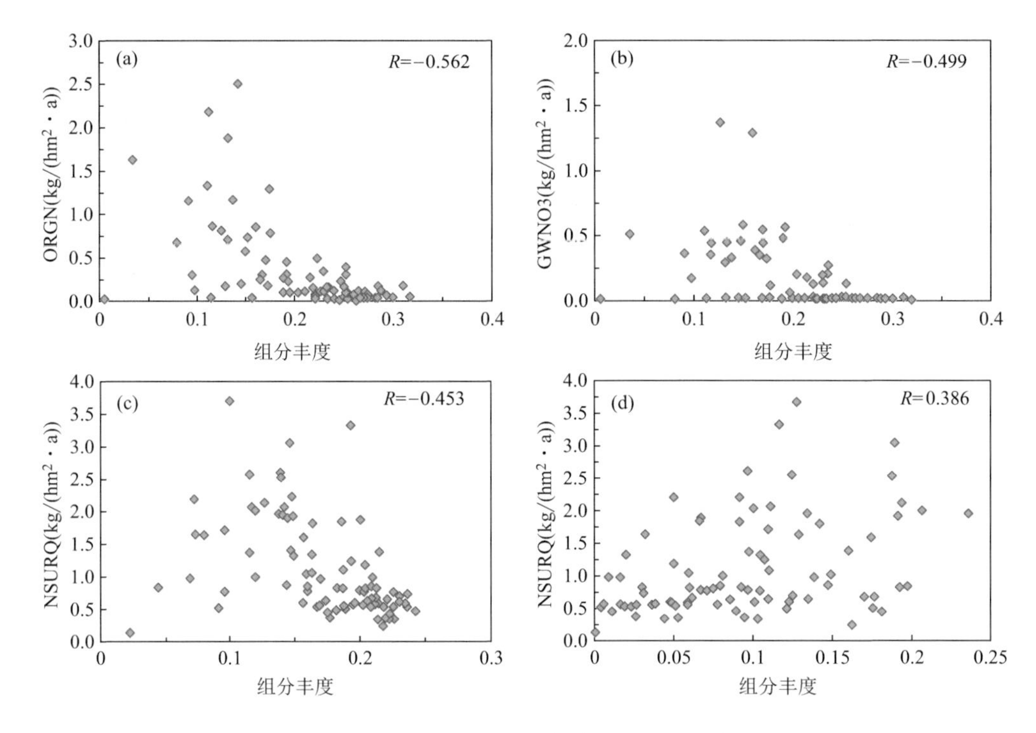

图 4-38　优势森林组分丰度与营养盐负荷排放的散点图

(a)针叶林-ORGN；(b)针叶林-GWNO3；(c)阔叶林-NSURQ；(d)稀疏灌丛-NSURQ

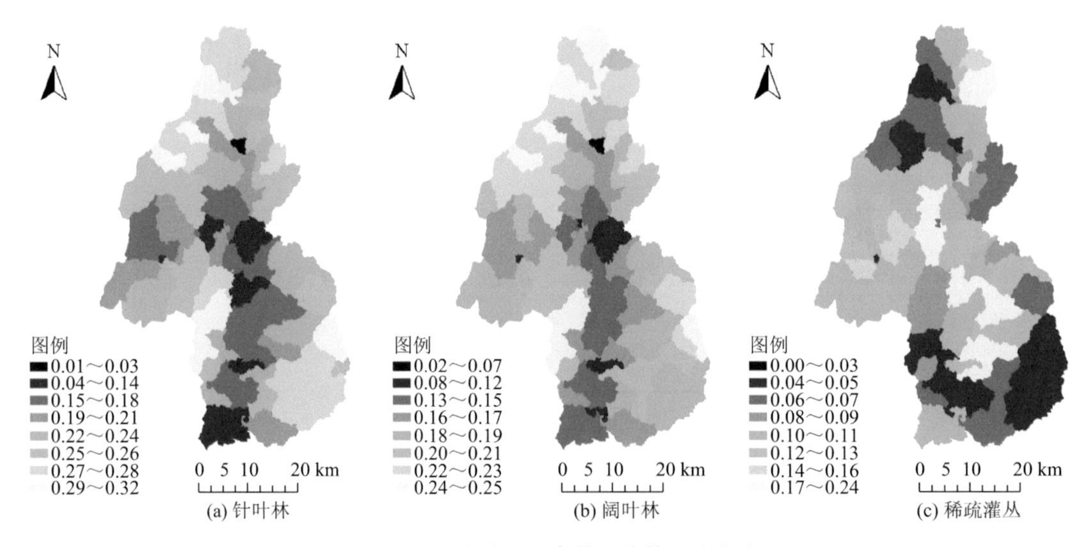

图 4-39　子流域不同森林组分的平均丰度

4.6.3　叶面积指数对流域非点源污染的影响机制分析

表4-25给出了子流域营养盐负荷产出能力与子流域平均叶面积指数(LAI)的相关系数(R^2)。从表中的相关系数可以看出，子流域营养盐负荷产出能力与子流域平均叶面积指数都呈负相关关系，与植被覆盖度、森林组分丰度所呈现的关系一致。从与ORGN和NSURQ的相关关系来看，叶面积指数与它们的产出能力似乎好于森林组分丰度，但仅此来说明叶面积指数与非点源负荷产出能力的关系好于森林组分丰度尚缺乏依据。

表 4-25 子流域营养盐负荷产出能力与子流域平均叶面积指数的相关系数

营养盐名称	ORGN	ORGP	NSURQ	SOLP	SEDP	LATQNO3	GWNO3
相关系数	−0.601**	−0.343**	−0.500**	−0.055	−0.100	−0.025	−0.467**

注：表中相关性数据为相关系数 R^2；其相关系数检验的临界值 $R_{\alpha=0.05}=0.20841$，$R_{\alpha=0.01}=0.27172$。

图 4-40 给出了子流域叶面积指数与部分营养盐负荷产出能力的关系散点图。从散点图也可以比较直观地看出，子流域平均叶面积指数与营养盐负荷产出能力有较好的关系。图 4-41 则给出了各子流域的平均叶面积指数分布。

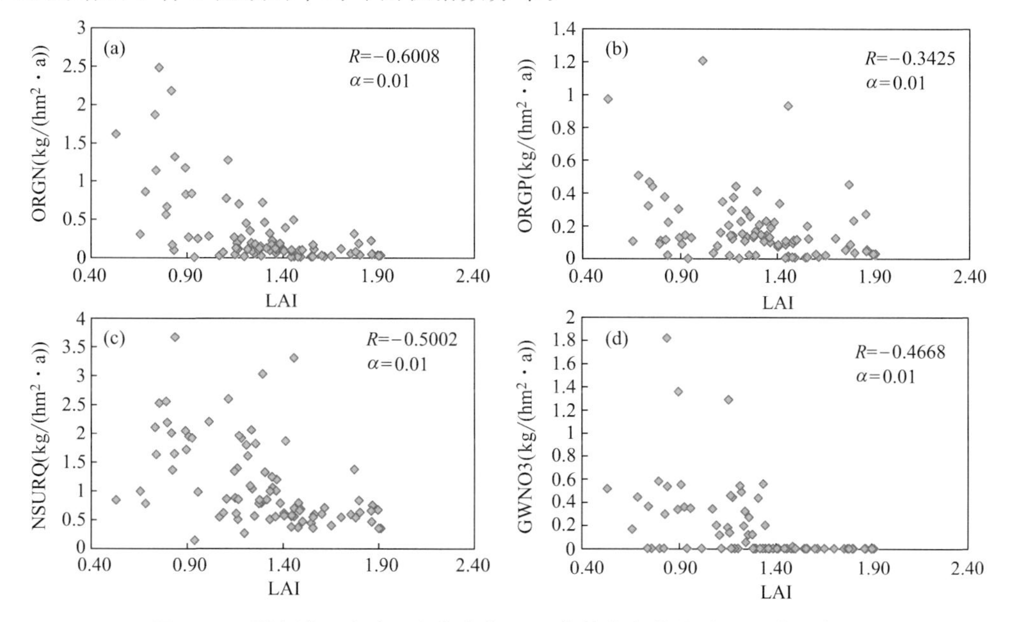

图 4-40 子流域平均叶面积指数与不同营养盐负荷排放关系的散点图

(a)ORGN；(b)ORGP；(c)NSURQ；(d)GWWO3

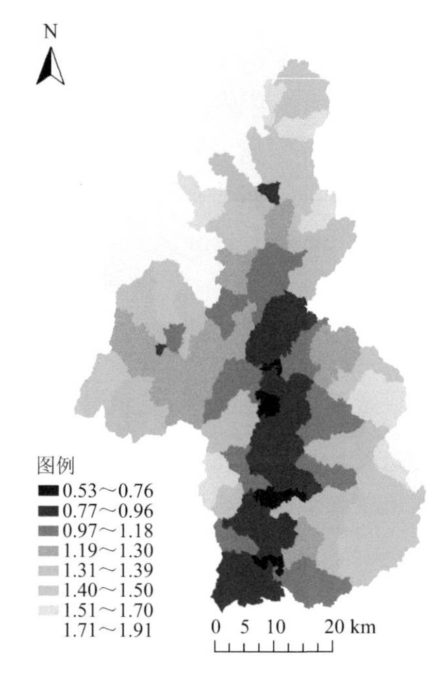

图 4-41 研究区子流域的平均叶面积指数

4.6.4 农业种植方式与耕作方式对流域非点源污染的影响分析

表4-26给出了子流域营养盐负荷产出能力与子流域耕地平均复种指数及旱地平均间作套种指数的相关系数，其中子流域耕地平均复种指数是指在提取子流域平均复种指数时，单从耕地中提取复种指数，并除以这些耕地所包含的栅格像元数。同理，旱地平均间作套种指数也是从遥感反演的间作套种指数中，仅提取土地利用类型为旱地的间作套种指数，并将所有提取的间作套种指数之和除以提取间作套种指数的像元总数。之所以复种指数只在耕地这一土地利用类型中提取，是因为梅江流域农作物的复种多半在耕地上进行，且以水稻为主，虽然也有其他作物的复种问题，但本研究仅关注水稻复种问题。间作套种指数的提取只在旱地上进行，也是因为梅江流域的间作套种，如花生与大豆、红薯与甘蔗等都在旱地这种土地利用类型上进行。

从表4-26中可以看出，子流域营养盐负荷产出能力与子流域耕地平均复种指数及旱地平均间作套种指数的相关系数没有呈现一定的规律，且相关系数都不大，没有通过显著性检验。这说明农作物的复种与间作套种对子流域营养盐负荷的产出没有明显的贡献，其原因可能是耕地与旱地在流域或子流域中所占比例不大，且间作套种指数的大小虽然反映了两种不同作物的种植面积关系，但这种种植的面积关系是否构成了营养盐负荷的输出差异，且差异足够明显，从本研究的模拟输出看，还不能得出有说服力的结论。

表4-26 子流域营养盐负荷产出能力与耕地平均复种指数及旱地平均间作套种指数的相关系数(R^2)

指数名称	ORGN	ORGP	NSURQ	SOLP	SEDP	LATQNO3	GWNO3
复种指数	−0.118	−0.073	0.096	0.017	−0.009	−0.028	0.260
套种指数	0.072	−0.102	−0.032	−0.157	−0.143	−0.132	−0.139

4.7 主要结论

(1)本研究选择梅江流域为试验区，通过遥感技术，利用EO-1 ALI遥感数据，在线性混合模型的基础上，通过混合像元分解，完成了基于遥感的森林优势组分丰度模型的建立和应用，提取了研究区森林优势组分丰度的空间分布信息，其中包括针叶林、阔叶林和稀疏灌丛三种优势植被。结果表明提取的研究区森林优势组分丰度可以为建立变化密度、多种类和多种类混杂的森林生长模型提供数据支撑。

(2)利用LAI2000植被冠层分析仪和光量子测量仪(3415F)，通过在水平方向和垂直方向上对不同森林冠层的叶面积指数进行测定；利用ETM遥感数据，计算了4种常用的植被指数，通过实测的叶面积指数和消光系数，建立了它们与遥感数据VI值的回归关系式，在比较4种回归关系的基础上，建立了基于NDVI植被指数的研究区优势植被冠层叶面积指数与消光系数的遥感反演模型；利用该反演模型，估算了整个研究区优势植被的叶面积指数和消光系数。遥感反演的验证结果表明，该反演模型估算的研究区叶面积指数与相关系数可以为修正SWAT模型的单一植物生长模式提供数据支撑。

(3)根据间作套种下的辐射能利用Keating方程，首次提出并引入间作套种指数。在对研究区农作物复种与间作套种进行调查的基础上，完成了基于遥感的农作物复种指数和农作物间作套种指数模型的建立与应用。利用MODIS 16 d合成的研究区250 m分辨率植被指数数据，采用二次差分算法提取时序NDVI曲线波峰数，生成研究区农作物复种指数空间分布数据。对农作物间作套种指数的遥感提取，采用ALI多光谱数据与Hyperion高光谱相结合的办法，通过混合像元分解的方法，提取了农作物间作套种指数，建立了农作物间作套种指数遥感反演的模型与方法。

(4)建立了变化密度、多种类和多种类混杂的森林生长模型，修正了SWAT用平均森林植被密度估算生物量累积和单一植物生长模式等问题；根据间作套种下的辐射能利用Keating方程，引入间作套种指数变量，修正了SWAT原有的单一生物量日积累模型。模拟验证的结果表明，修正后的SWAT模型与原始未修正的SWAT模型相比，在模拟流量方面，有效性提高了7.8%，流量峰值的模拟也得到了改善，能更好地反映地表蓄流方面的实际情况；在模拟营养盐负荷方面，有效性提高了6.4%(TP)和6.1%(TN)。

(5)利用修正的SWAT模型，对单一树种及多树种混交等森林植被景观进行了时间和空间系列上的模拟，采用植被覆盖度、针叶林、阔叶林及稀疏灌丛等不同森林组分丰度和植被叶面积指数等反映森林植被景观的宏观与微观特征，从不同角度定量评估与分析了这些森林植被景观对非点源污染的影响，并进行了形成机制分析。结果表明，植被覆盖度、森林组分丰度和植被叶面积指数等变量与ORGN、ORGP、NSURQ和GWNO3等营养盐负荷的产出能力都呈极显著相关，其中植被覆盖度对这些营养盐的产出存在负相关关系，且以ORGN的产出为最大；森林组分丰度中针叶林和阔叶林对ORGN、ORGP、NSURQ和GWNO3的产出都呈负相关关系，而稀疏灌丛则对ORGN、NSURQ和SEDP的产出能力呈正相关关系，其中以对ORGN的产出影响为最大；叶面积指数与非点源营养盐负荷的产出能力的关系与植被覆盖度具有相似趋势，但相关关系略为显著；同时结果还表明，相较于原始SWAT模型采用平均森林植被密度和单一的植物生长模式估算生物累积量，修正的SWAT模型建立了变化密度、多种类和多种类混杂的森林生长模型，更能反映森林生长的真实情况，因而在进行森林植被景观对非点源污染影响的模拟中，可以有效利用植被覆盖度、森林组分丰度和叶面积指数等变量从不同角度来描述森林植被景观的不同状态。从结果来看，森林组分丰度在描述森林植被对营养盐的影响时，比植被覆盖度有更好的相关性，与叶面积指数相当；此外，森林组分丰度将森林分成不同组分并以丰度来表示其构成比例，因而更能细致地刻画森林的群体结构的真实状态。因此，森林组分丰度引入SWAT模型具有重要的理论意义和实际意义。

(6)在农业种植方式与耕作方式对非点源污染的影响分析方面，对复种指数和间作套种指数进行了控制性模拟试验。结果表明，子流域营养盐负荷产出能力与子流域耕地平均复种指数及旱地平均间作套种指数的相关系数没有呈现一定的规律，且相关系数都不大，没有通过显著性检验。这说明农作物的复种与间作套种对子流域营养盐负荷的产出没有明显的贡献，其原因可能由于耕地与旱地在流域或子流域中所占比例不大，且间作套种指数的大小虽然反映了两种不同作物的种植面积关系，但这种种植的面积关系是不是构成了营养盐负荷的输出差异，且差异足够明显，从本研究的模拟输出看，还不能得出有说服力的结论。

第5章 基于岩溶流域的SWAT模型修正及其应用

5.1 研究区概况

本书选取横港河的一个子流域为研究区，其地理位置为115°25′30″～115°30′25″E，29°29′36″～29°32′59″N，集水面积约27.63 km²，海拔高程分布在54～562 m，平均海拔高程为219 m，高程变差为106 m(图5-1)。横港河是长河上游的一条支流，也是长江在江西省境内的一条支流；研究区所在子流域在行政区划上隶属于江西省瑞昌市和德安市，其中瑞昌市内面积27.17 km²、德安市内面积0.46 km²。该流域地处九岭东西向构造带-阳新东西向构造拗褶带东段，东西向构造甚为发育；地貌以低山丘陵为主，地势由西南向东北倾斜；岩溶发育强烈，拥有蛇狮洞、银丝洞、下畈洞、消水洞等大型溶洞，具有落水洞、地下暗河、涌泉、石芽、溶沟等岩溶形态特征，是峨嵋溶洞群的最主要部分。

流域内气候温和，四季分明，属大陆温湿性气候带，年平均气温17.5℃，年降水量1700 mm左右，年日照时数约2000 h，年无霜期240～260 d。年均降水量1614.3 mm，最大年降水量2180.3 mm(1998年)，≥100 mm暴雨日年平均为1～3 d。每年4—8月降水量占全年降水量的63.4%。按土壤发生原理，流域内土壤采用土类、亚类、土属、土种四级，分别可归纳为6个土类6个亚类14个土属19个土种，其中6个土类分别为水稻土、潮土、黄棕壤、红壤土、红色石灰土、石灰(岩)土；森林植被有常绿阔叶林、竹林、针阔叶混交林、常绿与落叶混交林、落叶阔叶林、暖性针叶林和灌丛七大类，森林覆盖率达68.3%。

流域内有2个小型村落，居民不足500人，以老人和小孩为主，青壮年多外出务工；除了有少量中稻种植外，主要以玉米、大豆、油菜、棉花、西瓜和红薯等旱地作物为主；此外，流域内还少量的柑橘种植；流域内无点源污染。

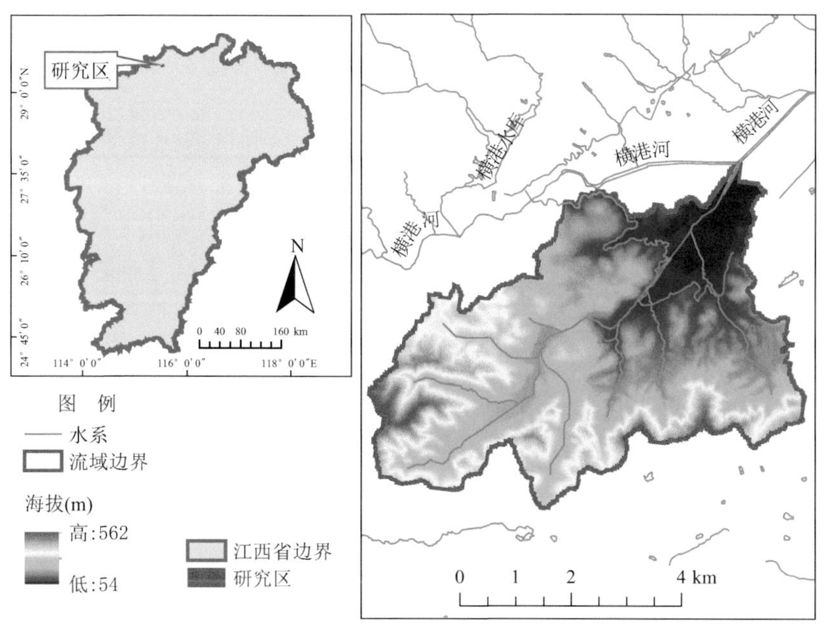

图 5-1 研究区的位置

5.2 模型的修正

图 5-2 表示了岩溶流域含水层的水文循环过程。考虑到岩溶特征，将落水洞、伏流(暗河)、岩溶泉等水文过程增加到 SWAT 模型的陆面过程中，对其进行修正。

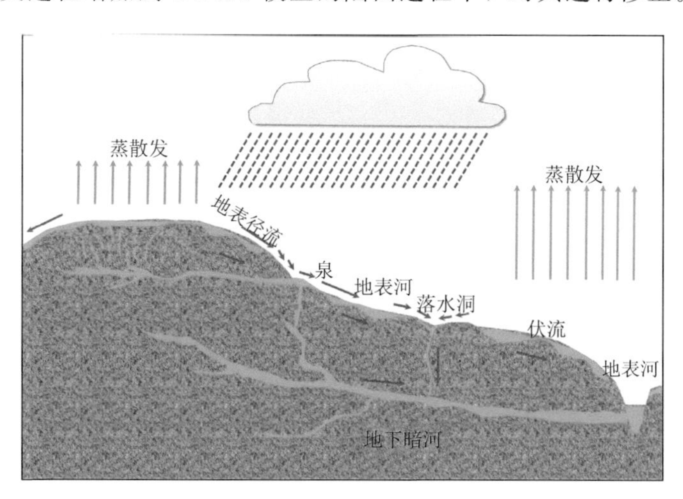

图 5-2 岩溶流域含水层的水文循环示意图

5.2.1 岩溶流域地表径流 SCS 方程 CN 值的修正

SWAT 模型中地表径流的计算采用 SCS 曲线方法或 Green&Ampt 方法，其计算见式(3-1)和式(3-2)。

CN 值是 SCS 方程的主要参数，它是前期土壤湿润程度、坡度、土壤类型和土地利用现状等因素综合作用，并用定量的指标来反映下垫面条件对产汇流影响的一个参数。该模型应用到岩溶流域时，需要根据岩溶流域的地表形态特征和下垫面状况，进行典型流域的实验，修正 CN 值对应表，得出岩溶流域的经验性值。

CN 值将根据 SWAT 模型的土壤水文组分类标准、试验区的土壤资料、地层岩性、地调资料、土地利用/覆盖资料，在 GIS 空间分析的基础上，确定试验样点的分布，并通过野外试验，按照贾晓青等(2008)和余进祥等(2010)的方法来修正。其中，土地利用/覆盖数据将采用遥感资料解译获得。

5.2.2 增加落水洞水文过程和营养物质输移过程

5.2.2.1 落水洞的水文过程及其模型表达

图 5-3 概化了带有落水洞岩溶流域的水文过程，图 5-4 表示了增加落水洞并修正原有 SWAT 模型 HRU 水文循环陆面过程所形成的计算流程，其中红色虚线表示由地表径流进入落水洞后水的分配。

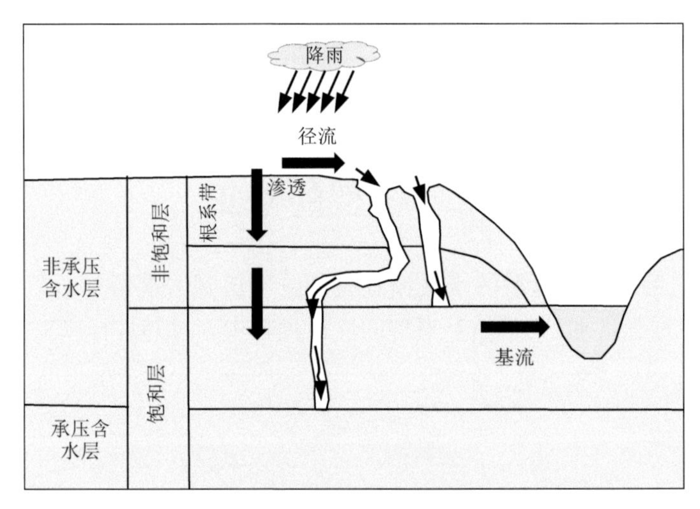

图 5-3 岩溶流域落水洞的水文过程

落水洞的水文过程定义并计算在 HRU 内，为了表示落水洞的水文过程，引入新的变量 w_{sink} 和 $sink$，其中 $sink$ 为落水洞水量分配系数，其值为 0～1，通过 $sink$ 可以判断 HRU 是否存在落水洞，如果存在落水洞，则 $sink>0$，否则 $sink=0$；w_{sink} 为 HRU 内伏流与落水洞的渗透量，其计算式为：

$$w_{sink}=(w_{surf}+w_{lat})\cdot sink \tag{5-1}$$

式中：w_{surf} 为地表径流流入落水洞的水量(mm)，w_{lat} 为通过侧流流入落水洞的水量(mm)，这两个变量的计算由 SWAT 模型原有的算法计算；$sink$ 值的大小可以通过率定来确定。

增加落水洞水文过程以后，子流域所有 HRU 的水文过程计算存在两种可能，一是该 HRU 为非落水洞($sink=0$)，则 HRU 内的所有算法仍保留 SWAT 模型在 HRU 内的算法，见式(3-7)；二是该 HRU 为落水洞($sink>0$)，此时对 SWAT 原有算法进行修正，其算法如下：

$$w(i)_{rchrg\_karst}=(1-\exp[-1/\delta_{gw\_kast}])\cdot w_{sink}+\exp[-1/\delta_{gw\_karst}]\cdot w(i-1)_{rchrg\_karst} \tag{5-2}$$

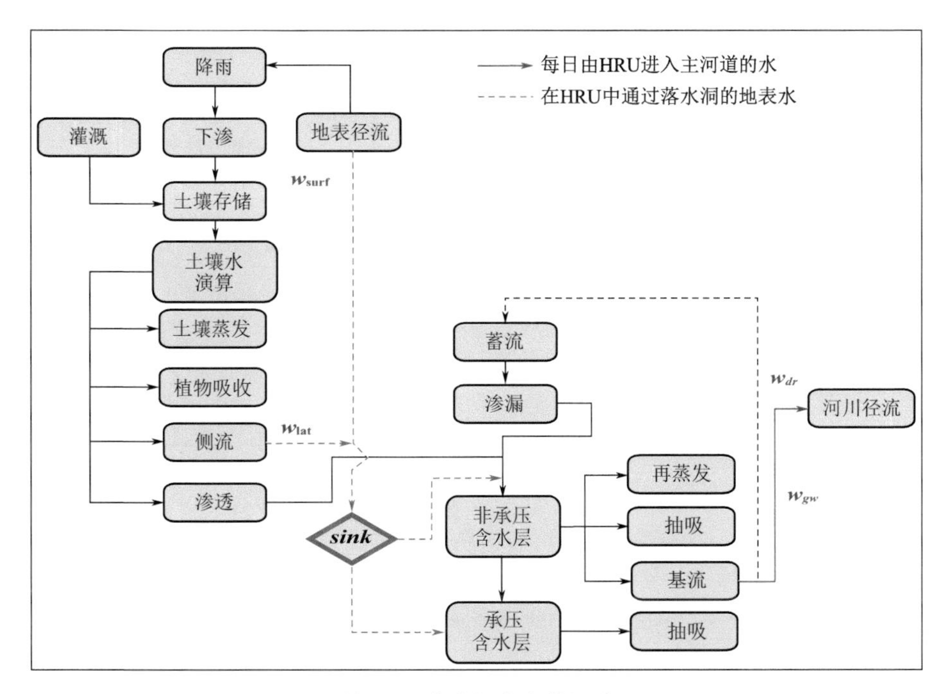

图 5-4 落水洞中水的运动

式中：$w(i)_{rchrg\_karst,i}$ 是时间为 i(日)岩溶地区非承压含水层的补给量；δ_{gw_karst} 为岩溶落水洞的滞后时间，其值可以通过率定或采用对岩溶泉的实测数据来估算，该变量将从SWAT原模型变量 δ_{gw} 中剥离出来，单独形成新的变量，以便可以在控制性和敏感性模拟中应用；$w(i-1)_{rchrg\_kars}$ 是时间为 $i-1$(日)的岩溶地区非承压含水层的补给量。而承压含水层HRU的日水量由下式计算：

$$w_{deepst}=w_{gwseep}+(1-sink)\times(w_{surf}+w_{lat}) \tag{5-3}$$

式中：w_{deepst} 为承压含水层HRU的日水量，w_{gwseep} 为HRU每日补给深含水层的水量，$(w_{surf}+w_{lat})$ 为HRU经由落水洞的每日水量。

此外，还要修正的算法是HRU流入主河道的日水量 w_{dr} 计算方法，当 $sink=0$ 时，该HRU为非落水洞HRU，w_{dr} 的计算公式如下：

$$w_{dr}=w_{day}+w_{lat}+w_{gw}+w_{tile} \tag{5-4}$$

式中：w_{dr} 为从HRU流入主河道的每日水量(mm)，w_{day} 为从HRU流入主河道的地表径流每日水量(mm)，w_{lat} 为HRU的每日总侧流量(mm)，w_{gw} 为HRU对地下水贡献的每日水量(mm)，w_{tile} 为HRU内由土壤层人工排水管排放的日水量(mm)。

当 $sink>0$ 时，该HRU为落水洞HRU，w_{dr} 不再计算 w_{day} 和 w_{lat}，HRU的地表径流传输损失也不被模拟。

5.2.2.2 落水洞营养盐的输移过程及其模型表达

图5-5表示了在岩溶环境下营养盐输移的过程。在岩溶环境下，经由落水洞补给到非承压含水层的营养盐量，应该概化等于该落水洞域被地表水和侧流输移的营养盐量的总和。为此，引入两类新变量 N_{rchrg_sepbtm} 和 N_{rchrg_karst}，分别表示非岩溶HRU内通过土壤渗透补给含水层的营养盐日负荷和岩溶HRU补给含水层的营养盐日负荷，具体的营养盐(如氮(N)、

磷(P)等元素)不再细述。当 $sink=0$ 时，N_{rchrg_sepbtm} 被计算；当 $sink>0$ 时，N_{rchrg_karst} 被计算。它们的计算式如下：

$$N(i)_{rchrg\_sepbtm}=\left[1-\exp\left(\frac{-1}{\delta_{gw}}\right)\right]\cdot N_{perc}+\exp\left(\frac{-1}{\delta_{gw}}\right)\cdot N(i-1)_{rchrg\_sepbtm} \quad 当\ sink=0 \tag{5-5}$$

$$N(i)_{rchrg\_karst}=\left[1-\exp\left(\frac{-1}{\delta_{gw\_karst}}\right)\right]\cdot N_{sink}+\exp\left(\frac{-1}{\delta_{gw\_karst}}\right)\cdot N(i-1)_{rchrg\_karst} \quad 当\ sink>0 \tag{5-6}$$

式中：i 为时间变量(d)，N_{perc} 和 N_{sink} 分别为HRU内由渗透输移的营养盐日负荷量和由落水洞岩溶特征输移的营养盐日负荷量。$N_{sink}=(N_{surf}+N_{lat})\times sink$，分别表示由地表径流和侧流输移至落水洞岩溶特征的营养盐负荷。

HRU内补给含水层的总营养盐日负荷由下式计算：

$$N_{rchrg}=N_{rchrg\_sepbtm}+N_{rchrg\_karst} \tag{5-7}$$

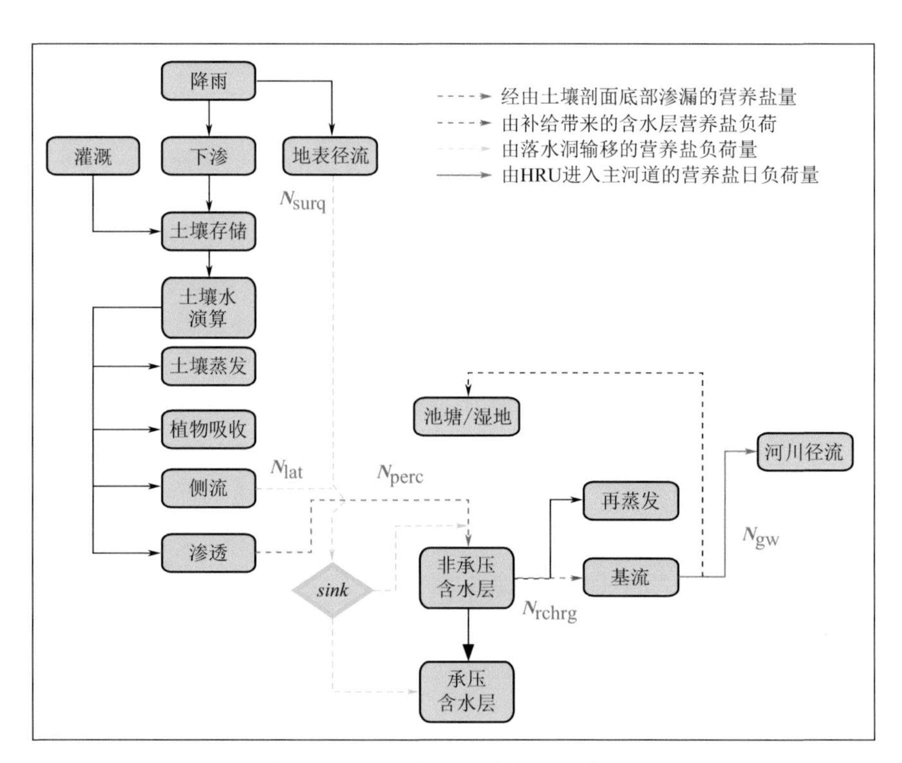

图 5-5 基于SWAT的落水洞中硝酸盐输移的示意图

5.2.3 增加伏流/暗河水文过程和营养物质输移过程

图5-6为考虑伏流/暗河传输损失的营养盐输移示意图。由于伏流/暗河将河道里的水直接传输到非承压含水层，然后以基流的方式通过岩溶泉排放到主河道，因此伏流/暗河水文过程可以假定为河床具有高水力传导度的支流来表示，通过修正SWAT 的“. rte”中的CH_K(2)参数来实现。其传输损失主要影响非承压含水层。在SWAT模型中支流的模拟在子流域内进行，因此在模拟支流(伏流/暗河)时，非岩溶和岩溶的伏流/暗河是连通的。

为此引入伏流/暗河的营养盐分配系数 SS，由地表径流的传输损失来确定。其计算式为：

$$SS = w_{loss} / w_{surf} \tag{5-8}$$

式中：SS 为伏流/暗河营养盐的分配系数，w_{loss} 为伏流/暗河的传输损失量(mm)，w_{surf} 的意义同前。

由伏流/暗河传输而进入非承压含水层的营养盐日负荷量由下式计算：

$$N_{sep\_direct} = SS \cdot N_{surf} \tag{5-9}$$

式中：SS 是伏流/暗河的营养盐分配系数，N_{surf} 为 HRU 内地表径流的日负荷量，伏流的营养盐传输损失用于含水层营养盐补给负荷的计算，计算式见式(5-6)。由 HRU 地表径流进入主河道的营养盐负荷计算按下式进行：

$$N_{sub\_surf} = (1 - SS) \times N_{sep\_direct} \times \xi_{hru\_bafr} \tag{5-10}$$

式中：ξ_{hru_bafr} 为 HRU 与流域面积的比例系数，其余同前。

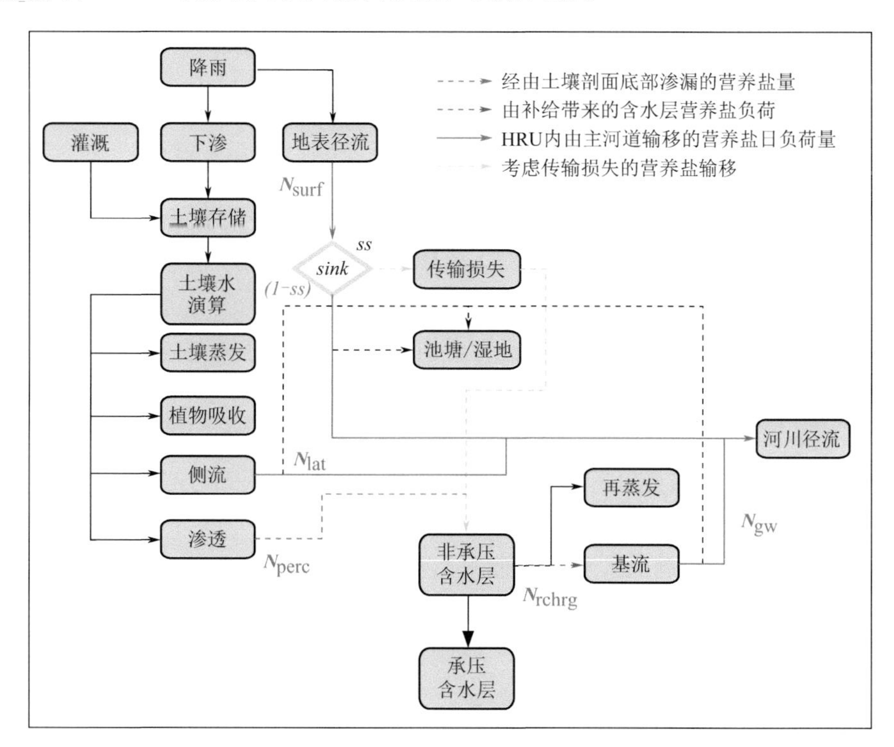

图 5-6 考虑伏流/暗河传输损失的营养盐输移示意图

5.2.4 新引入的过程及变量在 SWAT 模型中涉及须修正的子程序模块

新过程的引入涉及变量定义、过程算法，空间单元涉及子流域、HRU，水文特征涉及点源和支流，因此需要修正的子程序模块较多，主要包括 subbasin(子流域子程序，控制水循环的陆面时期)，gwmod(地下水子程序，控制含水层的补给和基流的计算)，gwnutr(地下水营养盐子程序，控制含水层补给及基流的营养盐计算)，以及 hruday、readhru(HRU 子程序，控制 HRU 日负荷的计算模块和 HRU 数据读入)。

新变量 *sink*、SS 和 δ_{gw_karst} 的配置、定义和初始化分别在 SWAT 原有子程序 allocate_ parms、modparm 和 zero1 中完成。子程序 readgw 从 HRU 的地下水输入文件(*.gw)中读取信息，而子程序 st2 从标准输入文件(intput. std)读取信息。这些子程序必须修正以读取新的参数 *sink*、*SS* 和 δ_{gw_karst}。其中 δ_{gw_karst} 变量将从 SWAT 原模型变量 δ_{gw} 中剥离出来，单独形成新的变量，以便可以在控制性和敏感性模拟中应用。

5.3 模型输入数据及其处理

根据研究内容，SWAT 模型的输入数据及其处理包括两部分，其一为 SWAT 原始模型的基本数据需求，其二为针对落水洞、地下暗河、岩溶泉等主要岩溶特征及其水文过程，对 SWAT 模型修正之后为进行 SWAT 模拟所需的扩展数据需求。

5.3.1 原始模型输入数据及其处理

根据 SWAT 模型基本输入数据的说明文档，其输入数据主要有：DEM 数据、河网数据(可选)、土地利用/覆盖数据、土壤分布与理化属性数据、水文与水质数据、气象数据，其中水文与水质数据主要用于模型的建立、模型参数的率定和验证。

5.3.1.1 DEM 数据和河网数据

数字高程模型是 SWAT 模型中最重要的数据层，因为地形决定着水在重力作用下的运动特征，如坡面水流的汇流路径、流域中土壤湿度的空间分布等。因此，在流域地表过程或环境过程模拟中，充分考虑地形因素，可以从物理机制上更深入地掌握这些过程的规律。GIS 和数字高程模型(DEM)在环境模型中的引入，极大地推动了这些模型的发展。在 SWAT 模型中，就是利用 DEM 来提取流域的地形地貌特征、推求流域的排水网、生成流域或子流域边界等重要水文参数。

DEM 特征提取包括地形特征和水文特征的提取，而水文特征与地形特征密切相关。地形特征是指对于描述地形形态有着特别意义的地形表面上的点、线、面，它们构成了地形变化起伏的骨架。特征与地形表面的局部特性密切相关，曲面上的点属于某个特定类依赖于它周围的曲面结构。地形特征点包括山峰点、谷底点、鞍部点等。地形特征线包括山脊线、山谷线等。地形面状特征包括地面的凸凹性。所以在利用数字等高线构建 DEM 时，将地形图中的全部等高线、等深线、控制点、高程点、深度点以及部分地形特征要素，如相当稳定的水体范围线、河流等，每一等高线和高程点所代表的高程值赋为属性值，应用 TIN 模块生成不规则三角网，再经高程值内插，最后生成栅格单元大小为 50 m×50 m 的数字高程模型。

DEM 数据来源于 1∶5 万的地形图，通过对 1∶5 万地形图中的等高线进行地形分析，得到栅格大小为 25 m×25 m 的 DEM 数据(图 5-1)。

河网数据也来源于 1∶5 万地形图(图 5-1)，主要用于 SWAT 模型的流域离散化过程。

5.3.1.2 土地利用/覆盖数据

土地利用/覆盖数据是 SWAT 模型的主要输入变量，同时也是针对落水洞这一岩溶特征及其水文过程进行 SWAT 模拟的重要参考数据。为了获得最新的土地利用/覆盖数据，本研究采用了 Landsat-8 的数据作为遥感数据源，选用了 2013 年 8 月 9 日、2014 年 10 月 15 日和 2015 年 1 月 3 日 3 景陆地成像仪（Operational Land Imager，OLI）。结合谷歌地球（Google Earth）上的 IKONOS 1 m 分辨率遥感影像数据，通过目视解译方法对横港河流域土地利用/覆盖进行遥感解译，并对解译结果进行了多次调研并验证。

由于落水洞的水文过程和营养盐输移过程的定义和模拟均在水文响应单元 HRU 内进行，而 SWAT 模型对 HRU 的划定是依据下垫面的土地利用/覆盖及土壤的理化属性来进行的。因此在流域的空间离散化过程中，若要将落水洞单独划分为一个 HRU，必须对土地利用/覆盖类型和土壤的理化属性有新的定义，其中土地利用/覆盖类型按计划将增加一种新的土地利用/覆盖类型，即落水洞，并在一级名称下增设 5 种二级名称，即林地落水洞、草地落水洞、城区落水洞、耕地落水洞和裸地落水洞，但实际上研究区的落水洞只有在清华村的蛇狮洞一个，其二级类型属于林地落水洞。为此，在解译的土地利用/覆盖类型中增加了单一的新类型，即林地落水洞。形成的最终类别为：水田、旱地、有林地、灌木林、疏林地、中覆盖度草地、河渠、农村居住用地和林地落水洞 9 个类别(图 5-7 和图 5-8)。

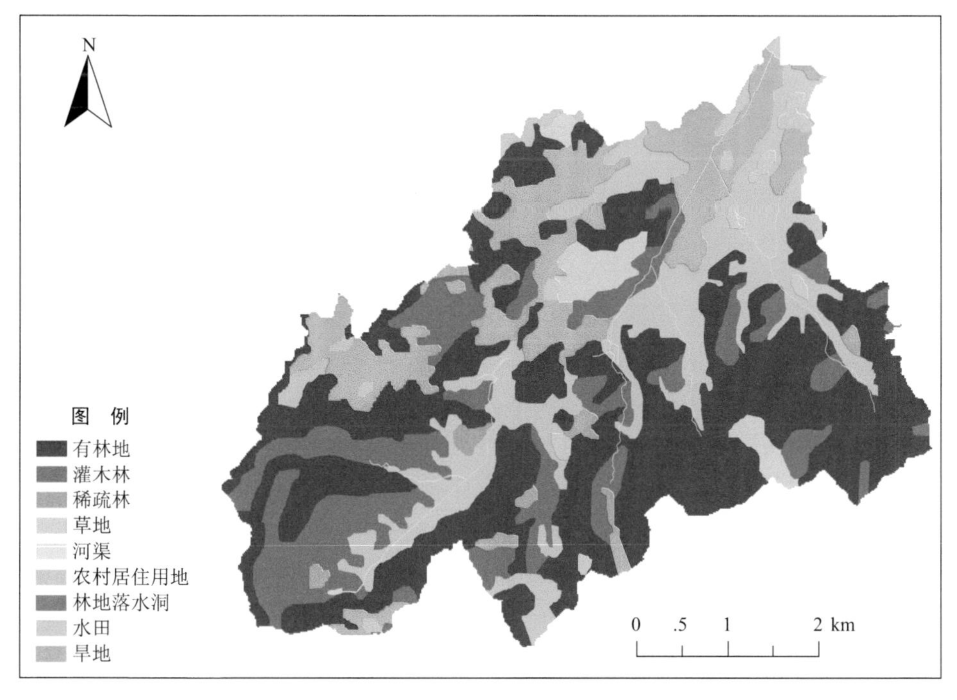

图 5-7 研究区土地利用与覆盖状况

5.3.1.3 土壤数据及 SWAT 土壤用户数据库的建立

土壤是流域地表过程的重要媒体，土壤的物理属性控制着土壤内部水分和空气的运动，对水循环过程产生很大的影响；而土壤的化学属性则影响着营养物质的初始值及其氮、磷循环的过程。在 SWAT 模型中，土壤类型的空间分布是生成水文响应单元的基础之一；所以在 SWAT 模型中，土壤类型的空间分布资料、土壤的物理属性和土壤的化学属性是模型运行的重要参数，是模拟的必备边界条件之一。

土壤数据主要包括土壤类型空间分布、土壤理化属性数据。土壤数据来源于中国科学院南京土壤研究所，其 1∶5 万矢量数据(shapefile 格式)的主要字段包括土类、亚类、土属和土种，其中图斑名称备注了非土壤区域(居民区、湖泊、河流等)类型(图 5-8)；栅格数据文

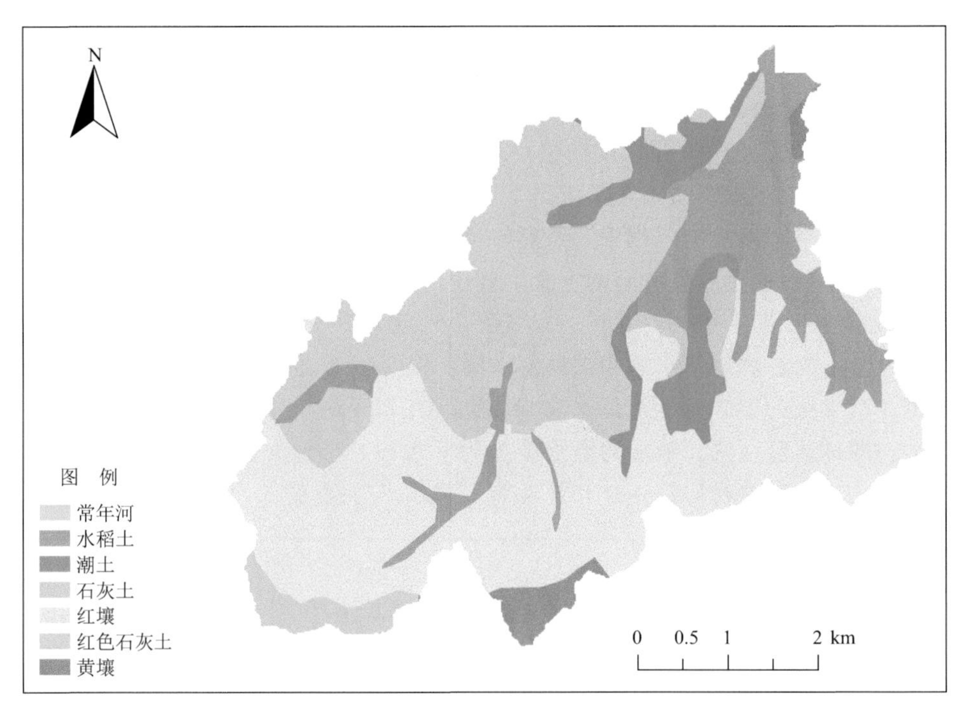

图 5-8 土壤类型空间分布图

件包括有机碳含量、砂粒含量、粉粒含量、黏粒含量、全氮含量、全磷含量、速效磷含量等理化属性，均包含 0～20 cm、20～30 cm 和 30～100 cm 图层深度。

SWAT 模型使用的土壤数据包括物理属性和化学属性，物理属性存放在 SWAT 用户数据库(usersoil)中，一共有 17 个属性。我国的土壤质地标准与美国的土壤质地标准不同，中、美间的土壤质地标准将根据朱秋潮等(1999)的方法进行转换；土壤容重(SOL_BD)、有效田间持水量(SOL_AWC)、饱和导水率(SOL_K)由 SPAW(Soil Plant Atmosphere Water)软件包中的 Hydrology 软件中的 SWCT(Soil Water Characteristics for Texture)模块计算得出(图 5-9)(赖格英 等，2005)；该软件可由黏土(clay)、粉沙(sand)、有机物(organic matter)、盐浓度(salinity)、砂砾(gravel)(%)等变量计算出：①凋萎系数(wilting point)(% Vol)；②田间持水量(field capacity)(% Vol)；③饱和度(saturation)(% Vol)；④土壤容重(bulk density)(g/cm^3)；⑤饱和水汽压导水率(sat. hydraulic cond.)(cm/h)五个变量，由变量①和②可以计算 SOL_AWC(layer＃)-有效田间持水量，即 AWC＝FC－WP＝田间持水量－凋萎系数。

每种土壤所属的水文单元组(HYDGRP)，美国国家资源保护局(U. S. Natural Resource Conservation Service，NRCS)将土壤按渗透特性分成 A、B、C、D 4 组。水文单元组的分组标准按照 SWAT 用户使用手册，其标准见表 5-1。表中土壤所属的 A、B、C、D 水文组的定义如下：

A 组：在完全潮湿的条件下，土壤具有高度的渗透性，主要由沙和砂层组成，有非常好的排水性；

B 组：在完全潮湿的条件下，土壤具有中等程度的渗透性；

C 组：在完全潮湿的条件下，土壤具有较慢的渗透性；

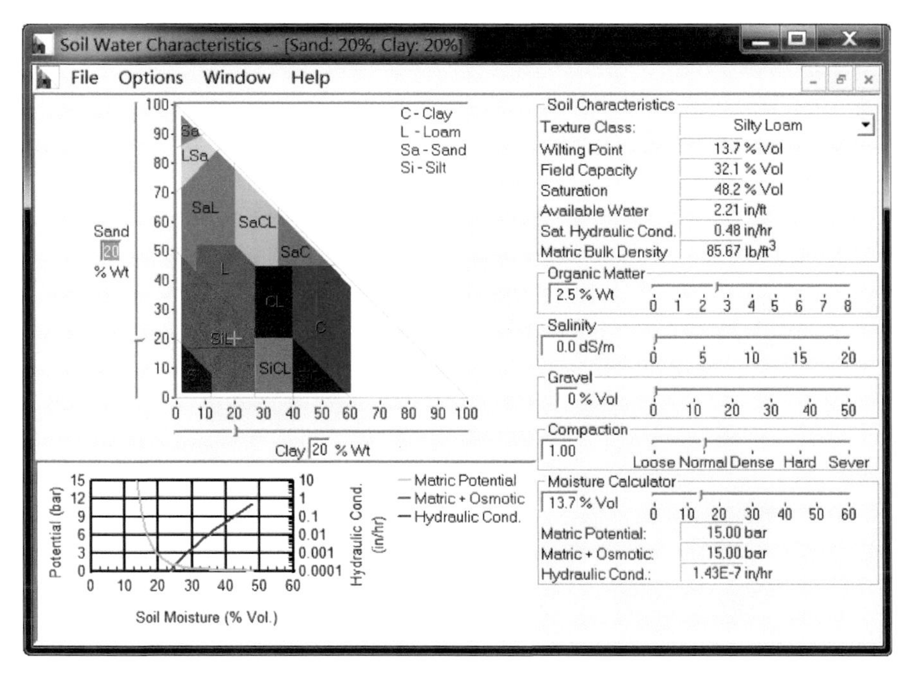

图 5-9 SPAW 的 SWCT 模块运行界面

D组：在完全潮湿的条件下，土壤具有最慢的渗透性，主要由黏土组成，膨胀系数大，土壤具有持久的保水能力，水分的传输慢。

表 5-1 土壤水文组分组标准

标准	水文土壤组(渗透率)			
	A	B	C	D
最终常数渗透率(mm/h)	7.6～11.4	3.8～7.6	1.3～3.8	0～1.3
平均渗透性：地表层(mm/h)	>254.0	84.0～254.0	8.4～84.0	<8.4
平均渗透性：地表层以下至1.0 m范围内最具限制性土壤层(mm/h)	>254.0	84.0～254.0	8.4～84.0	<8.4
收缩-膨胀潜力：最具限制性土壤层	低	低	适中	高、很高
到土壤基底的深度(mm)	>1016	>508	>508	<508
双水文组	A/D	B/D	C/D	

土壤有机碳(SOL_CBN layer#)含量的计算：根据SWAT用户使用手册，可由有机物(OM)而得，关系式为：

$$OrgC = OM/1.72 \tag{5-11}$$

式中：$OrgC$ 为土壤有机碳含量。

5.3.1.4 水文和水质数据

水文和水质数据主要用于SWAT模型的参数率定和模型验证，包括河流流量数据和河流主要营养盐浓度数据。为了对落水洞和地下暗河等岩溶流域含水系统等的水文过程和营养盐输移过程进行监测，设置了8个测点(图5-10和表5-2)，对流量与水质进行了8次测定。

采样要素包括水深(H)、流速(V)、总氮(TN)、总磷(TP)、氨氮(NH_3-N)、硝酸盐氮(NO_3-N)、亚硝酸盐氮(NO_2-N)等。采样所得的水深与流速再转换成流量。

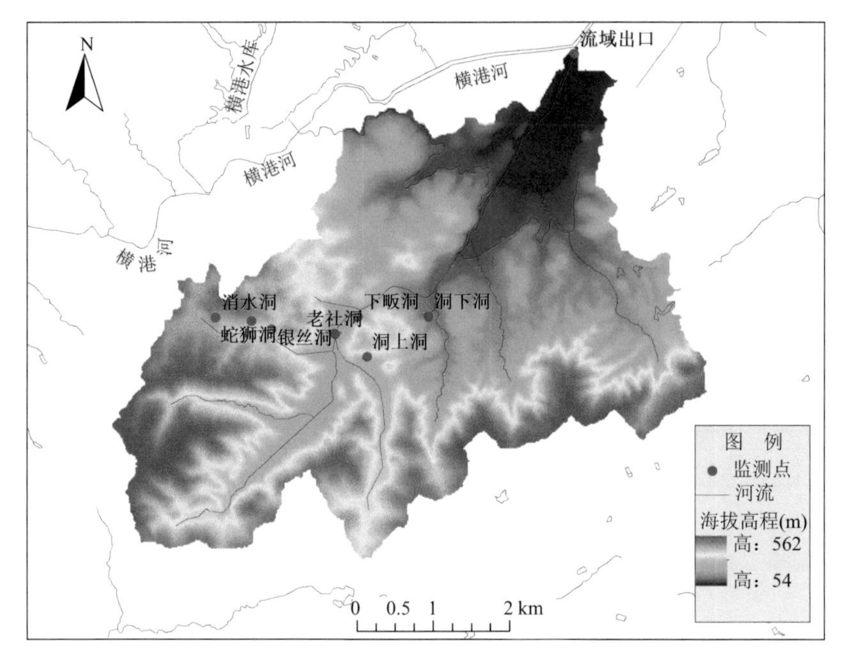

图 5-10 流量和水质采样点的分布

表 5-2 流量和水质采样点名称及其相关信息

序号	测点名称	监测点说明	子流域出口序号
1	蛇狮洞	大型落水洞,其 *sink* 系数为 0.014,汇水面积为 0.28 km^2,出口为老社洞	17
2	银丝洞	地下暗河入口,入口为落水洞,具小型落水洞的性质,出口为老社洞	21
3	老社洞	地下暗河出口,流经地表河流后,汇入下畈洞	18
4	下畈洞	地下暗河入口,流量较大,出口为洞下洞	18
5	洞上洞	地下暗河入口,出口为洞下洞,流量很小	28
6	洞下洞	是下畈洞和洞上洞地下暗河的出口,流量较大	15
7	消水洞	地下暗河入口,但其出口万佛洞不在研究区内	16
8	流域出口	流域的总控制断面	1

5.3.1.5 气象数据

气象过程是SWAT模型中的一个重要过程，是水文过程中最重要的介质和载体——水的提供者。因此，气象数据在SWAT模拟中有着特别的意义和重要性。SWAT模型涉及的气象资料包括逐日降水、逐日最高气温和最低气温、太阳辐射、逐日平均相对湿度、逐日风速等要素，以及与这些要素相关的气象站(或观测站)经纬度、海拔高度等地理位置信息；为了在模拟过程中对缺损的气象资料进行补插，SWAT模型还要求用户提供各相关气象观测站长期的气候平均数据，以用户气象数据库userwgn.dbf的文件格式保存在ArcSWAT安装目录下，供SWAT模型运行期间调用。因此，SWAT模型中的气象数据库既包含了动态的逐日气象数据，也包含了静态的气候平均数据。

(1)逐日气象资料的收集与整理

SWAT 模型中，需要的逐日气象数据包括逐日降水、逐日最高气温和最低气温、太阳辐射、逐日平均相对湿度、逐日风速等要素。由于收集到的数据中缺太阳辐射要素的逐日资料，因此，太阳辐射的逐日资料将按刘钰等(2001)的方法由最高气温和最低气温来推求。

① 逐日气象资料的收集和整理

逐日气象资料的收集主要围绕研究区来进行，同时也收集了一些研究区周边县气象站的气象资料，包括九江、瑞昌、武宁、德安、星子 5 个气象站。各站资料的时间范围为 1953 年 1 月—2015 年 12 月。

② 利用最高和最低气温计算太阳辐射

日最高气温和最低气温之差与当天的天空云量有关，而天空云量是影响太阳辐射的主要因素。最高气温和最低气温之差与太阳辐射的关系见下列关系式(刘钰 等，2001)：

$$R_s = K_r (T_{max} - T_{min})^{0.5} R_a \tag{5-12}$$

式中：R_s 是补差的太阳辐射(MJ/(m^2 · d))；R_a 是外空辐射(MJ/(m^2 · d))；T_{max} 是最高气温(℃)；T_{min} 是最低气温(℃)；K_r 是调节系数(℃$^{-1/2}$)，对内陆地区通常取 0.17，而对沿海地区为 0.19(刘钰 等，2001)。

(2)各气象站气候特征数据库的建立

在 SWAT 中，各气象站气候特征数据库是以用户气象数据库的格式 userwgn.dbf 存储在 SWAT 的安装目录下，供模型运行时调用，在该数据库中，包含各气象站的 14 个气候特征变量的历月数值。这些变量各月特征值是在上述各气象站逐日气象资料的基础上，用自编的程序计算而得(图 5-11 和图 5-12)。

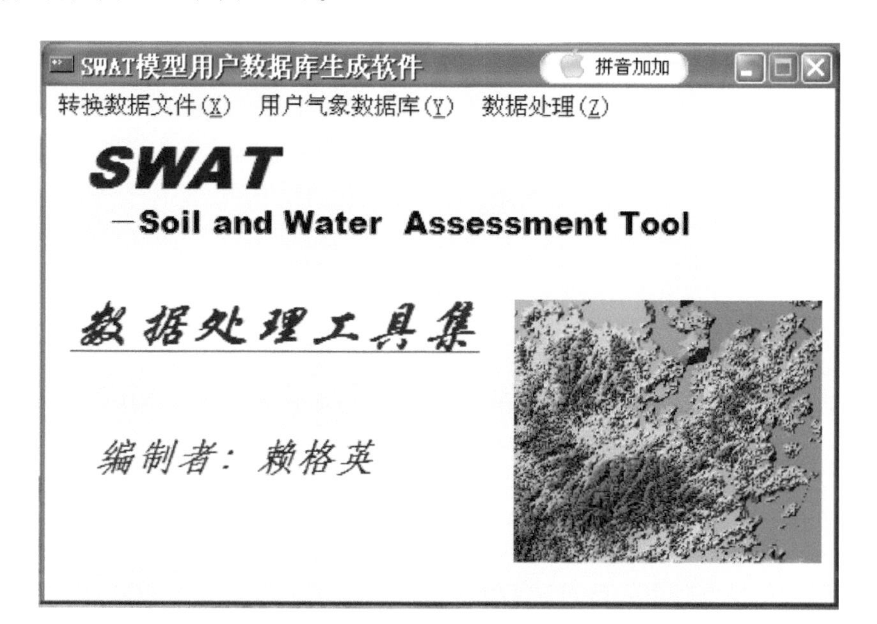

图 5-11　自编的 SWAT 数据处理工具集

① $TMPMX$(mon)——多年各月最高平均日气温(每月 1 项，共 12 项)，其计算公式为：

$$\mu mx_{mon} = \sum_{d=1}^{N} T_{mx,mon} / N \tag{5-13}$$

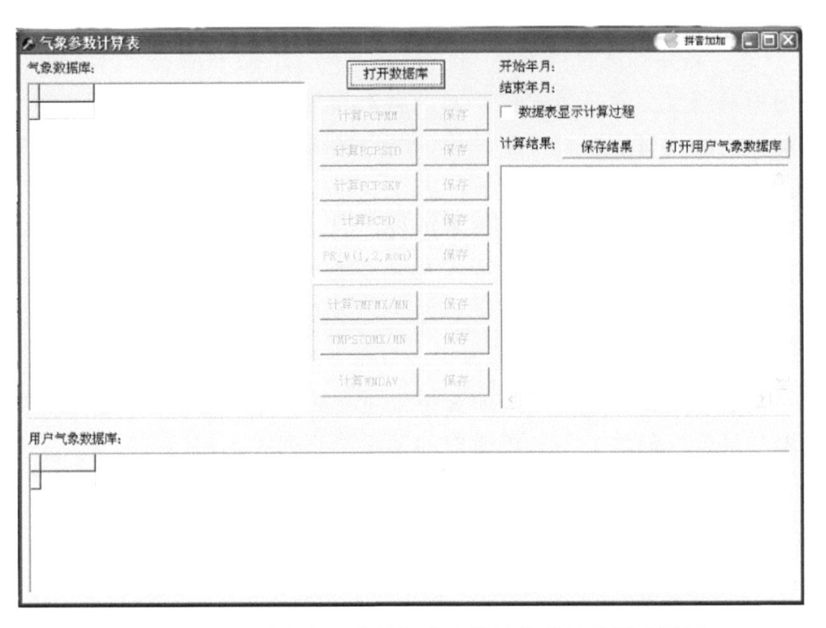

图 5-12 自编的气象用户数据库各统计量的计算用户界面

② *TMPMN*(mon)——与上个变量相似，是多年各月平均日最低气温(每月 1 项，共 12 项)。

③ *TMPSTDMX*(mon)——TMPMX 的标准差(每月 1 项，共 12 项)，其值的计算如下：

$$\sigma mx_{mon} = \sqrt{\left[\frac{\sum_{d=1}^{N}(T_{mx,\ mom} - \mu mx_{mon})^2}{N-1}\right]} \tag{5-14}$$

④ *TMPSTDMN*(mon)——*TMPMN* 的标准差(每月 1 项，共 12 项)，公式类似于式(5-14)。

⑤ *PCPMM*(mon)——按月计算的多年每月总降雨量平均值(每月 1 项，共 12 项)，计算公式为：

$$\bar{R}_{mon} = \frac{\sum_{d=1}^{N} R_{day,\ mon}}{yrs} \tag{5-15}$$

⑥ *PCPSTD*(mon)——每月的日降雨标准差(mm H_2O/d)(每月 1 项，共 12 项)，计算公式为：

$$\sigma_{mon} = \sqrt{\left[\sum_{d=1}^{N}(R_{day,\ mon} - \bar{R}_{mon})^2 / N - 1\right]} \tag{5-16}$$

式中：$\bar{R}_{mon}$ 为该月的平均降水(mm H_2O)，$R_{day,\ mon}$ 为某月某记录 d 的降水量(mm H_2O)，N 为某月的日降水记录的总数(包括日降水量为 0 mm 的记录)。

⑦ *PCPSKW*(mon)——日降水量的偏态系数，这个参数量化了降水月平均的分布(每月 1 项，共 12 项)，由下式计算：

$$g_{mon}=\frac{N\cdot\sum_{d=1}^{N}(R_{day,mon}-\bar{R}_{mon})^3}{(N-1)(N-2)(\sigma_{mon})^3} \tag{5-17}$$

式中：N 为某月日降水的记录总数，$R_{day,mon}$ 为某月某记录 d 的降水量，$\bar{R}_{mon}$ 为月平均降水量，σ_{mon} 为某月的日降水量的标准差(日降水为0 mm的记录计算在内)。

⑧ PR_W(1，mon)——按月计算的湿天转移到干天的概率(a wet day following a dry day)(每月1项，共12项)计算式如下：

$$P_i(W/D)=\frac{days_{W/D,i}}{days_{dry,i}} \tag{5-18}$$

式中：$days_{W/D,i}$ 为某月湿天转移到干天的次数，干天为0 mm降雨日，而湿天为降雨>0 mm的降雨日。

⑨ PR_W(2，mon)——按月计算的由湿天转变为湿天的转移概率(每月1项，共12项)，计算式为：

$$P_i(W/W)=days_{wet,i}/days_{wet,i} \tag{5-19}$$

式中各项变量的意义相似于上个变量。

⑩ $PCPD$(mon)——月平均降水日数，$\bar{d}_{wet,i}=days_{wet,i}/yrs$，其中 $days_{wet,i}$ 为整个统计期间某月的湿天天数，yrs 为记录年数。(每月1项，共12项)。

⑪ $RAINHHMX$(mon)——有记录期间按月计算的0.5小时最大降水量(mmH_2O)(每月一项，共12项)，该变量表示有记录期间30 min降雨密度极值。

⑫ $SOLARAV$(mon)——按月计算的月平均太阳辐射(MJ/(m^2·d))(每月1项，共12项)，计算式为：

$$\mu rad_{mon}=\frac{\sum_{d=1}^{N}H_{day,mon}}{N} \tag{5-20}$$

式中：$H_{day,mon}$ 为某月某日到达地球表面的总太阳辐射，N 为某月(整个记录期间)的总天数。

⑬ $DEWPT$(mon)——按月计算的平均日露点温度(每月1项，共12项)。

⑭ $WNDAV$(mon)——按月计算的平均日风速(m/s)(每月1项，共12项)，计算式为：

$$\mu wnd_{mon}=\frac{\sum_{d=1}^{N}\mu_{wnd,mon}}{N} \tag{5-21}$$

式中各项变量的意义与以上变量相似。

5.3.2 修正后模型新增的输入数据及其处理

5.3.2.1 基于植被岩溶比重指数的提出及岩溶流域岩溶覆盖信息提取研究

南方亚热带岩溶的突出特征是地表有不同程度的植被覆盖，这些地表覆盖与岩溶的非均匀含水系统地质构造构成了岩溶流域的特殊水文系统，对岩溶流域的水文过程带来重要影响。此外，岩溶地区地表植被、石芽和峰丛等的混杂程度不同，如有的完全由裸露的石芽、峰丛所覆盖，有的由丰茂的植被所覆盖，直接影响了流域产汇流的不同。流域分布式水文模型或生态水文模型中的许多参数都与产汇流有关，如SWAT模型的CN参数大小，就体现了由于地表覆盖不同所导致的流域产汇流差异。因此，如何提取岩溶流域植被岩溶覆盖比重信息，是将分布式水文模型或生态水文模型应用于岩溶流域的重要基础。

遥感具有监测范围广、时效性强等特点，能快速获取大面积区域的地表信息。尽管目前定义了诸多植被指数，如NDVI作为反映地表植被状态的重要参数指标，在地表植被发生变化时，遥感图像上表现为植被指数大小的相应改变，只能反映地表植被的覆盖度与生长状况，并不能很好地区分地表非绿色植被覆盖信息。因此，如何充分利用遥感多波段信息，构建合适的指数提取岩溶流域的岩溶覆盖信息是值得研究的内容。

近年来，随着遥感技术的发展，国内外不少学者利用多光谱遥感数据对岩溶流域地物信息进行了大量的研究与探索。例如，张盼盼等(2010)基于NDVI和裸土指数(BI)提出岩溶地区裸岩率的计算方法；王冰等(2006)基于AVHRR-NDVI和气象观测数据，利用NDVI和距平湿润指数(MI)，研究岩溶地区植被覆盖的变化趋势及其与气候湿润程度的关系；Lambin等(1996)和Gillies等(1997)基于地表温度和NDVI的特征空间提取植被覆盖和土壤湿度状况的信息。Moran等(1994)结合光谱植被指数和地表温度，构建植被指数-地表温度特征空间研究植被覆盖的地表状况。

岩溶流域不同地物覆盖信息与植被指数、植被覆盖度和地表温度等参数密切相关。通常情况下，地表温度综合了土壤、植被及建筑物等不同地物类型的温度，若单独利用地表温度作为参数指标，在植被覆盖不完全的条件下，获取的岩溶覆盖信息容易掺杂土壤背景等其他干扰信息，导致不易与岩溶流域其他不同地物区分开来。针对单独利用植被指数、植被覆盖度和地表温度等参数提取岩溶流域岩溶覆盖信息时各自存在的局限性，以及南方亚热带岩溶地貌的典型特征，本研究提出植被岩溶比重指数(VKPI)的概念，并利用美国陆地卫星Landsat-8遥感数据提取植被指数、植被覆盖度、地表温度和卷云波段构建特征空间，进而估算研究区的植被岩溶比重指数(VKPI)。

(1)研究思路与方法

植被指数是对地表植被活动的简单、有效和经验的无维辐射度量，通常为可见光与近红外光谱的线性或比值组合。其中归一化植被指数(NDVI)是应用比较广泛的植被指数，也是植物生长状态以及植被空间分布密度的最佳指示因子和重要的生物物理参数，能准确地反映植被的生长状况、覆盖程度、生物量以及植被叶面积指数的估算。NDVI的取值范围为－1～1，一般认为NDVI值越大，表示植被覆盖状况越好，裸露地表的岩溶其植被稀疏，在影像中所对应的NDVI值就较小。因此，一般情况下NDVI可作为提取岩溶流域岩溶覆盖信息的生物物理参数。

植被覆盖度是地表植被覆盖的一个重要参数，被定义为观测区域内植被垂直投影面积占地表面积的百分比，也是指示地表生态环境变化的重要指标之一。该变量常应用于植被变化、水土保持、生态环境、气候等方面研究，与植被指数存在一定关系，决定了传感器接收到植被冠层和土壤背景的可见光和热红外信息，从而影响遥感获取的地表温度。可见，植被覆盖度也可作为重要的生物物理参数。

地表温度(Land Surface Temperature，LST)作为地球环境分析的重要指标，随着遥感技术的发展，基于遥感图像反演地表温度的研究越来越多，尤其以热红外波段反演地表温度居多。诸多研究表明，LST与NDVI存在显著的负相关性，如植被稀少的岩溶区地表温度较高，植被指数较小；反之，地表温度较低，植被指数较大。因此，LST可作为提取岩溶流域岩溶覆盖信息的生物物理参数。

以上分析表明，岩溶流域岩溶覆盖信息与植被指数、地表温度和植被覆盖度存在显著的相关性。Landsat-8新增的卷云(Cirrus)波段除了能够突出云外，还有助于区分裸土和建筑用地(徐涵秋 等，2013)。由于主成分分析(Principal Component Analysis，PCA)是把原来多个波段中的有用信息集中到数目尽可能少的几个波段当中，并使新组成的图像中的波段之间互不相关，通过减少信息量的传输，以达到综合信息、消除信息"冗余"的效果。因此，为提取主要的参数指标，减少地表温度中的其他干扰信息，将LST、植被覆盖度以及卷云波段进行主成分分析，提取第一主成分信息 P_{FLC}。

不少学者通过分析植被指数、地表温度、地表反照率等参数构建特征空间，发现特征空间与土壤水分状况和地表植被覆盖有着非常密切的关系。例如，曾永年等(2006)基于NDVI和Albedo(地表反照率)构建特征空间提出沙漠化遥感监测差值指数模型；Sandholt等(2002)基于简化的植被指数——地表温度特征空间提出温度植被旱情指数。通过借鉴前人构建LST-NDVI特征空间的理念，本研究基于第一主成分 P_{FLC} 和NDVI两者之间的定量关系进行回归拟合得到回归方程，最终构建 P_{FLC}-NDVI特征空间，而该特征空间较好地结合了植被指数、地表温度和植被覆盖度等生物物理参数。

Verstraete等(1996)的研究结果表明，如果在代表荒漠化变化趋势的垂直方向上划分Albedo-NDVI特征空间，可将不同的荒漠化土地有效地区分开来，而垂线方向在Albedo-NDVI特征空间的位置可以用特征空间中简单的二元线性多项式加以表达。在总结前人研究的基础上，本研究在垂线方向 P_{FLC}-NDVI特征空间的位置上也用特征空间中简单的二元线性多项式加以表达：

$$VKPI = K \cdot NDVI - P_{FLC} \tag{5-22}$$

式中：$VKPI$ 可称为植被岩溶比重指数(Vegetation-Karst Proportion Index)，K 为特征空间中NDVI与 P_{FLC} 拟合的曲线斜率，P_{FLC} 为基于植被覆盖度、LST和卷云波段主成分分析后提取出的一个变量。

(2)数据获取与处理

于2013年2月11日成功发射的Landsat-8卫星，不仅获取的数据比较新、时效性好，而且具有11个波段，信息丰富。Landsat-8遥感数据来源于中国科学院计算机网络信息中心地理空间数据云(http://www.gscloud.cn/)，成像时间选为长河流域植被覆盖比较好的7月，由于对长河流域野外实地调查获取岩溶数据的时间也为7月，所以采用2013年7月24日的Landsat-8遥感影像数据。

对获取的Landsat-8遥感图像先进行几何校正，以1∶5万的地形图为基准，将水体和水系作为参考对象选择控制点，并使校正的总体误差(RMS)控制在一个像元之内。再对几何校正后的遥感图像分别进行辐射定标和大气校正，其目的是为将无量纲的计数值(digital number)转化为传感器接收的光谱辐射值，以及消除或减少大气分子、气溶胶的散射和吸收对地物反射率的影响。利用经过几何校正、辐射定标等一系列预处理的Landsat-8数据中的红和近红外波段计算NDVI。

根据张仁华(1996)提出的植被覆盖率与植被指数的模型计算长河流域的植被覆盖度，具体的计算公式如下：

$$F_V = (NDVI - NDVI_S)/(NDVI_V - NDVI_S) \tag{5-23}$$

式中：$NDVI_V$、$NDVI_S$ 分别为纯植被与纯土壤的植被指数；$NDVI$ 为被求的地块或像元点的植被指数。取 $NDVI_V = 0.70$ 和 $NDVI_S = 0.00$，且有当某个像元的 $NDVI$ 大于 0.70 时，F_V 取值为 1；当 $NDVI$ 小于 0.00，F_V 取值为 0。

地表温度的反演方法目前主要有：辐射传输方程法、单窗算法、单通道法等。这里采用辐射传输方程法进行地表温度的反演(覃志豪 等，2004)：

$$L_\lambda = [\varepsilon \cdot B(T_S) + (1-\varepsilon)L\downarrow] \cdot \tau + L\uparrow \tag{5-24}$$

式中：L_λ 为传感器上获得的热辐射强度，ε 为地表辐射率，$B(T_S)$为普朗克定律推导得到的黑体热辐射亮度，τ 为大气在热红外波段的透过率，$L\downarrow$ 和 $L\uparrow$ 分别是大气下行和上行的热辐射强度。由于 Landsat-8 遥感影像具有两个热红外波段，即波段 10 与波段 11，所以根据公式(5-24)分别求得两个热红外波段所反演的长河流域地表温度。

将 Landsat-8 遥感影像中获取的 F_V、卷云波段以及波段 10 和波段 11 反演的地表温度进行主成分分析，提取第一主成分 P_{FLC}，并与 NDVI 进行定量分析。通过 NDVI 与 P_{FLC} 的定量关系构建特征空间，提取植被岩溶比重指数 VKPI，利用分级阈值法将 VKPI 值进行等级分值并生成 VKPI 分级图，用于 CN 推求实验中。具体的技术流程如图 5-13 所示。

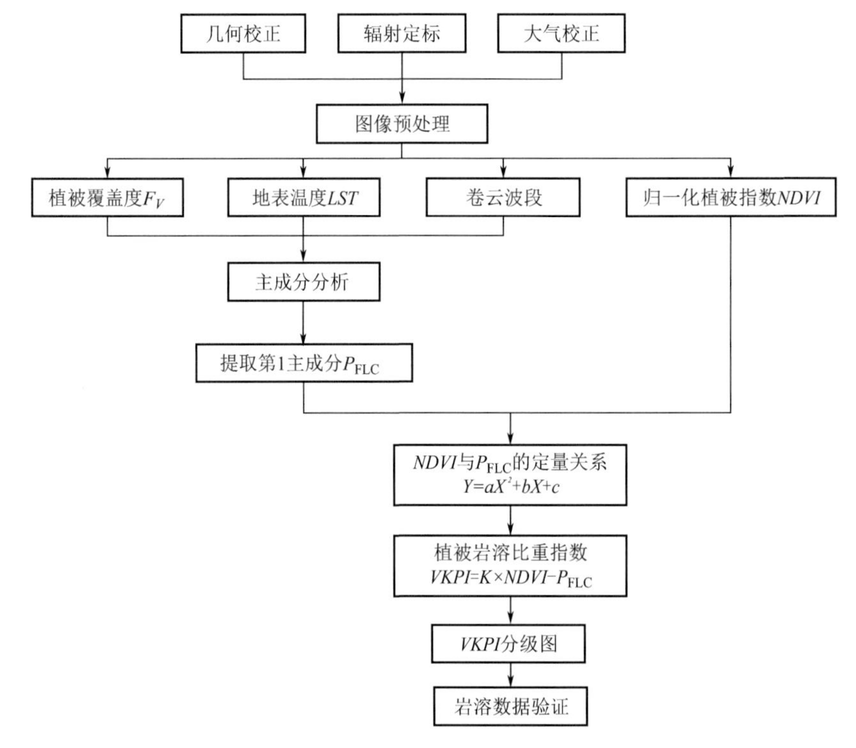

图 5-13　岩溶覆盖信息提取流程图

(3)结果与分析

① P_{FLC}-$NDVI$ 特征空间

为获取研究区不同地物 P_{FLC} 和 $NDVI$ 两者之间的定量关系，根据研究区地面岩溶发育程度及植被覆盖程度，将地面类型分成四种类型：第一种是无覆盖裸露地表(完全岩溶，标记为 C1)，第二种是有芒草类草本植被覆盖的石群(较多岩溶，标记为 C2)，第三种是有草丛和灌丛覆盖的岩溶地表(较少岩溶，标记为 C3)，第四种是完全植被覆盖(没有岩溶，标记为 C4)。然后在 P_{FLC} 和 $NDVI$ 图像上分别选取上述 4 种地面类型所对应的 4 组数据，共 184 个数据对，制作散点图(图 5-14)，该散点图回归拟合得到的二元多项式回归方程为：

$$P_{FLC}=1.1244\times NDVI^2+0.3328\times NDVI-0.6067 \quad R^2=0.7892 \tag{5-25}$$

结果表明，在 P_{FLC}-$NDVI$ 特征空间中(图 5-14)P_{FLC} 与 $NDVI$ 整体上存在较好的相关性，其 P_{FLC}-$NDVI$ 特征曲线呈抛物线关系。

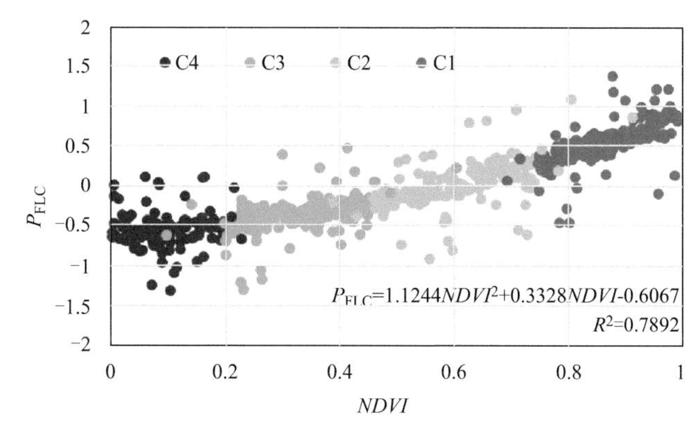

图 5-14　P_{FLC}-$NDVI$ 特征空间

② VKPI 指数的反演

基于 P_{FLC} 和 $NDVI$ 之间的定量关系，利用 P_{FLC}-$NDVI$ 特征空间中简单的二元多项式求得植被岩溶比重指数 $VKPI$：

$$VKPI=0.3362\times NDVI-P_{FKC} \tag{5-26}$$

根据式(5-26)得到植被岩溶比重指数反演结果，图 5-15 显示了研究区横港河流域的 VKPI 分布，其值分布在－0.37～0.53。考虑到物理意义，实际取值为 0.00～0.53。理论上 VKPI 值越大，应表明植被与岩溶的比例越小，地表岩溶发育及出露越明显。

③ 结果验证

为了验证反演 $VKPI$ 值的有效性，在研究区选取了不同地表特征的 12 个采样点，采样点的大小与 $VKPI$ 栅格计算大小一致，为 30 m×30 m 见方，并估算植被覆盖面积/岩溶地表面积比(%)，在采样点中心位置用 GPS 定位。用获取的采样点经纬度坐标在 ArcGIS 软件中提取采样点的 $VKPI$ 值。各采样点的地表特征、植被覆盖面积/岩溶地表面积比和 $VKPI$ 值见表 5-3。

表 5-3　研究区采样点地表覆盖特征、植被覆盖面积/岩溶地表面积比与 ***VKPI*** 值

样点序号	经度	纬度	地表特征	植被覆盖面积与岩溶地表面积比(%)	*VKPI* 值
1	115.44515°E	29.52192°N	峰丛	12.65	0.46
2	115.44642°E	29.52108°N	芒草类覆盖	28.63	0.36
3	115.44863°E	29.52105°N	灌丛覆盖	55.68	0.15
4	115.44703°E	29.52188°N	草丛覆盖	46.32	0.25
5	115.44702°E	29.52195°N	芒草类覆盖	31.45	0.38

续表

样点序号	经度	纬度	地表特征	植被覆盖面积与岩溶地表面积比(%)	*VKPI* 值
6	115.44863°E	29.52153°N	灌丛覆盖	62.34	0.31
7	115.44963°E	29.52177°N	石群	1.52	0.51
8	115.43551°E	29.52302°N	牙丛	6.87	0.48
9	115.43505°E	29.52277°N	牙丛	20.68	0.35
10	115.46667°E	29.52603°N	草丛覆盖	34.57	0.18
11	115.47195°E	29.53713°N	芒草类覆盖	30.27	0.32
12	115.47688°E	29.52592°N	灌丛覆盖	76.21	0.02

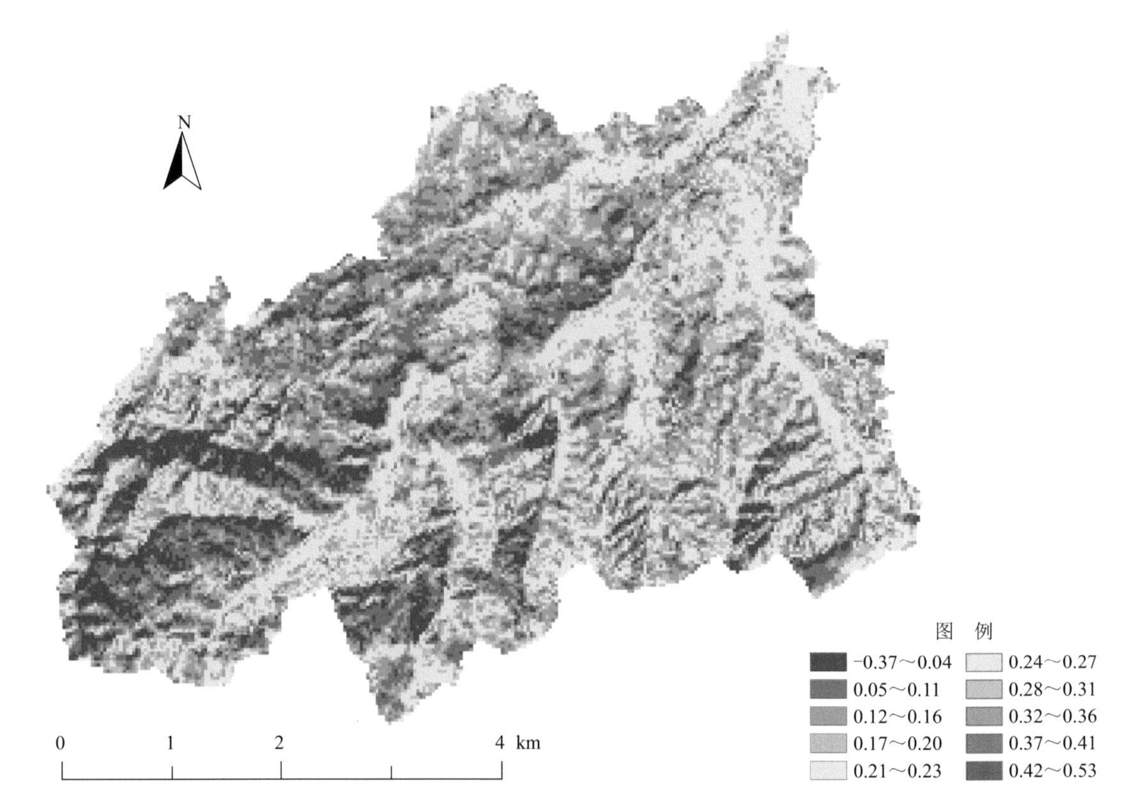

图 5-15 反演的研究区横港河流域的 *VKPI* 指数

图 5-16 为采样点植被覆盖面积/岩溶地表面积比(%)与 *VKPI* 值的散点图。从图可以看出，两者呈负的线性关系，其 R^2 为 0.7747，达到极显著水平。说明反演的 *VKPI* 值在一定程度上能够反映地表的植被覆盖与岩溶出露的比例关系。但也应该注意到，在 VKPI 反演过程中用到了 Landsat-8 的两个热红外波段，也即考虑了地表温度，这为区分裸露的土壤与裸露的岩溶地表提供了一定的理论依据。然而，实际上裸露的土壤与裸露的岩溶地表在温度上可能存在的差异不大，或者 Landsat-8 的两个热红外波段无法有效区分裸露的土壤与裸露的岩溶地表在温度上可能存在的差异，这些情况都将导致反演的 VKPI 值与实际情况不符。

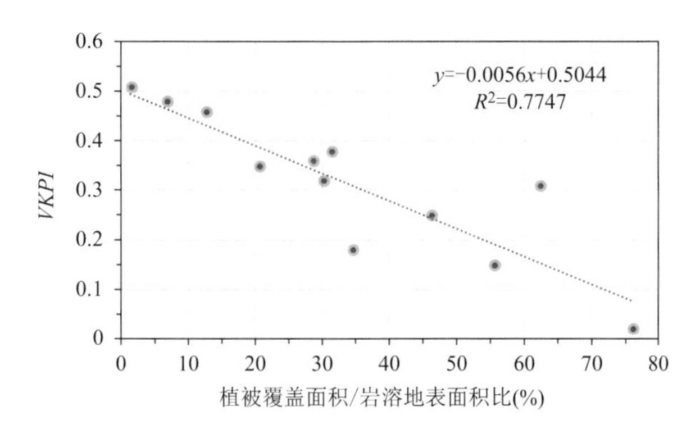

图 5-16　反演的 VKPI 值有效性验证

(4)主要结论

本研究采用 2013 年 7 月 24 日的 Landsat-8 遥感数据，获取 *NDVI*、F_V、*LST* 以及卷云波段，基于 F_V、*LST* 以及卷云波段提取第一主成分 P_{FLC}，并构建 P_{FLC}-*NDVI* 特征空间。在此基础上，提出能够反映研究区岩溶覆盖信息的植被岩溶比重指数(*VKPI*)，反演结果表明：

①结合了地表温度、植被覆盖度等生物物理参数构建的 P_{FLC}-*NDVI* 特征空间，其特征空间中 P_{FLC} 与 *NDVI* 呈现一定的相关性，其相关系数为 0.7892；

②*VKPI* 与传统的植被指数相比，能较好地反映地表岩溶发育及植被覆盖信息并与其他地物区分开来。但也存在一些不足之处，如提取岩溶流域岩溶覆盖信息时，需要考虑地物类型的多样性，不仅需要考虑岩溶与地表温度、植被覆盖度等存在相关性，而且与岩性、岩溶结构等有关。

5.3.2.2　典型覆盖型岩溶地貌下地表径流曲线数(CN)的初步试验与分析

南方亚热带岩溶的突出特征是地表有不同程度的植被覆盖，这些地表覆盖与岩溶的非均匀含水系统地质构造构成了岩溶流域的特殊水文系统，对岩溶流域的水文过程带来重要影响，对径流曲线数(CN)的影响就是其中之一。由于 SWAT 模型对地表产流的计算是通过 SCS-CN 径流曲线模型来进行的，因此对研究区进行 CN 的试验研究具有重要的意义。

SCS-CN 径流曲线模型由美国水土保持局提出，是基于场降雨事件预测地表径流常用的水文模型之一。由于其模型结构简单、计算精度高，目前已经成为广泛应用的地表径流模型。作为一个定量化指标，CN 值是 SCS-CN 模型中的一个重要的参数，反映了产流、汇流受流域下垫面条件影响的程度。在研究过程中，可以用一组曲线数去描述 CN 值，所以 CN 值通常又叫径流曲线数。土壤类型、土地覆被透水性、前期土壤含水量以及土地覆被类型是影响 CN 值的主要因素。

常规地貌下的地表径流曲线数模型在国内外已有大量的研究，例如，Bhuyan 等(2003)根据研究区前 5 d 的降雨量判断土壤湿润状况对 CN 值进行了修订；Walega 等(2015)利用 SCS-CN 方法，评估具有不同土地利用特征的集水区的径流量，集水区位于以林地覆盖为主的山区，计算采用 SCS-CN 法，包括将集水区分成两个均匀部分并确定径流量，将所得结果与其他三种 CN 测定方法(Hawkins 函数、动力学方程和互补误差函数峰)进行了比较，利用上述方法对经验 CN 降水(CNemp-P)数据对进行了分析。国外学者在小流域尺度上下垫面的研究中根据不同流域的自然条件，依据查表法确定CN值，这种确定方法提高了小流域尺度上CN值估算结果的精度。

我国学者主要是在运用SCS模型的基础上，对不同研究区域进行案例分析，根据不同区域的情况，进行模型和参数的修正，然后利用CN值查表法和CN值计算公式反推的方法确定研究区域的CN值。例如，房孝铎等(2007)以密云石匣径流试验小区为例，根据实测资料对模型的前期损失量和CN值进行修正，得出了研究区的CN值范围；张钰娴(2008)、王英等(2008)利用观测资料在SCS-CN模型查找表的基础上，通过优化初损率、引入降雨强度修正函数两个步骤的处理，确定黄土高原小流域的CN值；周翠宁等(2008)在北京市温榆河流域应用SCS模型，对该流域降雨、径流过程进行模拟，确定了研究区CN值矩阵；余进祥等(2010)通过野外地表径流监测试验获取的鄱阳湖流域不同下垫面条件下的降雨径流数据，估算不同土壤条件下CN值，在此基础上分析不同下垫面条件对CN值的影响；徐秋宁等(2002)对陕北、渭北多个典型小型集水区降雨径流量进行了分析与计算，还分析了模型参数与陕北、渭北土壤分区特征的关系，确定了陕北渭北不同分区的CN值；王红艳(2016)引进前期降雨指数以表征降雨开始前的土壤含水量，以位于晋西黄土高原山西省吉县的清水河流域和蔡家川的3个典型小流域为研究对象，利用场降水径流观测数据，采用标准的SCS-CN模型及其8种基于标准SCS-CN改进的模型估算场降水径流，探讨了采用径流曲线数模型(SCS-CN)估算黄土高原流域地表径流的改进。

利用公式反推的方法计算小流域尺度的CN值同样得到了大量的应用。例如，符素华等(2002)以北京山区为研究区，利用坡面径流小区的降雨径流数据通过多种方法反推研究区的CN值，并对各种方法进行了比较；张秀英等(2003)以定西安家沟流域为例，利用反推的方法估算研究区的CN值，然后对研究区CN值、坡度和降水量的关系进行了统计学角度的线性相关分析；李常斌(2006)以甘肃安家沟流域为研究区，利用径流场数据，在SCS-CN模型中利用反推的方法估算了研究区的CN值。

由于地形、地貌、地质、土壤和植被条件的不同，岩溶地区和非岩溶地区的地表产流过程存在一定的差异。在岩溶地区，径流不仅受降雨量、降雨强度和下渗能力的影响，还受下垫面及岩溶发育的影响。近年来，我国学者开始应用SCS-CN模型对岩溶地区的产流机制进行研究，并取得了一些成果。例如，吴月霞等(2007)选择SCS径流曲线模型估算岩溶地表产流，按照SCS提供的水文土壤植被组合的径流曲线值表确定研究区的CN值；韩培丽等(2012)分析了西南岩溶地区降水径流特征，在对模型参数和CN值表格进行修正的基础上，确定了研究区的CN值。由于岩溶地表的特殊性，CN值在岩溶地区的确定方法目前研究还较少，有待进一步根据岩溶下垫面条件确定岩溶地表的CN值，提高SCS-CN模型在岩溶地表的适应性。

为了应用SWAT模型进行岩溶流域的非点源研究，修正SWAT模型原有的水文循环过程及相关算法，对研究区的地表径流水文曲线数(CN)开展实地试验研究是其主要基础。本研究以江西省长河流域为研究区(横港河流域为长河流域的一个子流域。长河位于江西省西北部的瑞昌市，是瑞昌市境内最大的河流，也是长江的一条支流，古称“瀼溪”，上游可分别划分为南支和北支，前者为横港河，后者为北支乌石河，两者在满林头相交汇合后向东北方向流入，流经邓家埠到罗湖洲高家港，最后向东汇入赛湖进长江。长河流域位于115°9′6″～116°0′1″E，29°26′29″～29°48′34″N，集水面积约为3004.9 km^2)，利用Landsat-8遥感数据提取植被指数、植被覆盖度、地表温度和卷云波段构建特征空间，进而估算研究区的植被岩溶比重指数(VKPI)(见本书5.3.2.1节)。根据VKPI指数在GIS下进行重分类，得出了长河流域4种不同覆盖程度的岩溶地表分布状况；同时在岩溶地表监测点进行岩溶地表径流监测试验，计算出了监测点的CN值，最后运用GIS空间分析技术推算出整个研究区不同覆盖类型岩溶地表的CN值。

(1)研究思路与方法

由于长河流域岩溶地表的特殊性，利用传统的SCS-CN模型查表法很难准确推算出研究区岩溶地表的径流曲线数CN值，而把遥感数据和实地监测数据进行结合，使径流曲线数CN值的研究在不同时空尺度上和适应性方面得到了加强。具体思路与方法如下。

①基本思路。对研究区进行野外考察，利用GPS进行定位取点，获取不同覆盖类型典型岩溶地表信息。并对整个研究区岩溶地表的覆盖情况和分布情况进行基本了解；根据VKPI指数在GIS下进行重分类，得出了长河流域4种不同覆盖程度的岩溶地表分布状况，作为推求整个研究区不同覆盖类型岩溶地表CN值的依据；通过地表径流监测试验获取研究区的降水径流资料，利用SCS-CN模型中CN值的计算公式推算出监测点的CN值。在此基础上，在GIS技术的支持下依据研究区不同覆盖类型岩溶地表分布图推算长河流域岩溶地表的CN值。

图5-17为该研究思路和方法下的技术路线图。

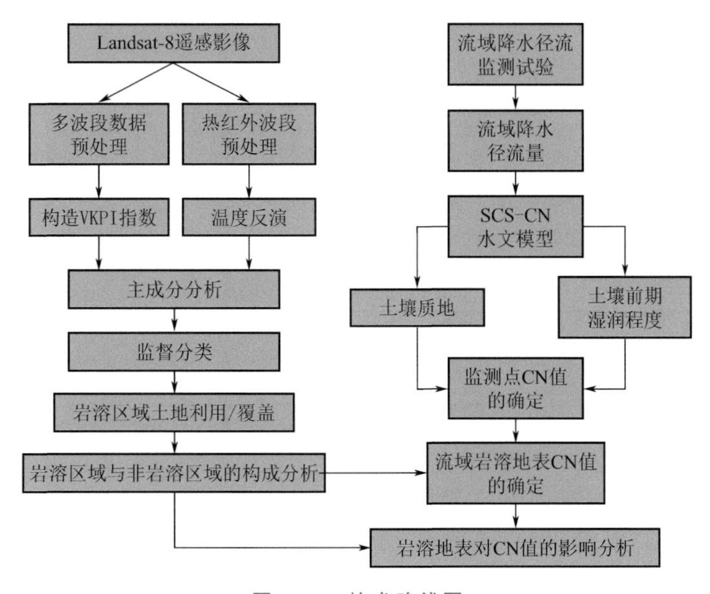

图5-17 技术路线图

② 利用SCS模型的产流公式反推CN值的方法。SCS-CN模型中将土壤类型划分为A(透水)、B(较透水)、C(较不透水)、D(不透水)4类水文土壤组(Hydrologic Soil Group，HSG)，本研究中分别对应下述的C1、C2、C3和C4地表覆盖类型。美国农业部水土保持局考虑AMC对径流的影响，引入前期降水指数API(Antecedent Precipitation Index)确定前期土壤湿度，分为AMCⅠ(干旱)、AMCⅡ(正常)、AMCⅢ(湿润)三种等级，分别对应CN_1、CN_2和CN_3。处于干燥(AMCⅠ)及湿润(AMCⅢ)状态下的CN值，可以通过下列公式进行校正(Mishra et al.，2008)，由此可以得到不同土壤湿度状态的CN值。

$$\text{AMC I}: CN_1 = CN_2 - \frac{20(100 - CN_2)}{100 - CN_2 + e^{2.533 - 0.0636(100 - CN_2)}} \tag{5-27}$$

$$AMC\text{III}: CN_3 = CN_2 \times e^{0.00673(100 - CN_2)} \tag{5-28}$$

CN 的反推公式为：

$$S = 5\left[P + 2Q - (4Q^2 + 5PQ)^{\frac{1}{2}}\right] \tag{5-29}$$

$$CN = 25400/(254 + S) \tag{5-30}$$

式中：S 为最大入渗量(mm)，P 为降雨量(mm)，Q 为径流深(mm)。

(2)数据获取与处理

① VKPI 结果的重分类

地面坡度和地表覆盖对岩溶地表的径流入渗有着重要的影响。研究区位于江西省瑞昌市横岗镇溶洞群附近，该区是我国中部地区典型的岩溶分布区。根据研究区岩溶与植被覆盖程度，将其地表岩溶特征分为 4 种：第一种是无覆盖裸露地表(完全岩溶，C1)，第二种是有芒草类草本植被覆盖的石群(较多岩溶，C2)，第三种是有草丛和灌丛覆盖的岩溶地表(较少岩溶，C3)，第四种是完全植被覆盖(没有岩溶，C4)，以推求整个研究区不同覆盖类型岩溶地表的 CN 值。

为此，将研究区 VKPI 的反演结果按照表 5-4 进行重分类，所得结果用于推求整个研究区不同覆盖类型岩溶地表的 CN 值。

表 5-4 VKPI 重分类标准

序号	地表特征	VKPI 值范围
1	无覆盖的裸露地表，完全岩溶	0.42～0.53
2	有芒草类草本植被覆盖的石群，岩溶出露较多	0.25～0.41
3	有草丛和灌丛覆盖的岩溶地表，岩溶出露较少	0.11～0.24
4	基本被植被覆盖，岩溶出露很少	0.00～0.10

② 地表径流及降雨量数据的获取

在研究区 2 km^2 范围内的典型岩溶地貌下，选取完全岩溶、较多岩溶、较少岩溶和没有岩溶等 4 种类型、4 种坡度的试验样区(图 5-18)。由于试验区地形及覆盖类型复杂，极难选择及建立规则的地表径流试验样区。为此，建立了 4 个面积为 1.0～4.0 m^2 的地表径流试验样区(表 5-5)。在试验内架设 WatchDog 自动气象站一台(图 5-19)，用于监测降雨量。每个试验样区就地取材，选取高黏性泥土作为基本材料，依地形地势将材料堆砌成正方形区域，

(a) 完全岩溶

(b) 较多岩溶

(c) 较少岩溶

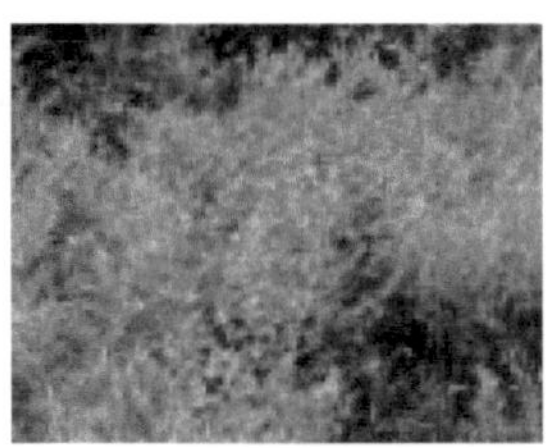
(d) 没有岩溶

图 5-18 试验样区的 4 种地表覆盖

喷注单组分聚氨酯泡沫填缝剂，填充形成 10 cm 高的不透水墙面，在地势较低的地方装入径流收集软管，形成试验用的径流池，每个径流池由抽排池、排水槽、径流收集管、2000 mL 的量杯、50 mL 的量筒等设施与器材构成。降雨量和径流监测共进行了 2 次，时间分别为 2013 年 11 月 12 日和 2014 年 5 月 10 日，每次监测时长 8 h，测量时长为 1 h。各试验样区的基本地势、覆盖类型和土层厚度见表 5-5。前期土壤湿度情况分三种，具体见表 5-6。

表 5-5　试验样区的基本情况

监测点位	位置	坡度(°)	土层厚度(cm)	地表覆盖类型
RCS01	115.446°E,29.5215°S	5	15	较少岩溶
RCS02	115.445°E,29.5211°S	60	5	较多岩溶
RCS03	115.448°E,29.5219°S	45	20	没有岩溶
RCS04	115.449°E,29.5315°S	15	0	完全岩溶

表 5-6　实验区前期土壤湿度类型

土壤湿度类型(AMC)		Ⅰ	Ⅱ	Ⅲ
前 5 d 降水量(mm)	生长期	＜30	30～50	＞50
	休闲期	＜15	15～30	＞30

图 5-19　实验区架设的 WatchDog 自动气象站

(3)结果与分析

由每个试验样区的实验数据，并根据 SCS-CN 方程，估算了每个试验样区的 CN 值，得到了岩溶区域不同类型的初步 CN_2 值。由于降雨试验前期研究区降雨正常，土壤前期湿度既不干旱也不湿润，属于 AMCⅡ的正常状态。因此，由式(5-29)和(5-30)反推出来的 CN

值属于 CN_2，其他前期土壤湿度条件下的 CN_1（干旱）和 CN_3（湿润）则采用式(5-27)和式(5-28)进行校正得到(表 5-7)。这为下一步估算研究区不同岩溶土地利用/覆盖、地形坡度和土壤属性的 CN 值提供了基础。

表 5-7 试验样区初步得出的 CN 值

试验样区类型	CN_1(AMCⅠ)	CN_2(AMCⅡ)	CN_3(AMCⅢ)
完全裸露,C1	76	89	96
裸露较多,C2	73	87	94
裸露较少,C3	67	83	93
完全植被覆盖,C4	61	78	90

(4)主要结论

地面坡度和地表覆盖对岩溶地表的径流入渗有着重要的影响，本研究为了获得研究区岩溶地貌下地表径流曲线数(CN)的第一手资料，在对研究区岩溶地表的分类基础上，通过地表径流监测试验，获取了研究区的降水和地表径流资料。并在此基础上，通过 SCS-CN 模型的基本原理，利用反推法计算出了地表径流试验样区正常状态的 CN_2 值，并在此基础上通过校正算法获得了其他两种状态的 CN 值(即 CN_1 和 CN_2)。为进一步获取整个研究区的 CN 空间分布提供了基础。

5.3.2.3 基于 DEM 和遥感影像提取的线性体推求岩溶流域地表及地下水流向的研究

大型溶洞和地下暗河的水流方向比较容易获取，但岩溶内部的小型裂隙数量多，且水流方向存在诸多不确定性。现有的地形数据(DEM)在 SWAT 模型内难以提取岩溶流域地表水流方向的细节，而岩溶流域内地表复杂，裂隙、洞穴迂回曲折，纵横交错，致使降水迅速渗漏到地下，另外降水及其形成的地表径流可以通过垂直管道迅速灌入地下河系，从而改变了水及其所携带的非点源污染物质在垂直与水平方向的传输速度与数量。因此，摸清研究区岩溶地表水流方向细节及地下水大致流向，对于 SWAT 模型的修正和模拟具有重要意义。

区域的地质构造状况不仅会使地表的形态发生变化，而且也使地形的基本参数(如海拔高程、坡度等)以及水系的形态等发生变化(张欣欣，2015)。断裂带、断层等地质构造在水文地质中具有重要的作用，控制着地下流体的运动方向和空间分布。它们均属于地质当中的薄弱区，受溶蚀等因素的影响会使得线状地貌表现出线性构造。

遥感影像信息中包含了众多线状和深部构造等地质专题信息，如线状结构、地层界线、环状结构、地质体界线等，其发育完全区通常反映了一个地区地质构造最基本的格局，其定向偏差反映局部构造异常，范围比较大且连续性比较强的线性体通常能直接通过地表来反映深层次下的地质结构(李琳，2013)。各个地貌单元直线型分界，如直线型河流颜色、色调直线型的分界、山脊和沟谷突然直线型拐弯、湖泊和地下水出露点呈线状排列等均是断裂构造的解译标志(贾三石 等，2009)。

遥感影像线性体的提取方法，早期国内外已有学者开始研究，从目视解译到计算机辅助的半自动提取，再到目前发展的自动化提取算法，均取得了不少成果。国外线性体研究起步比较早，例如，Argialas等(2004)基于遥感影像、地形图和DEM数据，利用Laplacia、Roberts、Sobel、Canny等边缘检测方法和Hough变换等边缘线段连接技术的方法提取线性的构造信息；Manuel等(2006)基于数字高程模型数据，通过对地形参数的量化，从数字地形模型中提取斜率、轮廓曲率和阴影地形图，最终获取线性体；Nyborg等(2007)基于0.25 m分辨率的LiDAR DEM，运用滤波技术自动解译研究区的线性体；Tam等(2011)以岩溶流域为研究区，从遥感图像数据中获取断裂构造带的走势、地表径流的流向，研究发现二者与地下径流流向存在明显的相关性；Mallast等(2011)和Siebert等(2014)基于30 m的DEM及遥感数据利用线性滤波、PCI算法解译线性体的构造信息，获取了死海西部集水盆地的线性体，并依据线性体判别研究区地下水的流向。

相比于国外，国内在这方面的研究开展得比较晚。在方法探讨方面，王润生(1995)采用五步数字卷积滤波法，应用梯度阈值法的原理交互式提取遥感线性体，并提出了基于灰度变化的边缘检测法；赵书河等(1999)提出了应用遥感影像纹理特征提取线性体的马尔柯夫随机场模型；卜佳俊等(2003)提出了一种可参数化的快速直线提取算法。而在遥感应用方面，万余庆等(2000)通过Radarsat SAR图像与TM图像的融合，从图像中解译与水位地质有关的信息进行遥感地下水研究；叶叔华等(2007)提出了结合合成孔径雷达、全球定位系统和卫星重力技术三者的空间对地观测技术进行地下水监测与预测的新方法；邓正栋等(2013)从与地下水的储存空间相关的水文地质条件着手，对地下水储存空间、补给条件进行分析探讨，确定地层岩性、裂缝密度、地形坡度、地貌类型为地下水富集条件评估的重要指标，提出了地下水的遥感评价指标。

本研究针对岩溶地表水流方向细节及地下水大致流向等问题，利用遥感影像和DEM资料，结合流域水文地质数据、土地利用分类数据、野外采集的研究区岩溶地表特征数据，尝试采用多元信息结合提取岩溶地表、地下水流向信息，以更好地利用SWAT开展岩溶流域非点源污染的形成与传输机理的研究。由于横港小流域集水面积只有27.63 km^2，为了更好地利用遥感影像和DEM资料所蕴含的地质线性体信息，提取和判断岩溶地表水流方向细节及地下水大致流向，在实际研究中，将研究区扩展到更大的范围，即横港小流域所在的长河流域。江西省岩溶分布具有“三带”和“三块”的特征，瑞昌-彭泽发育带是其中的“三带”之一。

(1)研究思路与方法

由于岩溶流域碳酸盐岩的岩性硬脆，致使岩溶流域的谷地或洼地的范围大小与构造线性体的长短、数目呈明显的线性正相关，也即岩溶流域地质构造的线性体长度越长、线段之间彼此交叉处越多，谷地或洼地的范围也就越大。岩溶流域断裂与节理的地表特征表现在遥感图像上其纹理呈光滑线性群的平行分布状态，不同方向的联合相互交错，形成了一个格子状的纹理结构；在溶蚀作用下，这些地质构造断裂带和节理大多是为溶于沟或槽中，与周围其他地物的色调和光谱特征有明显的差异。因此，可利用遥感数据获取的线性体以及地表径流和变化信息，根据线性体的走势、密度差异等特征，推求地下水的分布、流向等信息。

常规线性体的提取主要是单独基于遥感影像或DEM高程数据进行获取，而单独利用遥感影像提取的线性体具有较高定位精度，但不能保证线性特征和地质构造相关；单独使用DEM获取的线性体能较好地反映区域的地形地貌特性，却又容易出现边缘处点的定位精度低且难以衔接的现象。因此，本研究将两种方法相结合，以更好地提取岩溶地表、地下水流向信息。具体方法如下：

① 运用DEM数据，通过中值滤波、边缘检测、二值化、矢量化提取研究区的线性体，结合水文图剔除河流的线性体；

② 运用Landsat-8遥感影像对研究区进行高斯滤波、边缘检测、二值化、矢量化提取线性体，并结合土地利用分类图，剔除道路、居民地等地物的线性体；

③ 结合DEM和遥感影像的线性体，以DEM线性体为主，遥感影像线性体为辅，利用野外获取的数据对研究区的地下水流向进行验证。

具体的技术路线如图5-20所示。

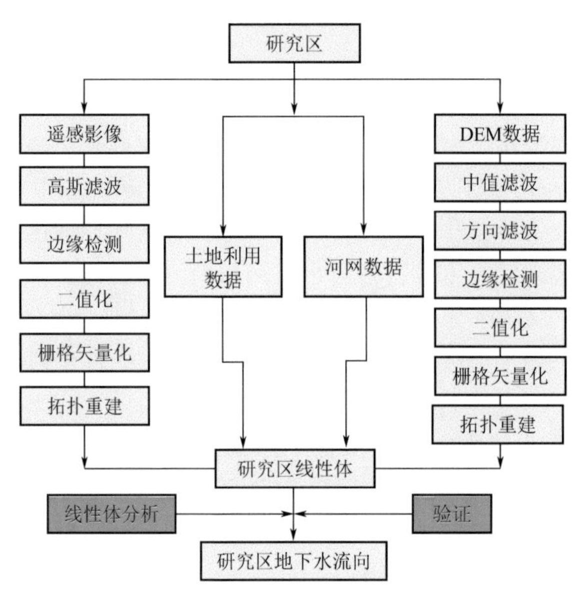

图5-20 技术流程图

(2)数据获取与处理

① DEM数据。所用DEM数据来自中国科学院计算机网络信息中心地理空间数据云(http://www.gscloud.cn/)，其数据源为美国国家航空航天局的新一代观测卫星Terra获取的ASTER GDEM高程数据，即先进星载热发射和反射辐射仪全球数字高程模型，是在近红外波段的垂直向下成像传感器和后视成像传感器获取的立体像对基础上，生成的DEM数据，其空间分辨率为30 m，投影坐标为UTM/WGS84。目前共有2版，第一版(V1)于2009年公布，第二版(V2)于2011年10月公布。V1版本数据存在一定缺陷，在一定程度上影响数据的准确性，而V2版本数据质量相对较好。本研究所用数据为V2版本数据。

② 遥感数据。所用数据来自于中国科学院计算机网络信息中心地理空间数据云(http://www.gscloud.cn/)，其数据源为美国国家航空航天局于2013年2月11日成功发射的美国陆地卫星Landsat-8，该卫星搭载运行性陆地成像仪(Operational Land Image，OLI)和热红外传感器(Thermal Infrared Sensor)，与Landsat-7 ETM＋数据相比，Landsat-8的OLI总共有9个波段，不仅包括了ETM＋的所有波段，而且还新增了两个波段，即蓝色波段和卷云波段，OLI数据产品的量化范围为16位；两个新增的波段所对应的

波长分别为0.433～0.453 μm和1.360～1.390 μm，蓝色波段主要应用于沿海地区气溶胶的观测，而短波红外则利用检测水汽的吸收强弱程度以进行对云的检测。OLI数据的光谱具有覆盖范围较广的特点，尤其第7波段对于岩石矿物反映敏感，适合于地质行业对岩性、构造等的解译。另外，其30 m的多光谱数据和15 m的全色数据融合后可以达到中等分辨率影像的效果。

所用数据的成像时间为2013年7月24日，其条带号为122，行编号为39。对该影像数据进行必要的预处理，包括辐射定标、几何校正和大气校正。其中辐射定标是从遥感影像元数据文件中获取成像日期、定标参数等相关参数后，借助ENVI的辐射定标工具得以完成；几何校正以1∶5万的地形图为基准，结合水体和水系为参考对象选择控制点进行几何精校正，使校正后的整体误差控制在一个像元范围内；大气校正采用ENVI提供的FLAASH方法进行。

③ 土地利用/覆盖数据。本研究采用了Landsat-8的数据作为遥感数据源，选用了2013年8月9日、2014年10月15日和2015年1月3日3景OLI运行性陆地成像仪的遥感数据。结合Google Earth上的IKONOS 1 m分辨率遥感影像数据，通过目视解译方法对横港河小流域的土地利用/覆盖进行遥感解译，并对解译结果进行了多次调研并验证。详见本书5.3.1节。

④ 野外实地调查数据。野外调查数据采集于2013年7月24日。通过使用手持GPS仪器的形式对主要溶洞点的坐标数据进行了采集，并借助实地调查和洒入具有标志性物品(荧光粉)的方法，获取溶洞点的地下水流方向信息。野外实地采集的主要溶洞点包括万佛洞、消水洞、蛇狮洞、银丝洞、老社洞、下畈洞、洞下洞等。各溶洞采样点的具体坐标位置见表5-8。

表5-8 各溶洞采样点数据的坐标

样点序号	溶洞名称	纬度(°N)	经度(°E)
1	蛇狮洞	29.52228	115.446
2	老社洞	29.51978	115.4573
3	洞上洞	29.51677	115.4612
4	银丝洞	29.52105	115.4486
5	消水洞	29.52315	115.4412
6	洞下洞	29.52058	115.4701
7	万佛洞	29.54150	115.4514
8	下畈洞	29.52148	115.4606

(3)结果与分析

① DEM的线性体提取

将DEM高程数据依次进行中值滤波、方向滤波、边缘检测、二值化等处理后得研究区的DEM线性体(图5-21)，其中中值滤波采用5×5的模板作为其卷积运算的模板；为更好地提取不同方向的纹理构造信息，方向滤波选取5×5的卷积模板分别对研究区0°、45°、90°、135°共4个方向进行方向滤波，以突出南北向、北东向、北西向与东西向的线性构造信息；边缘检测采用拉普拉斯算法，其模板的尺寸为5×5，中心值为“16”，东、南、西、北 4 个方向的值都为"－1"。

图 5-21 中范围为横港河子流域所在的长河流域。图中线性体数量以西南方向多，东北方向线性体少，甚至部分区域没有线性体，这是由于长河流域的东北部地区地势比较平坦，以平原、居民地居多。基于 Landsat-8 遥感数据，采用地表温度和监督分类方法反演研究区岩溶的分布图(图 5-22)表明，岩溶主要发育于西部地区，通过对比分析两幅图发现，线性体的分布基本上位于岩溶发育地区，说明线性体与岩溶的地质构造发育存在一定的关系。

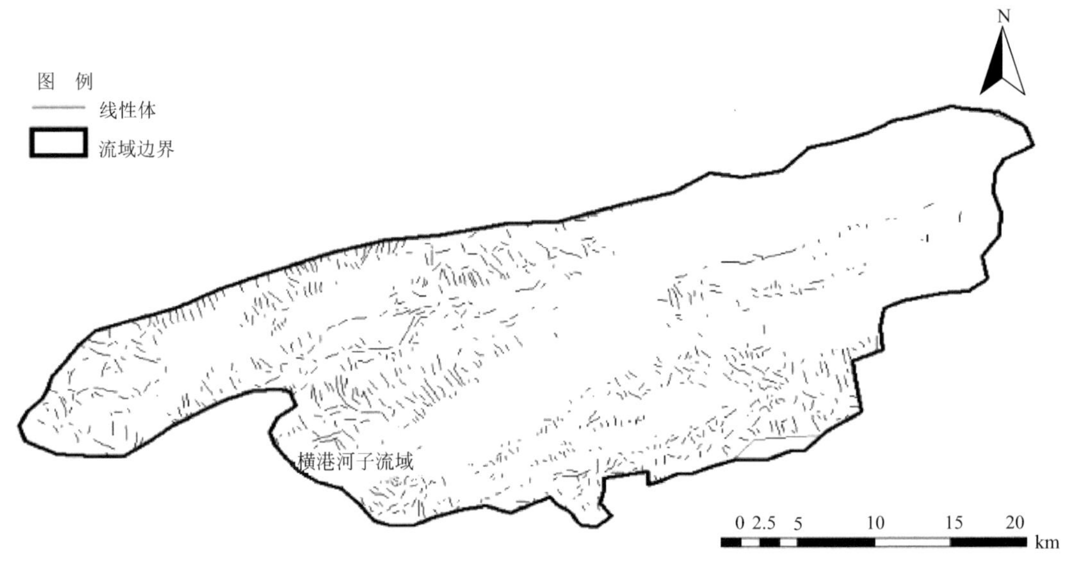

图 5-21 长河流域 DEM 线性体

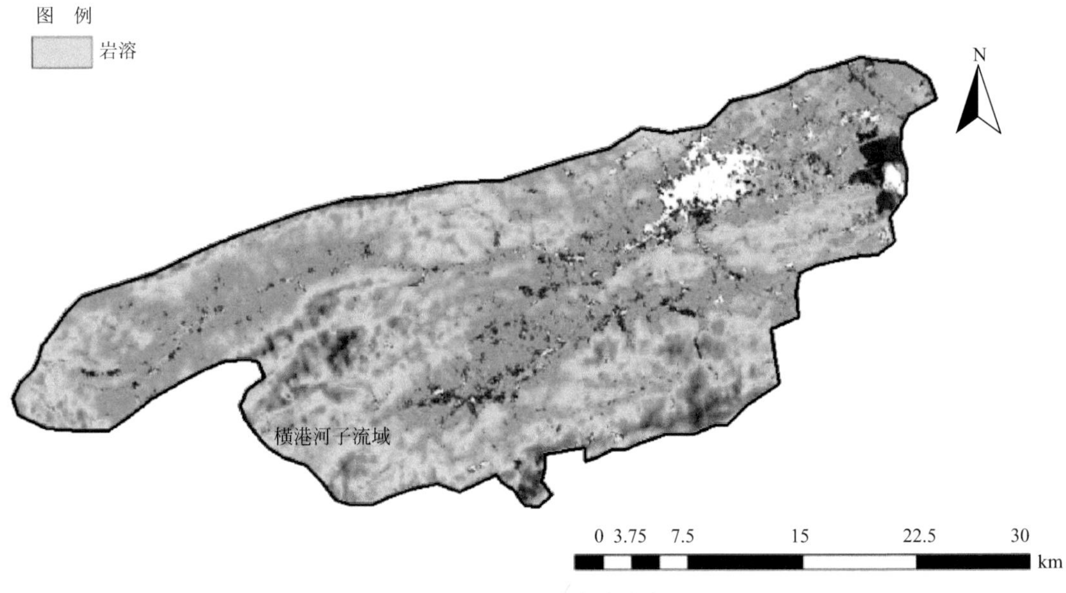

图 5-22 长河流域岩溶分布图

② 遥感影像的线性体提取

将长河流域的遥感影像依次进行高斯滤波、边缘检测、二值化、干扰剔除等处理得到该区域遥感影像的线性体(图 5-23)，其中高斯滤波处理的变换核大小为 5×5，中心值为 24，周围像元值为－1；边缘检测采用拉普拉斯算法，其模板尺寸为 5×5，中心值为“16”，东、南、西、北 4 个方向的值都为“－1”；图像二值化处理的阈值为 3500。干扰剔除主要是指从遥感影像提取的线性体中剔除与地质构造无关的线性特征，如水体、居民地、道路等地物线性信息，方法是将遥感影像提取的线性体与研究区土地利用分类数据进行匹配，并能将这些与地质无关的线性体从遥感线性体图中剔除，最终获得长河流域的遥感影像线性体。

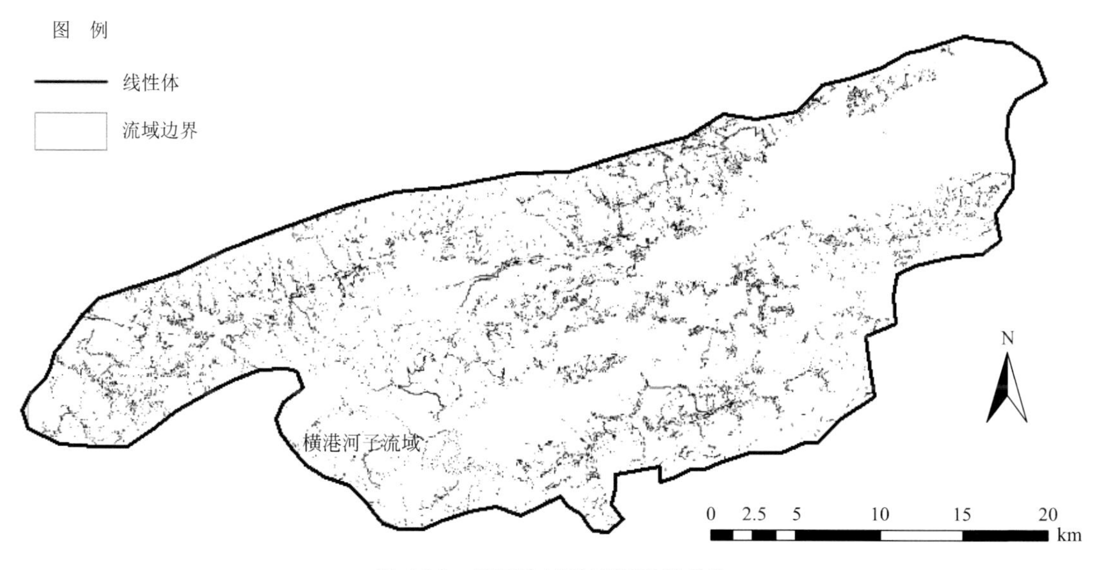

图 5-23 长河流域遥感影像线性体

③ 线性体分析

对研究区内获取的线性体进行走势分析，通过分析可以看出，线性体分布方位以西部方向为主，尤其是西南向，剩下的为东西向和南北向，这与区域主构造方向一致，说明自动提取的线性地质体有一定的可信度。

以 DEM 的线性体为主、遥感影像的线性体为辅，利用 GIS 的空间分析方法对研究区的线性体进行密度分析，得到研究区的密度分布图(图 5-24)。对比研究区的实际地质数据，可以发现线性体密度的高值区基本与区域地质构造的复杂区重叠，说明在一定程度上自动提取的线性体分布状态比较符合实际的地质情况；对比野外实地获取的岩溶数据，发现大部分岩溶位于线性体密度值比较高的区域或过渡带区，即线性体的分布具有一定的规律性。线性体密度值高的区域，其分布基本上影响区域的水系分布。

(4)验证

利用 DEM 和遥感影像获取的线性体与研究区的实际地质图进行对比分析，发现研究区线性体与实际地质断裂的分布对应关系较好，均得到了较好的解译，尤其是近东西向和北东向断裂呈现出较好的等间距特征，较好地反映了实测断裂的空间分布规律；同时东西向断裂的长度大、连续性好，北东向断裂的长度较短、连续性较差，与实际断裂比较符合。

根据提取的线性体的大致走向以及 DEM 高程数据，推求研究区的地下水的大致流向图，其结果如图5-25所示。

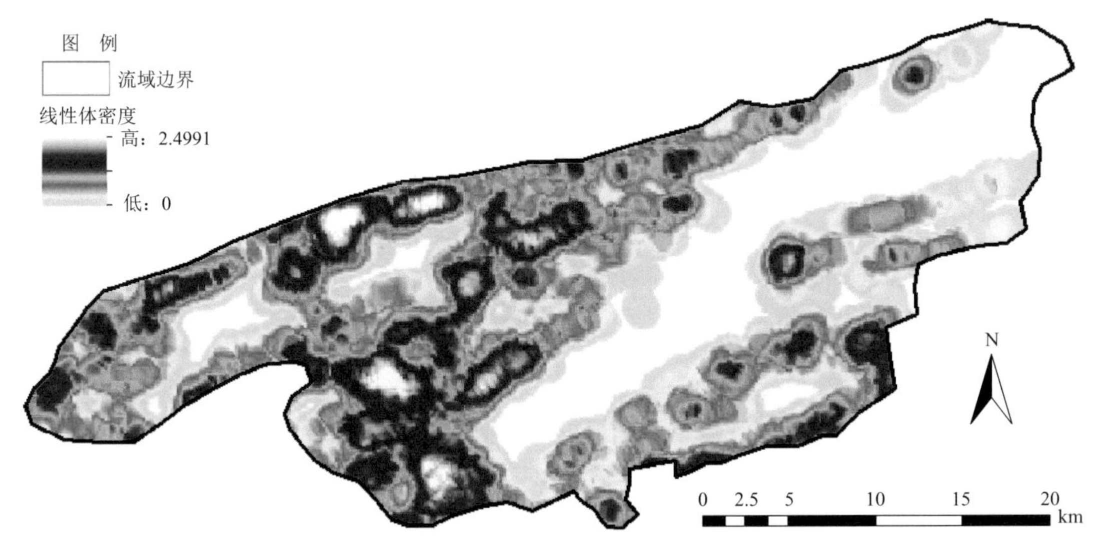

图 5-24 长河流域线性体密度图

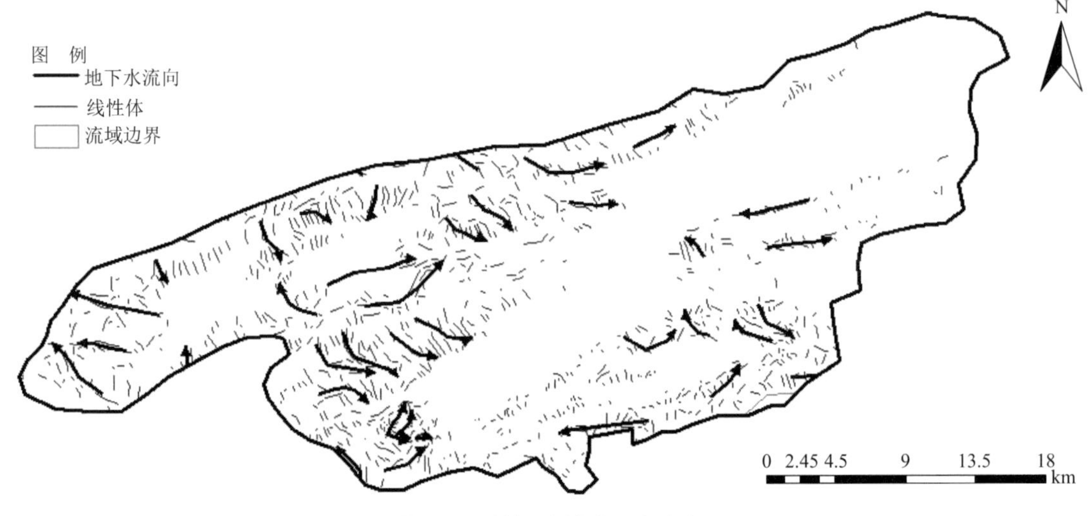

图 5-25 长河流域地下水流向

通过野外实地调查发现，长河流域地下水的流向纵横交错，地下水的河网信息比较复杂，采集的不同溶洞点的地下水流向并不全是“一对一”的流向，即不是一个溶洞的水流向另一个溶洞一一相对应的，而是呈现“一对多”的现象，即一个溶洞的地下水可同时流向其他几个溶洞，有的溶洞的地下水同时来自其他两个溶洞，例如，采样点中万佛洞的溶洞地下水除了来自老社洞外，还来自消水洞；蛇狮洞的地下水除了流向万佛洞，还流向老社洞；然而位于瑞昌市横港镇的洞上洞，因地下流水的作用相对于其他溶洞比较弱，因此，没有与其他溶洞相连。

为准确推断各个溶洞之间的地下水流向的准确性，在野外实地考察时，选取溶洞采样点中的消水洞为试验点，在水中洒入具有标志性的物品如荧光粉，随后在横港镇水库旁边的万佛洞发现之前洒的荧光粉，证实了消水洞为入水口而万佛洞为出水口的推断。除了根据洒入具有标志的物品来判别各自溶洞点地下水的流向，还根据当地具有多年经验溶洞勘探经验的工作人员提供的数据进行判别验证。将表 5-8 中野外实地调查采样获取的主要溶洞点的地理坐标以及获取的主要溶洞之间的地下水流向数据进行数字化输入，得到主要溶洞地下水流向图，见图 5-26。

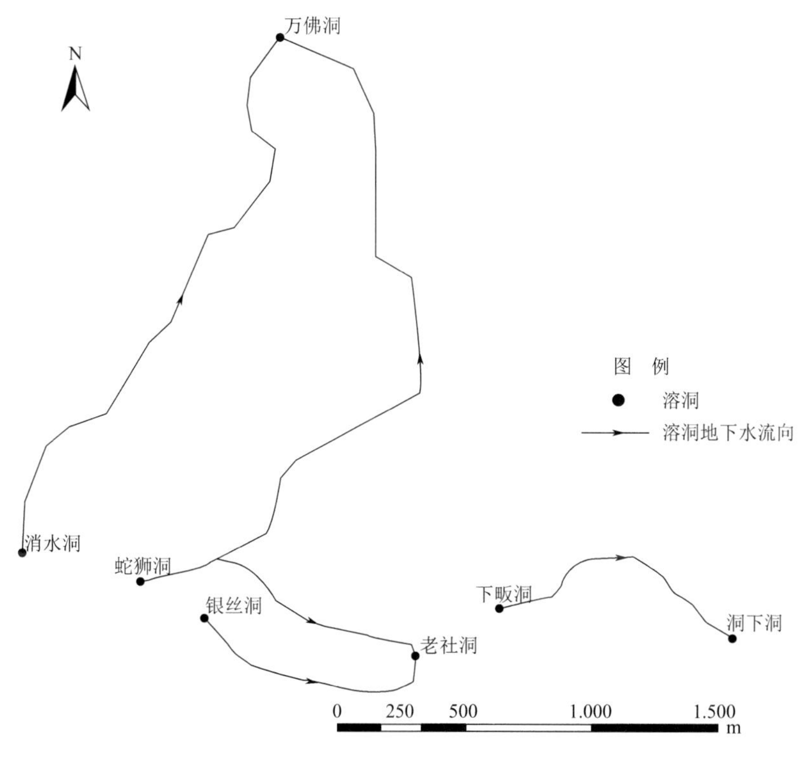

图 5-26　溶洞地下水流向

将线性体推求的长河流域地下水流向图与野外实地调查获取的岩溶地下水流向图进行叠加，得到验证图，如图 5-27 所示。通过对比分析发现，推求的线性体走势与野外实地获取的地下水流向基本上比较吻合，在一定程度上说明依据线性体的走势推求的地下水流向与野外实地获取的地下水流向较吻合。

(5)主要结论

针对岩溶地表水流方向细节及地下水大致流向等问题，利用 DEM 数据和 Landsat-8 数据获取了研究区初始的线性体信息，结合河网、土地利用等数据，将研究区道路、居民地等干扰地物的线性体进行剔除，得到 DEM 和 Landsat-8 的最终线性体信息，根据线性体的大致走向推求得到研究区地下水的大致流向，最后将野外实地获取的地下水流向数据进行验证。通过分析与讨论，得出的主要结论如下。

① 研究区西部的线性体相对比较密集，尤其是西南方向，大致可推出该区域地质构造比较复杂，与实际的地质构造数据对比基本一致，说明提取的线性体在一定程度上能较好地反映研究区的实际地质构造；通过提取的线性体密度分析，说明构造线性体密度值高的区域大部分位于研究区主构造的所在区域。

② 根据线性体的大致走势以及高程数据推求的研究区地下水流向，用野外实地获取的数据与之进行验证，可知推求的研究区地下水流向与野外实地获取的数据有较好的吻合度。

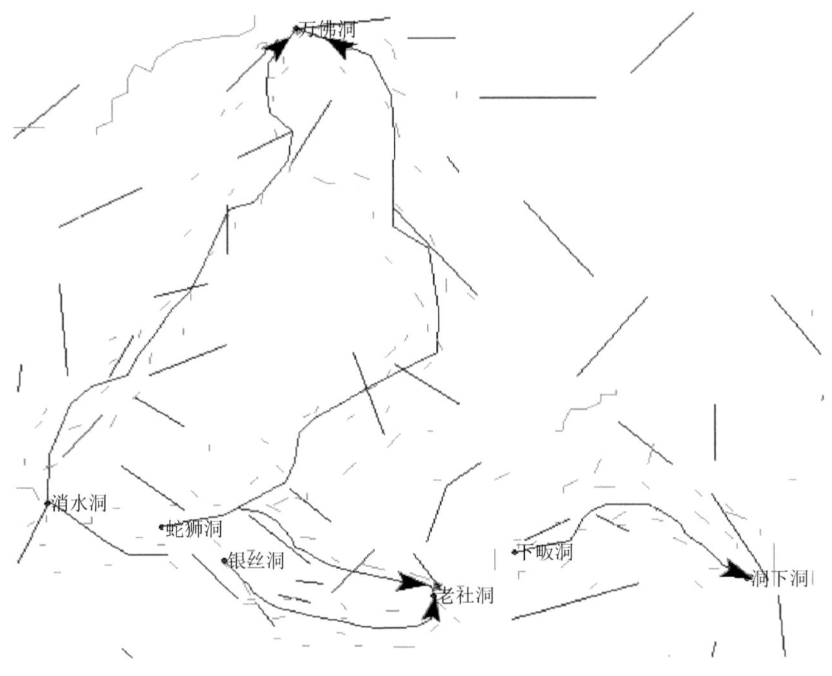

图 5-27 长河流域地下水流向验证图

5.4 模型的建立、参数率定及误差分析

5.4.1 模型建立及模拟方案

模型建立过程中，采用了汇流累积区面积为 54 hm^2 的阈值进行空间离散化，生成了 29 个子流域，并采用土地利用/覆盖、土壤、坡度比例阈值为 20：10：20 的水文响应单元(HRU)划分阈值，得到 736 个 HRUs。

模拟方案选取了 2010—2015 年作为模型预热、参数率定、验证的时间，其中 2010 年为模型的预热时间，2011—2012 年为模型参数率定时间，2013 年为模型验证时间，2014—2015 年为结果分析时期。

模型参数率定先对水文参数进行率定，率定完水文参数以后，再对营养盐负荷参数进行率定，这期间不再对水文参数进行率定。使用的模型均为原始模型。所有参数率定完成之后，模型模拟结果记为 T1，作为模型对比和结果分析的对照。然后采用控制性方法，控制所有变量保持不变，对修正模型所引入的新变量 δ_{gw_karst}(落水洞、暗河地下水滞后系数)、*sink*(落水洞水量分配系数，见表 5-2)、ξ_{hru_bafr}(落水洞 HRU 与子流域面积的比例系数，见表 5-9)和 *SS*(地下暗河的营养盐分配系数，在模拟中采用与 ξ_{hru_bafr} 相同的数值)参数进行控制性模拟和敏感性试验，对地下暗河所涉及的水文响应单元中土壤的水力传导系数调整到河流的水力传导系数相同。设置了这些反映岩溶特征的参数之后，再对模型进行模拟，所得结果记为 T2。其中地下水滞后系数(δ_{gw_karst}，即岩溶落水洞的滞后时间)为模型修正过程中引进的新变量。修正后的 SWAT 模型无法利用 SWAT-CUP 软件进行地下水滞后系数的率定，故对该参数进行手动调试并进行参数调整。地下水延迟系数的调整主要是在含有落水洞、暗河等岩溶地理单元的子流域中进行的，而对于没有这些特殊地理单元的子流域则不进行地下水滞后系数的调整。这些特殊地理单元涉及的子流域序号分别为14、15、16、17、18、21、28(表5-9)。

在前面的参数率定中，没有落水洞子流域的地下水滞后系数最后率定为361.79。把该值作为率定落水洞、暗河等岩溶地理单元地下水滞后系数的基本参照。对落水洞所在子流域的水文响应单元地下水滞后系数进行了调整，将落水洞和地下暗河所在子流域(14、15、16、17、18、21、28)水文响应单元(HRU)的地下水滞后系数分别设置为280、180、78、36、18、60 d，并将这些设置了不同地下水滞后系数的模拟方案命名为S1、S2、S3、S4、S5、S6，分别对这6个方案进行模拟。对每个方案进行模拟时，将溶洞和地下暗河所在子流域水文响应单元的地下水滞后系数分别设置为6个模拟方案中的其中一种数值，而其他子流域水文响应单元的地下水滞后系数保持前面率定的参数不变。这6次模拟的流量有效性分析见表5-10。从表5-10中可以看出，6次不同地下水滞后系数的模拟结果与实测数据的相关性相差不大，其中S3的验证结果较其他5次模拟结果更为理想，故选取地下水滞后系数为78 d。

表5-9 落水洞、暗河等岩溶地理单元所在子流域的情况

子流域序号	水文响应单元序号	该HRU占该子流域的面积比例
14	3	0.017
15	5	0.034
16	7、8	0.059,0.088
17	1、2、4、5	0.086,0.114,0.123,0.029
18	2、3	0.275,0.208
21	4、5	0.251,0.108
28	9	0.022

表5-10 落水洞、暗河等岩溶地理单元不同地下水滞后系数模拟的有效性

模拟方案名称	地下水滞后系数(d)	平均绝对误差	平均相对误差(%)	N-S系数
S1	280	0.217	119.206	0.900
S2	180	0.221	121.631	0.896
S3	78	0.216	117.522	0.901
S4	36	0.219	118.219	0.896
S5	18	0.217	116.774	0.900
S6	6	0.22	117.514	0.894

T1与T2的模拟过程中，输入变量除了岩溶特征变量之外，其余变量都相同。由此可以说明，T1和T2的结果差异完全是由于岩溶变量的引入所导致的。因此，T1和T2的模拟结果对比可以定量评估和分析岩溶流域对非点源污染的影响，并进行相关的形成机制分析。

为了对模型的有效性进行分析和验证，必须对模型的参数进行率定，在模拟的基础上，利用实测的水文与水质数据，对模型的参数进行率定，并进行模型的验证。

5.4.2 流量参数的敏感性模拟及率定

模型的参数率定采用SWAT-CUP软件进行，其参数的敏感性测试是采用 t 检验方法。流量的参数敏感性试验包括ALPHA_BF、GW_DELAY、GWQMN、GW_REVAP、ESCO、SOL_AWC等12个参数，各参数名称、所在数据库文件、物理意义和率定结果见表5-11。

表5-11 流量的率定参数及率定结果

序号	参数名称	数据库名称	物理意义	率定结果
1	V_CH_K2	rte	主河道冲积层的有效水力传导率(mm/h)	38.75
2	V_ALPHA_BF	gw	基流的 α 因子(d)	0.55
3	R_SOL_AWC	sol	土壤的饱和含水量(mm/mm)	0.31
4	V_CH_N2	rte	主河道的曼宁"n"值	0.075
5	R_OV_N	hru	地表径流的曼宁"n"值	−0.186
6	V_GWQMN	gw	浅水层回归流发生时水深阈值(mm)	1.140
7	V_GW_DELAY	gw	地下水延迟时间(d)	361.79
8	A_ESCO	hru	土壤蒸发补偿因子	0.038
9	R_DEPIMP_BSN	bsn	模拟到达的地下水位至不透水层的深度(mm)	0.262
10	R_MSK_CO1	bsn	用于控制正常流存储时间常数影响的率定系数	5.340
11	V_MSK_CO2	bsn	用于控制低流存储时间常数影响的率定系数	0.410
12	V_GW_REVAP	gw	地下水再蒸发系数	0.050

注：表中变量名前的V_、R_和A_前缀分别表示：新的参数值＝率定结果，新的参数值＝现有参数值×(1＋率定结果)，新的参数值＝现有参数值＋率定结果。

由 t 检验方法可知，P 值＜0.05时，该参数认为是敏感的。图5-28给出了这12个参数的率定敏感性程度，从 P 值可以看出，在12个率定参数中，CH_K2、ALPHA_BF这2个参数比较敏感。

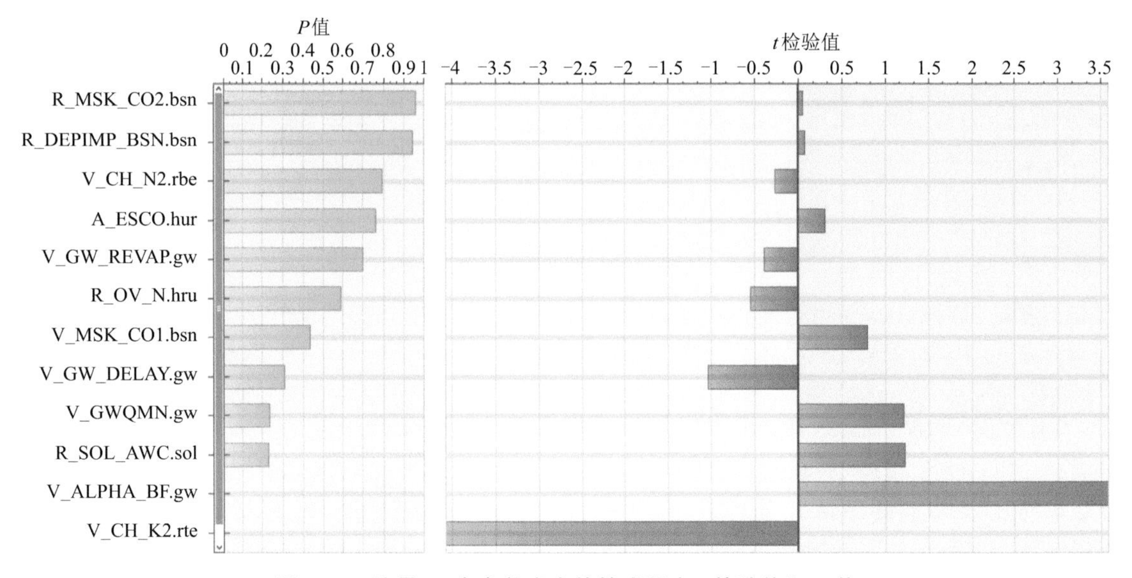

图5-28 流量12个参数率定的敏感程度 t 检验值和 P 值

5.4.3　营养盐参数的敏感性模拟及分析

氮(N)营养盐负荷的参数率定选择了ERORGN、SPCON、BIOMIX、SHALLST_N等8个参数，这8个参数的名称、所在数据库文件及物理意义见表5-12。率定结果表明，在这8个参数中，ERORGN、CH_ONCO和NPERCO这3个参数对N营养盐的排放具有一定的敏感性，其中以NPERCO的P值为最小(图5-29)。各参数的率定结果见表5-12。

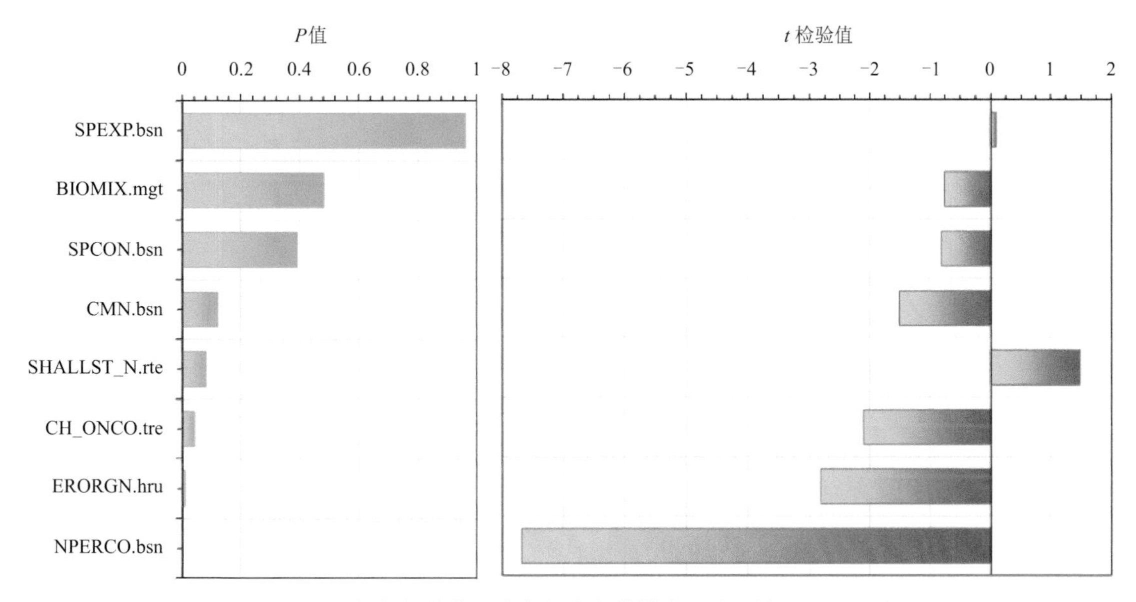

图5-29　与氮相关的8个参数率定的敏感程度t检验值和P值

表5-12　氮相关参数的率定结果

序号	参数名称	数据库名称	物理意义	率定结果
1	SHALLST_N	gw	流域通过地下水排向河道的硝酸盐浓度(mg/L)	520.85
2	BIOMIX	mgt	生物混合系数	0.027
3	NPERCO	bsn	氮的渗透系数	0.21
4	CMN	bsn	活性有机氮矿化率因子	0.0017
5	SPCON	bsn	河道演算中泥沙被重新携带的线性指数	0.0051
6	SPEXP	bsn	河道演算中泥沙被重新携带的幂指数	1.25
7	ERORGN	hru	有机氮富集率	2.56
8	CH_ONCO	rte	河道中有机氮浓度(mg/L)	78.08

磷(P)营养盐负荷的参数率定选择了PSP、RSDCO、PHOSKD和PPERCO等10个参数，结果表明，这10个参数中只有ERORGP这个参数反映敏感，其P值小于0.05(图5-30)。图5-30给出了反映10个参数敏感程度的P值和t检验值，表5-13给出了各参数的名称、所在的数据库文件、物理意义及率定结果。

在氮(N)和磷(P)参数率定的基础上，对上述反映敏感的参数再利用SWAT-CUP进行进一步的微调率定，得到最优的参数，并利用这些率定好的参数进行模拟。在实测N和P负荷数据基础上对模拟结果进行验证，并分析模拟的有效性程度。

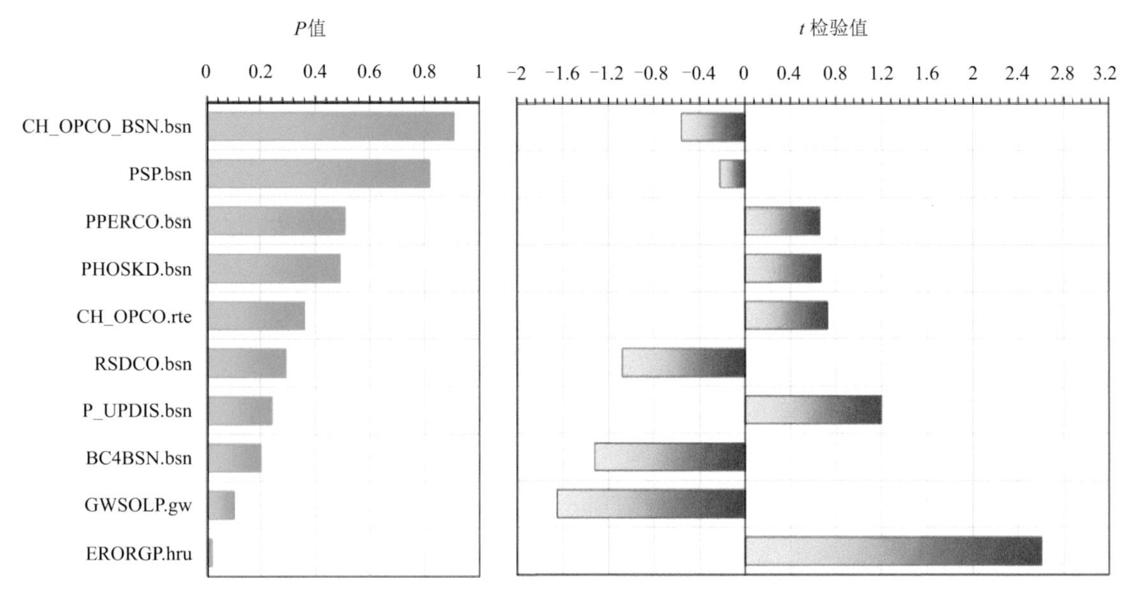

图 5-30 磷 10 个相关参数率定的敏感程度 t 检验值和 P 值

表 5-13 磷相关参数的率定结果

序号	参数名称	数据库名称	物理意义	率定结果
1	GWSOLP	gw	通过地下水排向河道的可溶性磷的浓度(mg/L)	0.30
2	PPERCO	bsn	磷的渗透系数	16.97
3	RSDCO	bsn	植物残留物分解系数	0.083
4	PSP	bsn	磷的吸附系数	0.0835
5	PHOSKD	bsn	土壤中磷的分配系数	133.00
6	ERORGP	hru	有机磷富集率	2.450
7	CH_OPCO	rte	河道中的有机磷浓度(mg/L)	83.00
8	P_UPDIS	bsn	磷的吸收分配参数	1.00
9	BC4_BSN	bsn	有机磷腐败为可溶性磷的速率常数	0.376
10	CH_OPCO_BSN	bsn	流域中河道中的有机磷浓度(mg/L)	71.00

5.4.4 流量与营养盐模拟结果的验证及有效性分析

使用 SWAT-CUP 参数率定的结果及通过人工方法率定的溶洞与地下暗河所在子流域水文响应单元的地下水滞后系数，用修正模型对 2010—2013 年进行模拟，并提取模型输出的 2013 年流量和营养盐负荷，利用瑞昌市水文站的实测流量和 6 次 4 个水质采样点的水质采样数据，进行模拟的有效性分析。采用相关系数(R^2)和模型有效性系数 Nash-Sutcliff(NS)来衡量模型的有效性。其中 NS 系数的计算公式见式(4-18)。

图 5-31 给出了修正模型模拟的流量与实测流量及流域平均降雨量的对照，从图上可以看出，模拟与实测的流量基本趋势一致，但模拟的流量峰值与实测的流量峰值存在较大的出入，与实测值比较，模拟值具有峰值偏大的趋势。与流域平均降雨量比较可以看出，模拟值的变化趋势与流域降雨量的变化趋势有比较好的一致性。

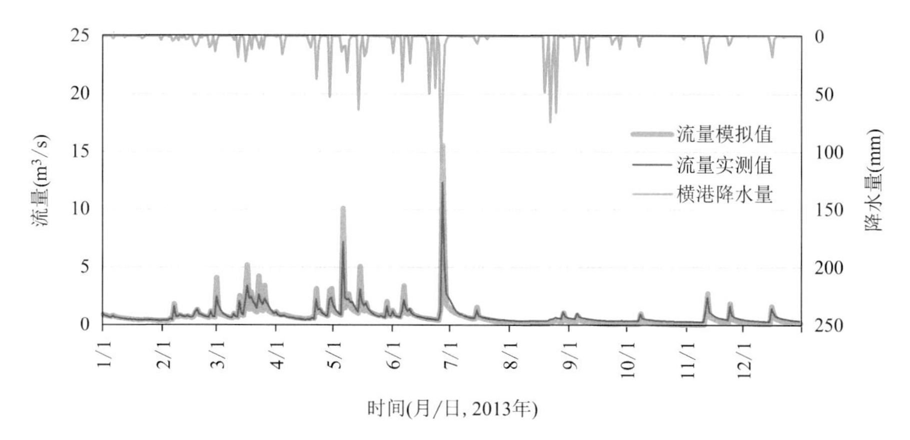

图 5-31　修正模型模拟的流量与实测流量及流域平均降水量对照

表 5-14 给出了修正模型模拟流量的有效性分析，从表中可以看出，模拟值与实测值的相关系数为 0.94，达到极显著水平。此外，模型的 *NS* 系数为 0.89，说明模型存在较大的有效性。

表 5-14　修正模型模拟的流量有效性分析(m^3/s)

参数名称	平均值	最大值	最小值	方差	天数(d)	总量	$R^2(\alpha=0.01)$	*NS*
实测值	0.725	15.500	0.013	1.199	365	264.610	0.94	0.89
模拟值	0.791	12.260	0.235	0.917	365	268.678		

在模拟营养盐负荷方面，图 5-32 和图 5-33 分别给出了修正模型模拟的 TP、TN 与实测的 TP、TN 对照。实测 TP、TN 的时间分别为 2014 年的 3 月 28 日、5 月 17 日、7 月 12 日、11 月 1 日、12 月 12 日，以及 2015 年的 1 月 28 日、5 月 13 日、7 月 24 日。从图可以看出，模型在模拟 TP 和 TN 营养盐负荷方面，时间流与空间流趋势都基本一致。表 5-15 给出了修正模型模拟营养盐方面的有效性分析，从 R^2 值和 *NS* 值来看，模拟效果略差于流量的模拟，且 TN 的模拟效果比 TP 的模拟效果差。其模拟 TN 和 TP 的 R^2 及 *NS* 系数分别为 0.73、0.86 和 0.71、0.82，其余营养盐的有效性系数见表 5-15。

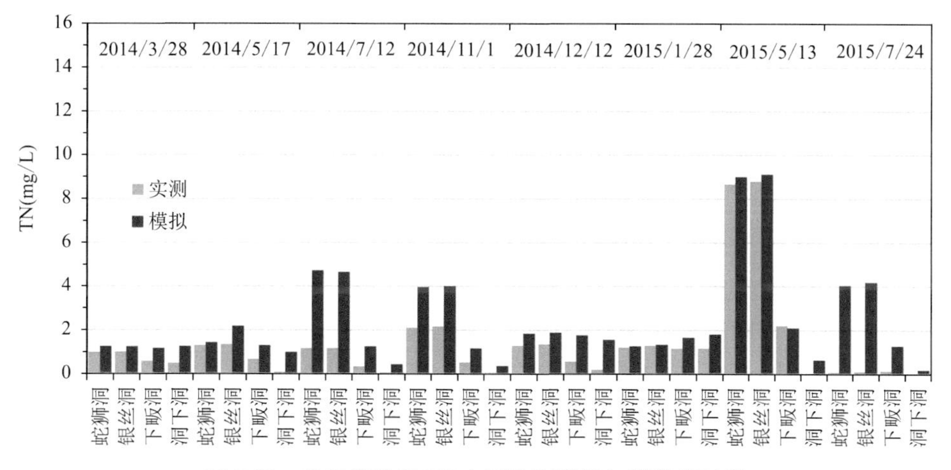

图 5-32　修正模型在 TN 方面的实测值与模拟值对照

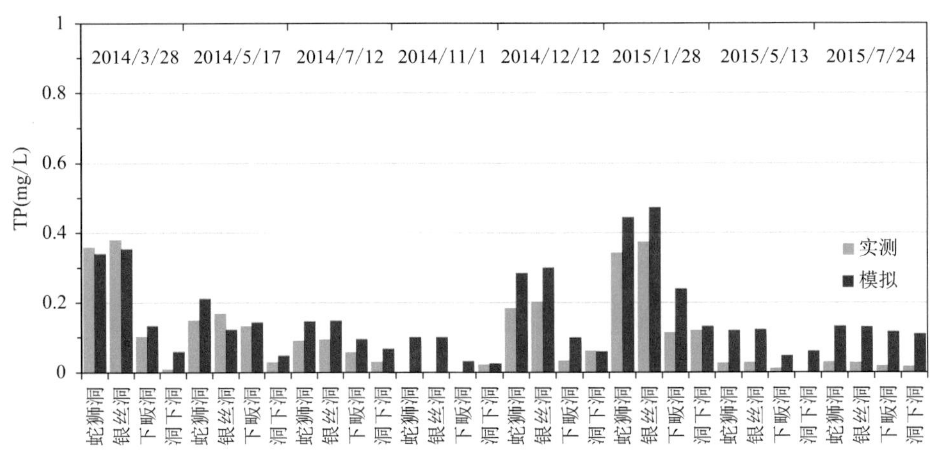

图 5-33 修正模型在 TP 方面的实测值与模拟值对照

表 5-15 修正模型模拟营养盐的有效性分析

统计量	TP	TN	Org_N	Org_P	NO_3	NH_4	Min_P
$R^2(\alpha=0.01)$	0.86	0.73	0.85	0.88	0.74	0.81	0.59
NS 系数	0.82	0.71	0.65	0.81	0.62	0.75	0.57

5.4.5 主要结论

针对岩溶地貌的非点源模拟问题，在原有的 SWAT 模型基础上，增加了能够反映岩溶特征的落水洞和地下暗河的水文及营养盐过程，引入了相关的岩溶特征变量，结果表明：

(1)修正模型在模拟流量方面具有较好的有效性，其相关系数 R^2 和 NS 系数均高于或接近 0.9；

(2)在模拟营养盐方面，模型的有效性虽不及流量的模拟效果，且个别营养盐的模拟效果较差，但 TN 和 TP 的模拟有效性指数 R^2 和 NS 系数均在 0.7 以上。

5.5 模拟及结果分析

5.5.1 岩溶特征对非点源污染的影响分析

岩溶特征对非点源污染的影响最终体现在河道营养盐负荷的变化上面，为了定量这些影响，本研究选取 2 个地下暗河的出口河段作为观测点，对比 T1 和 T2 的模拟结果。这两个地下暗河的出口点分别为老社洞和洞下洞，其涉及的河段编码为 15 和 17。17 河段是两个落水洞的所在河段。

图 5-34 给出了两个地下暗河出口河段的 TN 和 TP 变化百分比，图中上方红色曲线为该河段的流量。从图中可以看出，15 和 17 河段的 TN 和 TP 均是增加的，其中 17 河段的增加量要大于 15 河段的增加量，且 TP 的增加比例均大于 TN 的增加量。表 5-16 则给出了这两个河段 TN 和 TP 月变化和平均变化的具体数量，从表中可以看出，15 和 17 河段 TN 和 TP 的平均增加量分别为 0.14%、0.79%和 0.86%、2.12%。由此可以看出，岩溶特征变量的引入导致的非点源负荷是增加的，且 TP 的增加比例大于 TN 的增加比例。

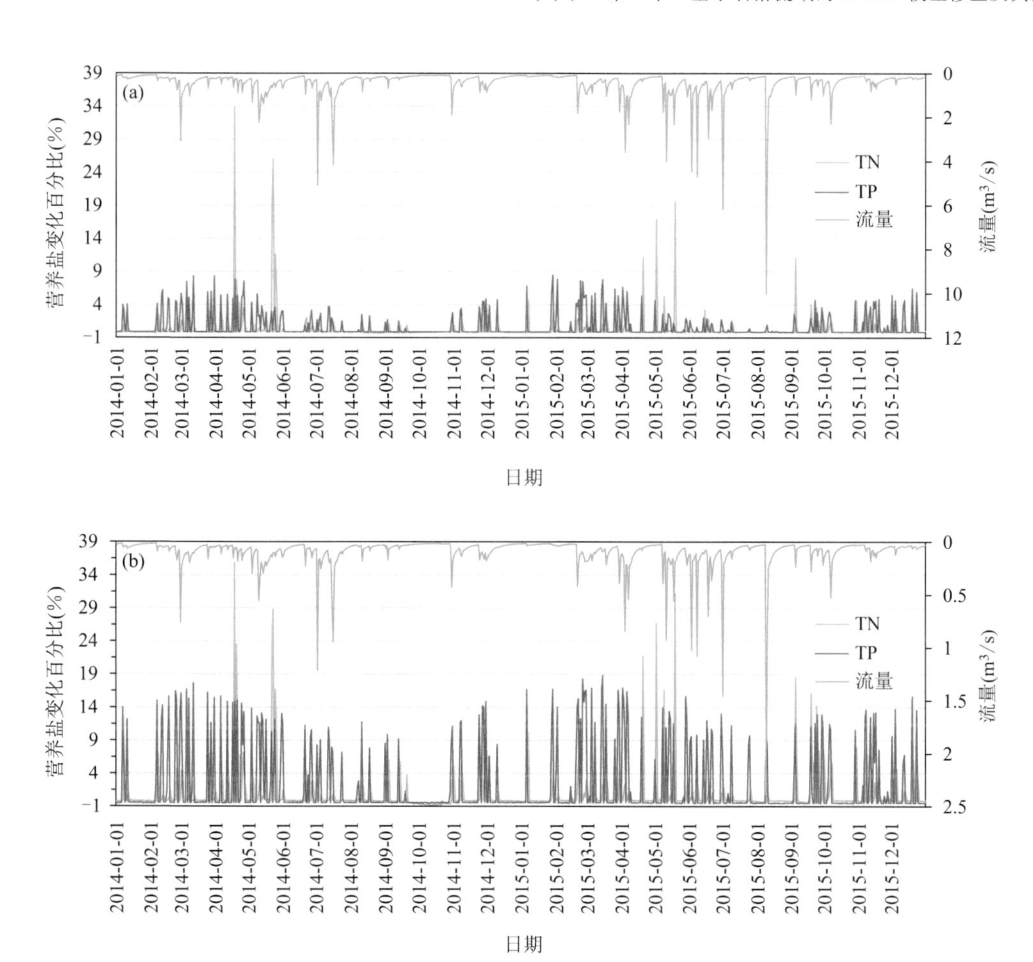

图 5-34 两个地下暗河出口河段的 TN 和 TP 变化百分比

(a)老社洞(15 河段);(b)洞下洞(17 河段)

表 5-16 不同月份 TN、TP 变化百分比

月份		1	2	3	4	5	6	7	8	9	10	11	12	平均
15 河段	TN	0.41	0.32	0.25	1.16	1.79	0.23	0.06	−0.09	0.41	0.13	0.37	0.15	0.41
	TP	0.76	1.74	1.63	1.29	1.05	0.42	0.36	0.11	0.47	0.28	1.07	0.66	0.79
17 河段	TN	0.76	0.74	0.55	1.99	2.85	0.37	0.14	0.04	1.66	0.23	1.04	0.31	0.86
	TP	1.91	4.31	3.66	3.11	3.68	2.15	1.39	0.41	1.56	0.65	2.66	1.04	2.12

5.5.2 岩溶特征对非点源污染影响的形成机制分析

岩溶特征变量的引入导致了河流非点源负荷的增加。为了进一步分析岩溶特征是如何影响非点源负荷形成的，本研究将植被岩溶比重指数 VKPI 作为变量分析地表岩溶特征的引入特征是如何影响流域营养盐的产出的，同时将降雨强度作为变量分析落水洞和地下暗河等大型岩溶构造是如何影响营养盐产出的。

5.5.2.1 植被岩溶比重指数 VKPI 对水量及营养盐产出的影响分析

植被岩溶比重指数 VKPI 反映了地表植被覆盖与地表岩溶出露程度的定量比例关系，强调的是地表岩溶发育程度。图 5-35 给出了研究区的 VKPI 指数。通过提取研究区各子流域的 VKPI，并与模拟的各子流域水量进行相关分析，结果发现 VKPI 指数与子流域的地表产流量(SurQ)有极好的相关关系(图 5-35a)，与侧流(LATQ)有弱的负相关关系(通过 $\alpha=0.1$ 的检验)(图 5-35b)，而与地下水产流量(GWQ)则没有关系(图 5-35c)。由此可以说明，地表的岩溶特征会导致地表产流的增加和侧流的减少，而对地下水的产出则没有影响。这其中的原因可能与引入的岩溶特征变量只考虑了落水洞、地下暗河等大型的岩溶构造有关。

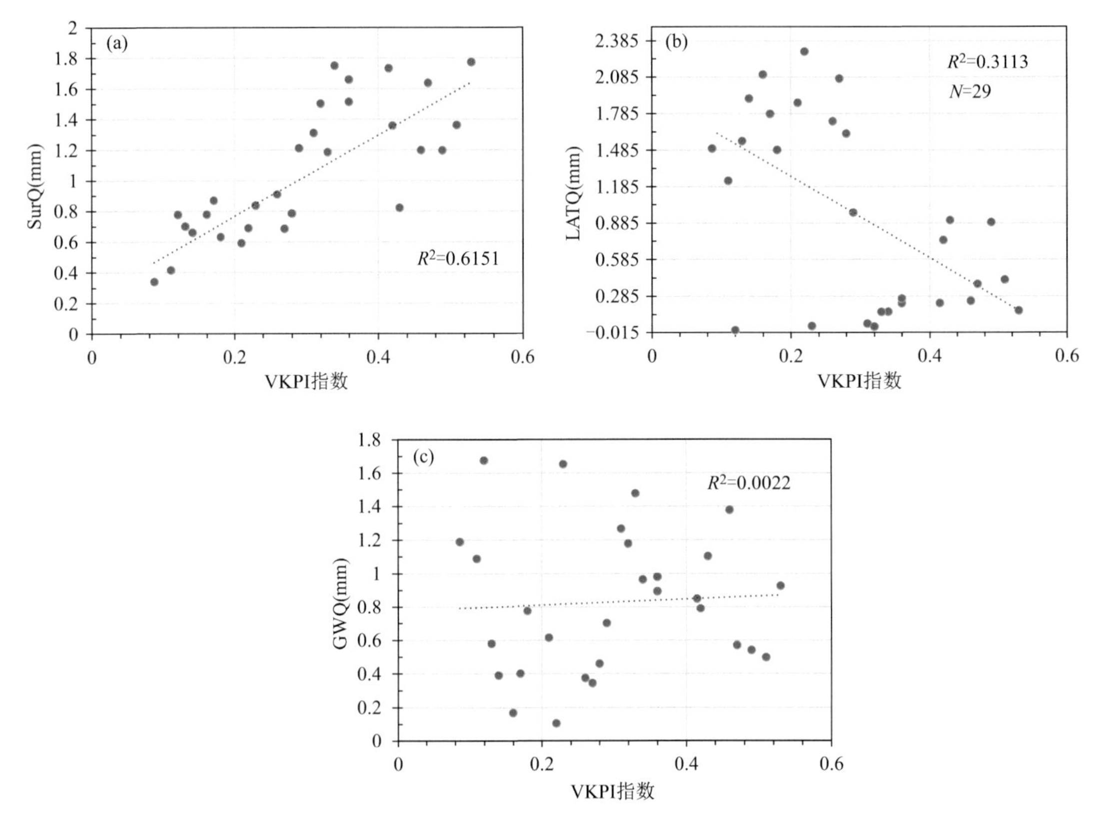

图 5-35　子流域产水量与 VKPI 的关系

VKPI 指数与子流域营养盐产出量的关系分析表明，VKPI 指数与可溶性磷(SOLP)、有机磷(OrgP)有相对较好的相关关系(图 5-36c，d)，其相关系数为 0.42～0.43，与有机氮(OrgN)、地表产流中硝酸氮(NSurQ)和沉积磷(SedP)的相关系数则较小，其值变化在 0.2～0.39(图 5-36a，b，e)，而与地下水中的硝酸氮(GWNO3)关系极小(图 5-36f)。由此表明 VKPI 指数与子流域的营养盐产量存在一定的正相关关系，反映了地表岩溶特征对子流域可溶性磷及有机磷产出有一定的增加作用，对有机氮、地表产流中硝酸氮和沉积磷有微弱的增加作用，而对地下水中的硝酸氮产出则没有明显的作用。

5.5.2.2　降雨强度对典型岩溶子流域水量及营养盐产出的影响分析

岩溶流域含水系统由于连通地表的落水洞等垂直管道将近水平的地下暗河联系起来，降水及其形成的地表径流可以通过这些垂直管道迅速灌入地下河系，从而改变了水及其所携带的非点源污染物质在垂直与水平方向的传输速度与数量。同时，这些大型构造也会带来相应的岩溶裂隙，这些岩溶裂隙同样会改变水及营养盐的输移方式。为此，将子流域的降雨量与

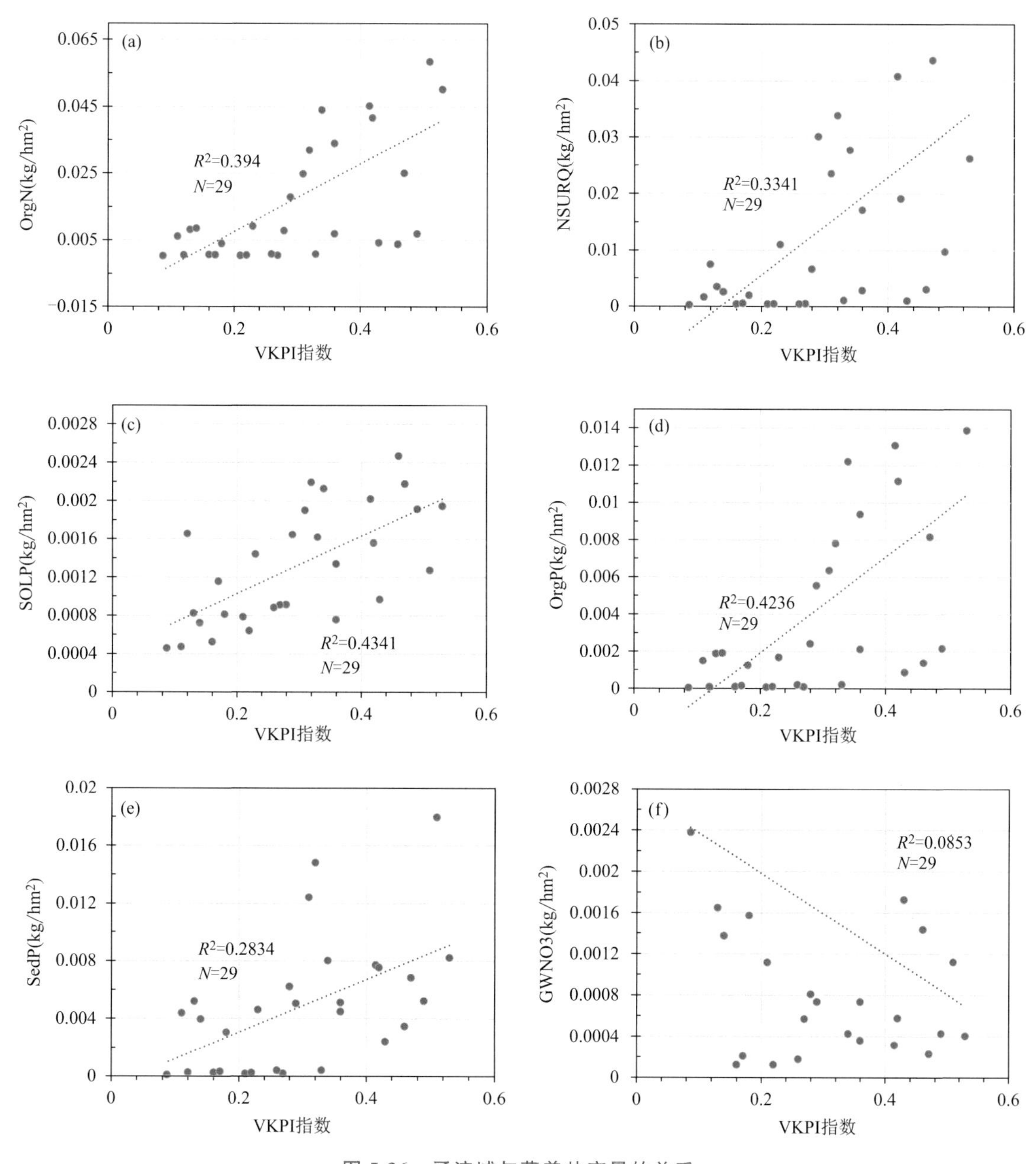

图 5-36　子流域与营养盐产量的关系

典型岩溶子流域产水量及营养盐产出差异进行对比分析，结果表明，落水洞、地下暗河等岩溶特征变量引入后，落水洞、地下暗河所在的子流域产水量及营养盐产量均有变化，而没有这些大型构造的子流域产水量及营养盐产量均无变化。这些存在大型构造的子流域其产水量及营养盐产量变化与降雨量有明显的关系。图 5-37 表明了含有大型岩溶构造的不同子流域地表产水量变化与降雨量的相关系数均值大于 0.8，且是负相关关系；不同子流域之间降雨强度的增加对地表产流量的减少量是不同的，其中以 17 子流域的减少量为最大，而 17 子流域正是落水洞所在地(子流域编码与落水洞及地下暗河的对应关系见表 5-2)，其次是 15 子流域，是地下暗河的入口，入口处有小型的落水洞。

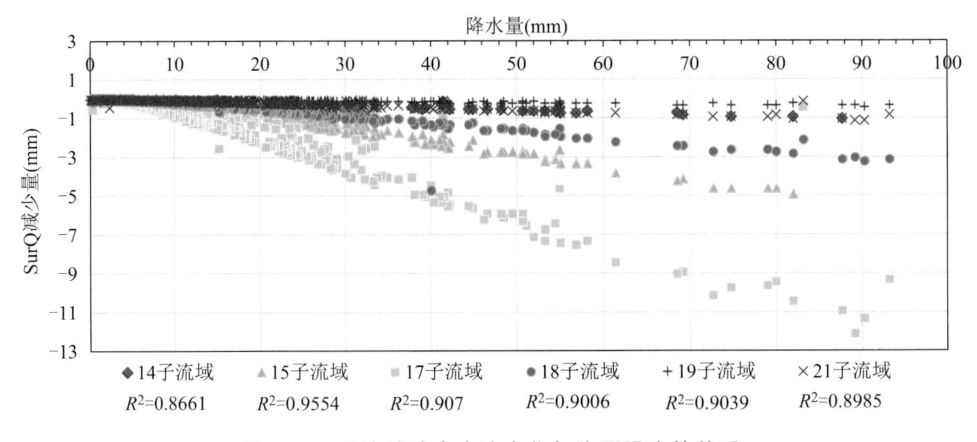

图 5-37 子流域地表产流变化与降雨强度的关系

降雨强度与子流域营养盐产出变化的关系是正相关关系，表明由于落水洞及地下暗河的存在导致降雨强度越大，营养盐产出的增量就越大。图 5-38 表明落水洞所在的子流域 17 与 15，无论有机氮(OrgN)或有机磷(OrgP)的增量都随降雨强度的增大而增大，且落水洞越大型，其增量也越大，如 17 子流域的 OrgN 和 OrgP 增量分别变化在 0～0.7 kg/hm² 和 0～0.3 kg/hm²，而 15 子流域的 OrgN 和 OrgP 增量分别变化在 0～0.3 kg/hm² 和 0～0.13 kg/hm²。21 子流域有地下暗河但没有落水洞，其降雨强度与 OrgN 和 OrgP 的增量相关系数大于 17 和 15 子流域，但其 OrgN 和 OrgP 的增量分别变化在 0～0.11 kg/hm² 和 0～0.05 kg/hm²。由此表明落水洞是造成子流域营养盐增加的最主要因素。

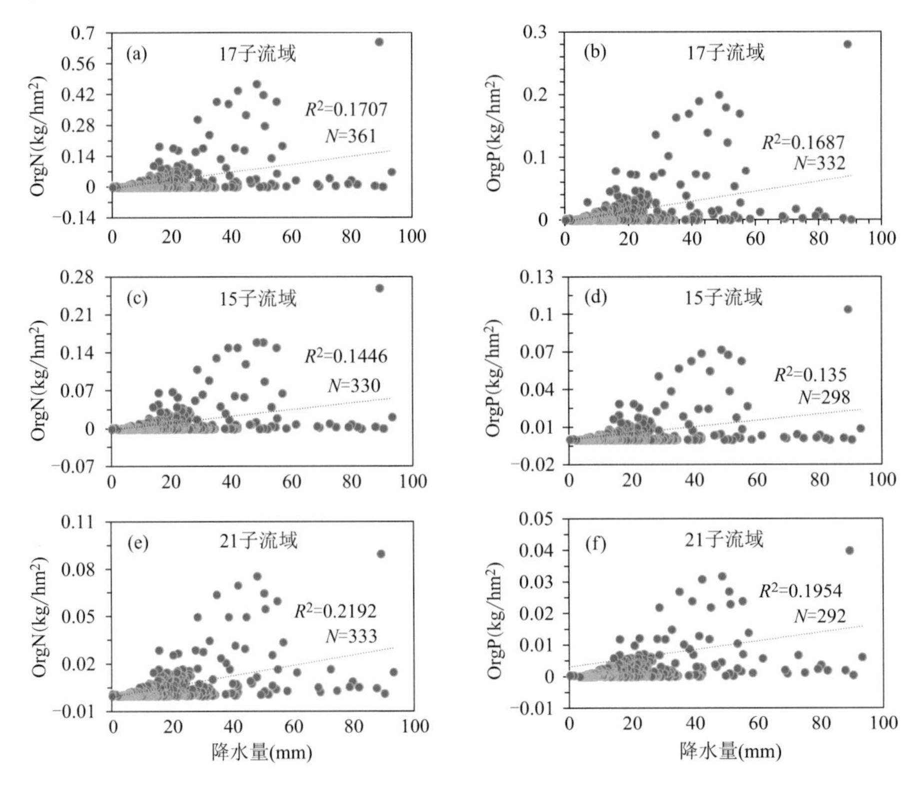

图 5-38 降雨强度与子流域营养盐变化的关系

从子流域的分析可以发现，由于降雨强度对落水洞、地下暗河等岩溶特征所引起的侧流(lateral flow)及由此引起的侧流氮、磷输出均无明显变化，其他营养盐增量与降雨强度的关系也不明显。

5.6 主要结论

通过模拟引入岩溶特征变量，对岩溶流域的非点源污染进行控制性模拟，对比引入岩溶特征变量前后的河道流量与营养盐负荷、流域的产流及营养盐产出量变化，分析了植被岩溶比重指数VKPI对水量及营养盐产出的影响和降雨强度对典型岩溶子流域水文及营养盐产出的影响，得出如下主要结论。

(1)岩溶特征对非点源污染的影响是增加的，且TP的增加比例大于TN的增加比例，包含落水洞的河流TN和TP的增量分别为0.86%和2.12%，明显大于没有落水洞河流TN和TP的增量(分别为0.14%和0.79%)。

(2)岩溶特征对非点源污染影响的形成机制分析表明，地表的岩溶特征改变了流域的产流方式及营养盐的输移方式，地表的植被岩溶比重指数VKPI的增加会导致地表产流的增加和侧流的减少，而对地下水的产出则没有影响；地表的植被岩溶比重指数VKPI的增加也导致了流域营养盐产出成分的变化，其中与可溶性磷(SOLP)、有机磷(OrgP)有相对较好的相关关系，与有机氮(OrgN)、地表产流中硝酸氮(NSurQ)和沉积磷(SedP)的相关系数则居其次，而与地下水中的硝酸氮(GWNO3)关系极小。

(3)岩溶特征对非点源污染影响的形成机制分析还表明，落水洞改变了降雨产流的方式，降雨强度与流域营养盐增量关系分析反映了落水洞的降雨产流使有机氮(OrgN)和有机磷(OrgP)增量变化分别在0～0.7 kg/hm^2 和0～0.3 kg/hm^2，远大于其他没有落水洞的流域；落水洞与地下暗河的直接连通，缺少了土壤层对水中营养成分的生化过程，使流域有机氮(OrgN)和有机磷(OrgP)产出增加，是导致落水洞所在河段TN和TP增加的重要因素，也是河段TN、TP增加的主要营养盐成分。

参考文献

白凤姣，李天宏，2012. 基于GIS和L-THIA模型的深圳市观澜河流域非点源污染负荷变化分析[J]. 环境科学，33(8)：2667-2673.

卜佳俊，王亮，陈纯，2003. 一种可参数化的快速直线提取算法[J]. 浙江大学学报：工学版，37(4)：410-414.

陈崇，朱延君，李显风，等，2011. 不同叶面积指数遥感反演方法对红壤丘陵区森林的适用性分析[J]. 江西农业大学学报，33(3)：0508-0513.

陈峰，邱全毅，熊永柱，等，2010. 基于线性光谱模型的混合像元分解方法与比较[J]. 遥感信息(4)：22-28.

陈晋，马磊，陈学泓，等，2016. 混合像元分解技术及其进展[J]. 遥感学报，20(5)：1103-1109.

陈强，苟思，秦大庸，等，2010. 一种高效的SWAT模型参数自动率定方法[J]. 水利学报，41(1)：113-119.

陈强，秦大庸，苟思，等，2011. SWAT模型与水资源配置模型的耦合研究[J]. 灌溉排水学报，29(1)：19-22.

陈西平，1992. 计算降雨及农田径流污染负荷的三峡库区模型[J]. 中国环境科学(1)：48-52.

陈莹，许有鹏，陈兴伟，2011. 长江三角洲地区中小流域未来城镇化的水文效应[J]. 资源科学，33(1)：64-69.

程磊，徐宗学，罗睿，等，2009. SWAT在干旱半干旱地区的应用：以窟野河流域为例[J]. 地理研究，28(1)：65-73.

初京刚，张弛，周惠成，2011. SWAT与MODFLOW模型耦合的接口及框架结构研究及应用[J]. 地理科学进展，30(3)：335-342.

代俊峰，崔远来，2009. 基于SWAT的灌区分布式水文模型：Ⅰ 模型构建的原理与方法[J]. 水利学报，40(2)：145-152.

邓正栋，叶欣，龙凡，等，2013. 地下水遥感模糊评估指数的构建与研究[J]. 地球物理学报，56(11)：3908-3916.

窦鸿身，姜加虎，2003. 中国五大淡水湖[M]. 合肥：中国科学技术大学出版社.

杜丽娟，王秀茹，刘钰，2010. 水土保持生态补偿标准的计算[J]. 水利学报，41(11)：1346-1352.

樊琨，2015. 泾河上游区SWAT模型径流模拟与参数移植方法研究[D]. 杨凌：西北农林科技大学.

范锦龙，2003. 复种指数遥感监测方法研究[D]. 北京：中国科学院遥感应用研究所.

范闻捷，徐希孺，2005. 混合像元组分信息的盲分解方法[J]. 自然科学进展(08)：993-999.

房孝铎，王晓燕，欧洋，2007. 径流曲线数法(SCS法)在降雨径流量计算中的应用[J]. 首都师范大学学报，28(1)：89-92.

冯夏清，章光新，尹雄锐，2010. 基于SWAT模型的乌裕尔河流域气候变化的水文响应[J]. 地理科学进展，29(7)：827-832.

符素华，刘宝元，吴敬东，等，2002. 北京地区坡面径流计算模型的比较研究[J]. 地理科学，22(5)：604-609.

高扬，朱波，周培，等，2008. AnnAGNPS和SWAT模型对非点源污染的适用性研究——以中国科学院盐亭紫色土生态试验站为例[J]. 上海交通大学学报(农业科学版)，26(6)：567-572.

高阳，段爱旺，刘祖贵，等，2009. 单作和间作对玉米和大豆群体辐射利用率及产量的影响[J]. 中国生态农业学报，17(1)：7-12.

耿润哲，殷培红，原庆丹，2016. 红枫湖流域非点源污染控制区划[J]. 农业工程学报，32(19)：219-225.

辜智慧，2003. 中国农作物复种指数的遥感估算方法研究[D]. 北京：北京师范大学.

顾万龙，竹磊磊，许红梅，等，2010. SWAT模型在气候变化对水资源影响研究中的应用：以河南省中部农业区为例[J]. 生态学杂志，29(2)：395-400.

郭占军，阎广建，冯雪，等. 2007. 遥感估算植被覆盖度的角度效应分析[J]. 北京师范大学学报(自然科学版)，43(3)：343-349.

国家自然科学基金委员会，1997. 生态学——自然科学学科发展战略调研报告[M]. 北京：科学出版社.

韩培丽，代俊峰，关保多，2012. 径流计算方法及西南岩溶地区径流计算研究[J]. 节水灌溉(2)：46-49.

郝芳华，程红光，杨胜天，2006. 非点源污染模型：理论方法与应用[M]. 北京：中国环境科学出版社.

郝改瑞，李家科，李怀恩，等，2018. 流域非点源污染模型及不确定分析方法研究进展[J]. 水力发电学报，37(12)：54-64.

何宝忠，丁建丽，张喆，等，2016. 新疆植被覆盖度趋势演变实验性分析[J]. 地理学报，71(11)：1948-1966.

贺宝根，周乃晟，高效江，等，2001. 农田非点源污染研究中的降雨径流关系[J]. 环境科学研究，14(3)：49-51.

胡建华，李兰，郭生练，等，2001. 数学物理方程模型在水文预报中的应用[J]. 水电能源科学，19(2)：11-14.

霍东民，刘高焕，骆剑承，2005. 基于PCM改进算法的遥感混合像元模拟分析[J]. 遥感学报，9(2)：131-137.

季春峰，钱萍，杨清培，等，2010. 江西特有植物区系、地理分布及生活型研究[J]. 植物科学学报，28(2)：153-160.

贾三石，王恩德，付建飞，等，2009. 辽西钼多金属矿床遥感影像线性体自动提取及成矿有利度分析[J]. 遥感技术与应用，24(3)：320-324.

贾晓青，杜欣，赵旭峰，等，2008. 改进SCS产流模型在岩溶地区径流模拟中的应用[J]. 人民长江，39(11)：25-30.

江西省赣州地区行署林垦局，1981. 赣南树木[R]. 赣州：江西省赣州地区行署林垦局.

江西省宁都县土壤普查办公室，1988. 宁都县土壤[M]. 南昌：江西人民出版社.

蒋婧媛，徐姗楠，黄洪辉，等，2019. 基于L-THIA模型与3S技术的大亚湾陆域非点源总氮污染研究[J]. 应用海洋学学报，38(4)：558-568.

金相灿，刘鸿亮，屠清瑛，1990. 中国湖泊富营养化[M]. 北京：中国环境科学出版社.

匡舒雅，李天宏，赵志杰，2018. 基于L-THIA模型的四川省濑溪河流域非点源污染负荷分析[J]. 环境科学研究，31(4)：688-696.

赖格英，杨星卫，2000. 南方丘陵地区水稻种植面积遥感信息提取的试验[J]. 应用气象学报，11(1)：47-54.

赖格英，刘志勇，刘胤雯，2008. 流域土地利用覆盖与植被变化的水文响应模拟研究[J]. 水土保持研究，15(4)：10-14.

赖格英，于革，2005. 太湖流域营养物质输移模拟评估的初步研究[J]. 中国科学D辑：地球科学，35(增刊Ⅱ)：121-130.

赖格英，于革，桂峰，2005. 太湖流域营养物质输移模拟评估的初步研究[J]. 中国科学D辑：地球科学，35(S2)：121-130.

赖格英，曾祥贵，刘影，等，2013. 基于ETM和图像融合的优势植被冠层叶面积指数和消光系数的遥感反演[J]. 遥感技术与应用，28(4)：697-706.

李常斌，2006. 陇西黄土高原祖厉河流域分布式水文模拟研究[D]. 兰州：兰州大学.

李海洋，范文义，于颖，等，2011. 基于Prospect，Liberty和Geosail模型的森林叶面积指数的反演[J]. 林业科学，47(9)：75-81.

李怀恩，李家科，2013. 流域非点源污染负荷定量化方法研究与应用[M]. 北京：科学出版社.

李怀恩，沈晋，1996. 非点源污染数学模型[M]. 西安：西北工业大学出版社.

李慧，陈健飞，余明，2005. 线性光谱混合模型的ASTER影像植被应用分析[J]. 地球信息科学学报，7(1)：103-106，115.

李开丽，蒋建军，茅荣正，等，2005. 植被叶面积指数遥感监测模型[J]. 生态学报，25(6)：1491-1496.

李琳，2013. 福建紫金山TM遥感影像线性构造定量分析[J]. 长沙大学学报，27(2)：10-12.

李明星，马柱国，杜继稳，2010. 区域土壤湿度模拟检验和趋势分析——以陕西省为例[J]. 中国科学D辑：地球科学，40(3)：363-379.

李硕，康杰伟，王志华，2010. 基于输入文件定制的SWAT模型集成应用方法研究[J]. 地理与地理信息科学，26(4)：16-20.

李小文，2005.. 定量遥感的发展与创新[J]. 河南大学学报(自然科学版)，35(4)：49-56.

李志，刘文兆，张勋昌，等，2010. 气候变化对黄土高原黑河流域水资源影响的评估与调控[J]. 中国科学D辑：地球科学，40(3)：352-362.

梁继，王建，2009. Hyperion高光谱影像的分析与处理[J]. 冰川冻土，31(2)：247-253.

梁犁丽，王芳，2010. 鄂尔多斯遗鸥保护区植被-水资源模拟及其调控[J]. 生态学报，30(1)：109-119.

梁亮，杨敏华，张连蓬，等，2011. 小麦叶面积指数的高光谱反演[J]. 光谱学与光谱分析，31(6)：1658-1662.

林英，黄新和，杨祥学，等，1965. 江西植被的基本类型及其辞价[J]. 江西大学学报(3)：57-62.

刘昌明，李道峰，田英，2003. 基于DEM的分布式水文模型在大尺度流域应用研究[J]. 地理科学进展，22(5)：437-445.

刘高焕，蔡强国，朱会义，等，2003. 基于地块汇流网络的小流域水沙运移模拟方法研究[J]. 地理科学进展，22(1)：72-78.

刘钰，Pereira L S，2001. 气象数据缺测条件下参照腾发量的计算方法[J]. 水利学报(3)：11-17.

骆知萌，田庆久，惠凤鸣，2005. 用遥感技术计算森林叶面积指数——以江西省兴国县为例[J]. 南京大学学报(自然科学)，41(3)：253-258.

马天海，徐静，单楠，等，2016. 贾鲁河流域旱作农业区非点源氮污染负荷分布规律及其影响因素研究[J]. 南京大学学报(自然科学)，52(1)：77-85.

庞靖鹏，徐宗学，刘昌明，2007. SWAT模型中天气发生器与数据库构建及其验证[J]. 水文，27(5)：25-30.

彭代亮，黄敬峰，金辉民，2006. 基于MODIS-NDVI的浙江省耕地复种指数监测[J]. 中国农业科学，39(7)：1352-1357.

钱奎梅，刘霞，段明，等，2016. 鄱阳湖蓝藻分布及其影响因素分析[J]. 中国环境科学，36(1)：261-267.

钱坤，叶水根，朱琴，2011. 基于SWAT模型的房山区不同情景方案下的蒸腾蒸发模拟[J]. 农业工程学报，27(1)：99-105.

任立良，刘新仁，2000. 基于数字流域的水文过程模拟研究[J]. 自然灾害学报，9(4)：45-52.

任启伟，2006. 基于改进SWAT模型的西南岩溶流域水量评价方法研究[D]. 武汉：中国地质大学(武汉).

桑学锋，周祖昊，秦大庸，等，2009. 基于广义ET的水资源与水环境综合规划研究Ⅱ：模型[J]. 水利学报，40(10)：1153-1161.

沈晓东，王腊春，谢顺平，1995. 基于栅格数据的流域降雨径流模型[J]. 地理学报，50(3)：264-271.

史伟达，崔远来，王建鹏，等，2011. 不同施肥制度下水稻灌区面源污染排放的数值模拟[J]. 灌溉排水学报，30(2)：23-26.

史志华，蔡崇法，丁树文，等，2002. 基于GIS的汉江中下游农业面源氮磷负荷研究[J]. 环境科学学报，22(4)：473-477.

仕玉治，张弛，周惠成，等，2010. SWAT 模型在水稻灌区的改进及应用研究[J]. 水电能源科学，28(7)：18-22.

覃志豪，李文娟，徐斌，等，2004. 陆地卫星 TM6 波段范围内地表比辐射率的估计[J]. 国土资源遥感，61(3)：28-32，36-41.

谭昌伟，王纪华，黄义德，等，2005. 运用光谱技术改进 Beer-Lambert 定律的定量化及其应用研究[J]. 中国农业科学，38(3)：498-503.

唐鹏钦，吴文斌，姚艳敏，等，2011. 基于小波变换的华北平原耕地复种指数提取[J]. 农业工程学报，27(7)：2356-2362.

涂安国，尹炜，陈德强，等，2009. 多水塘系统调控农业非点源污染研究综述[J]. 人民长江，40(21)：71-73.

万余庆，王飞跃，吴军虎，2000. SAR 图像处理方法及在干旱地区找水工作中的应用[J]. 国土资源遥感(4)：50-54.

王冰，杨胜天，2006. 基于 NOAA-AVHRR 的贵州喀斯特地区植被覆盖变化研究[J]. 中国岩溶，25(2)：157-162.

王东伟，孟宪智，王锦地，等，2009. 叶面积指数遥感反演方法进展[J]. 五邑大学学报(自然科学版)，23(4)：47-52.

王红艳，2016. 采用径流曲线数模型(SCS-CN)估算黄土高原流域地表径流的改进[D]. 北京：北京林业大学.

王军德，李元红，李赞堂，等，2010. 基于 SWAT 模型的祁连山区最佳水源涵养植被模式研究：以石羊河上游杂木河流域为例[J]. 生态学报，30(21)：5875-5885.

王润生，1995. 图像理解[M]. 长沙：国防科技大学出版社.

王少丽，王兴奎，许迪，2007. 农业非点源污染预测模型研究进展[J]. 农业工程学报，23(5)：265-271.

王天星，2008. 地表参数遥感定量反演及其在城市热环境研究中的应用[D]. 福州：福建师范大学.

王艳君，吕宏军，施雅风，等，2009. 城市化流域的土地利用变化对水文过程的影响：以秦淮河流域为例[J]. 自然资源学报，24(1)：30-36.

王英，黄明斌，2008. 径流曲线法在黄土区小流域地表径流预测中的初步应用[J]. 中国水土保持科学，6(6)：87-91.

王中根，刘昌明，黄友波，2003. SWAT 模型的原理、结构及应用研究[J]. 地理科学进展，22(1)：79-86.

王中根，刘昌明，吴险峰，2003. 基于 DEM 的分布式水文模型研究综述[J]. 自然资源学报，18(2)：168-173.

王中根，郑红星，刘昌明，等，2004. 黄河典型流域分布式水文模型及应用研究[J]. 中国科学 E 辑：技术科学，34(增刊Ⅰ)：49-59.

魏怀斌，张占庞，杨金鹏，2007. SWAT 模型土壤数据库建立方法[J]. 水利水电技术，38(6)：15-18.

吴挺峰，高光，晁建颖，等，2009. 基于流域富营养化模型的水库水华主要诱发因素及防治对策[J]. 水利学报，40(4)：391-397.

吴文友，吴泽民，胡鸿瑞，等，2010. 基于遥感技术的广州市城市森林叶面积指数推算[J]. 东北林业大学学报，38(3)：38-41.

吴岩，刘寿东，钱眺，2008. 基于五点加权平均法的耕地复种指数遥感监测研究[J]. 贵州气象，32(5)：65-68.

吴月霞，蒋勇军，袁道先，等，2007. 岩溶泉域降雨径流水文过程的模拟[J]. 水文地质工程地质(6)：41-48.

夏军，翟晓燕，张永勇，2012. 水环境非点源污染模型研究进展[J]. 地理科学进展，31(7)：941-952.

夏青，庄大邦，廖庆宜，等，1985. 计算非点源污染负荷的流域模型[J]. 中国环境科学，5(4)：23-30.

向洪波，郭志华，赵占轻，等，2009. 不同空间尺度森林叶面积指数的估算方法[J]. 林业科学，45(6)：139-144.

项宏亮，吕成文，刘晓舟，等，2013. 基于SVM和线性光谱混合模型的城市不透水面丰度提取[J]. 安徽师范大学学报(自然科学版)，36(1)：64-68.

肖洋，2008. 北京山区森林植被对非点源污染的生态调控机理研究[D]. 北京：北京林业大学.

谢先红，崔远来，2009. 典型灌溉模式下灌溉水利用效率尺度变化模拟[J]. 武汉大学学报：工学版，42(5)：653-660.

徐涵秋，唐菲，2013. 新一代Landsat系列卫星：Landsat8遥感影像新增特征及其生态环境意义[J]. 生态学报，33(11)：3249-3257.

徐秋宁，马孝义，娄宗科，等，2002. 小型集水区降雨径流计算模型研究[J]. 水土保持研究，9(1)：139-142，150.

徐秋宁，马孝义，娄宗科，等，2012. 小型集水区降雨径流计算模型研究[J]. 水土保持研究，9(1)：21-29.

许榕峰，徐涵秋，2004. ETM＋全色波段及其多光谱波段图像的融合应用[J]. 地球信息科学，6(1)：99-103.

薛金凤，夏军，马彦涛，2002. 非点源污染预测模型研究进展[J]. 水科学进展，13(5)：649-656.

薛显武，陈喜，张志才，等，2009. 岩溶裂隙对坡面饱和水流汇集的影响研究[J]. 水电能源科学，27(6)：20-23.

闫慧敏，曹明奎，刘纪远，等，2005. 基于多时相遥感信息的中国农业种植制度空间格局研究[J]. 农业工程学报，21(4)：85-90.

杨飞，张柏，宋开山，等，2008. 玉米和大豆光合有效辐射吸收比例与植被指数和叶面积指数的关系[J]. 作物学报，34(11)：2046-2052.

杨贵军，黄文江，王纪华，等，2010. 多源多角度遥感数据反演森林叶面积指数方法[J]. 植物学报，45(5)：566-578.

杨丽雅，夏源，蔡雪峰，等，2015. 简化SWAT模型模拟漓江支流小流域的适用性评价[J]. 水资源与水工程学报，26(6)：101-104.

姚延娟，刘强，柳钦火，等，2007. 异质性地表的叶面积指数反演的不确定性分析[J]. 遥感学报，11(6)：763-770.

叶叔华，黄珹，2007. 地下水变化的空间技术监测和预测[J]. 地球物理学进展，22(4)：1030-1034.

余进祥，赵小敏，吕琲，等，2010. 鄱阳湖流域不同农业利用方式土壤径流曲线值的研究[J]. 江西农业大学学报，32(3)：0613-0620.

曾祥贵，赖格英，易发钊，等，2013. 基于GIS的小流域人口数据空间化研究——以梅江流域为例[J]. 地理与地理信息科学，29(6)：40-44.

曾永年，向南平，冯兆东，等，2006. Albedo-NDVI特征空间及沙漠化遥感监测指数研究[J]. 地理科学进展，26(1)：75-81.

曾昭霞，刘孝利，王克林，等，2010. 农业小流域粮食产量稳定与水环境质量提高途径研究[J]. 环境科学，31(8)：1784-1788.

翟家齐，赵勇，裴源生，2010. 南水北调中线水源区供水水文风险因子分析[J]. 南水北调与水利科技，8(4)：13-16.

翟晓燕，夏军，张永勇，2011. 基于SWAT模型的沙澧河流域径流模拟[J]. 武汉大学学报：工学版，44(2)：142-155.

占红，臧淑英，吴长山，等，2015. 城市不透水面扩张对地表径流量的影响[J]. 水资源与水工程学报，26(6)：54-59.

张爱华，2010. 萍-乐坳陷带之岩溶发育规律及岩溶水富集特征[J]. 资源调查与环境，31(2)：149-156.
张芳，徐建新，魏义长，等，2011. 基于ET管理的县域水资源合理配置研究[J]. 灌溉排水学报，30(2)：107-110.
张海星，方红亚，涂晓斌，等，2010. 江西生物多样性调查与评估[M]. 南昌：江西科学技术出版社.
张建云，王国庆，2007. 气候变化对水文水资源影响研究[M]. 北京：科学出版社.
张利平，陈小凤，张晓琳，2009. VIC模型与SWAT模型在中小流域径流模拟中的对比研究[J]. 长江流域资源与环境，18(8)：745-752.
张利平，胡志芳，秦琳琳，等，2010. 2050年前南水北调中线工程水源区地表径流的变化趋势[J]. 气候变化研究进展，6(6)：391-397.
张盼盼，胡远满，肖笃宁，等，2010. 一种基于多光谱遥感影像的喀斯特地区裸岩率的计算方法初探[J]. 遥感技术与应用，25(4)：510-514.
张仁华，1996. 实验遥感模型及地面基础[M]. 北京：科学出版社.
张欣欣，2015. 数字高程模型在活动断层位置及地表变形变位特征提取研究中的应用[J]. 地理科学进展，34(10)：1288-1296.
张秀英，孟飞，丁宁，2003. SCS模型在干旱半干旱区小流域径流估算中的应用[J]. 水土保持研究，10(4)：172-174.
张雪刚，毛媛媛，董家瑞，2010. SWAT模型与MODFLOW模型的耦合计算及应用[J]. 水资源保护，26(3)：49-52.
张永勇，陈军锋，夏军，等，2009. 温榆河流域闸坝群对河流水量水质影响分析[J]. 自然资源学报，24(10)：1697-1705.
张永勇，夏军，陈军锋，等，2010. 基于SWAT模型的闸坝水量水质优化调度模式研究[J]. 水力发电学报，29(5)：159-177.
张钰娴，穆兴民，王飞，2008. 径流曲线数模型(SCS-CN)参数λ在黄土丘陵区的率定[J]. 干旱地区农业研究，26(5)：124-128.
赵书河，贾红燕，1999. 应用遥感景像纹理特征提取线性体的马尔柯夫随机场模型[J]. 遥感技术与应用，14(4)：49-52.
赵琰鑫，彭虹，王双玲，等，2012. 分布式工业区面源污染模型研究[J]. 武汉大学学报：工学版，10：594-597.
甄婷婷，徐宗学，程磊，等，2010. 蓝水绿水资源量估算方法及时空分布规律研究：以卢氏流域为例[J]. 资源科学，32(6)：1177-1183.
郑捷，李光永，韩振中，等，2011. 改进的SWAT模型在平原灌区的应用[J]. 水利学报，42(1)：88-97.
郑有飞，范旻昊，张雪芬，等，2008. 基于MODIS遥感数据的混合像元分解技术研究和应用[J]. 南京气象学院学报(2)：145-150.
周翠宁，任树梅，闫美俊，2008. 曲线数值法(SCS模型)在北京温榆河流域降雨-径流关系中的应用研究[J]. 农业工程学报，24(3)：87-90.
朱高龙，居为民，Chen J M，等，2010. 帽儿山地区森林冠层叶面积指数的地面观测与遥感反演[J]. 应用生态学报，21(8)：2117-2124.
朱秋潮，范浩定，1999. 土壤颗粒组分分级标准的换算[J]. 土壤通报(2)：53-54.
朱孝林，李强，沈妙根，等，2008. 基于多时相NDVI数据的复种指数提取方法研究[J]. 自然资源学报，23(3)：534-544.
朱瑶，梁志伟，李伟，等，2013. 流域水环境污染模型及其应用研究综述[J]. 应用生态学报，24(10)：3012-3018.
Abbaspour K C，Yang J，Maximov I，et al，2007. Modeling hydrology and water quality in the Pre-Alpine/Al-

pine Thur Watershed using SWAT[J]. Journal of Hydrology, 333: 413-430.

Adams J B, 1986. Spectral mixture modeling: A new analysis of rock and soil types at the Viking Lander I Site1[J]. Geophys Res, 91: 8098-8112.

Afinowicz J D, Munster C L, Wilcox B P, 2005. Modeling effects of brush management on the rangeland water budget: Edwards Plateau Texas[J]. American Water Resources Assoc, 41(1): 181-193.

Ahmed E N, Michael B, Philip J, et al, 2007. A comparison of SWAT, HSPF and SHETRAN/GOPC for modelling phosphorus export from three catchments in Ireland[J]. Water Research, 41(5): 1065-1073.

Alemayehu T, Griensven A, Woldegiorgis B T, et al, 2017. An improved SWAT vegetation growth module and its evaluation for four tropical ecosystems[J]. Hydrol Earth Syst Sci, 21: 4449-4467.

Amatya D M, Williams T M, Edwards A E, et al, 2009. Application of SWAT Hydrologic model for TMDL development on Chapel Branch Creek watershed, SC[C]. Proceedings of the 2008 South Carolina Water Resources conference, Charleston, SC.

Argialas D P, Mavrantza O D, 2004. Comparison of edge detection and Hough transform techniques for the extraction of geologic features[J]. International Archives of the Photogrammetry, Remote Sensing and Spatial Information Sciences, 34(5): 790-795.

Arnold J G, Williams J R, Nicks A D, et al, 1990. SWRRB: A basin scale simulation model for soil and water resources management[M]. Texas: Texas A&M University Press.

Arnold J G, Allen P M, Muttiah R S, et al, 1995. Automated base flow separation and recession analysis techniques[J]. Groundwater, 33(6): 1010-1018.

Arnold J G, Srinivasan R, Muttiah R S, et al, 1998. Large area hydrologic modeling and assessment part I: Model development[J]. Journal of American Water Resources Association, 34: 73-89.

Arnold J G, van Liew M W, Garbrecht J D, 2003. Hydrologic simulation on agricultural watersheds: choosing between two models[J]. Transactions of the ASABE, 46(6): 1539-1551.

Basnyat P, Teeter L, Lockaby B, et al, 2000. The use of remote sensing and GIS I watershed Level analyses of non-point source pollution problems[J]. Forest Ecology and Management, 128: 65-73.

Beasley D B, Huggins L F, Monke E J, 1980. ANSWERS: A model for watershed planning[J]. Trans of the ASAE, 23(4): 938-944.

Benham B L, Baffaut C, Zeckoski R W, et al, 2006. Modeling bacteria fate and transport in watershed models to support TMDLs[J]. Trans ASABE, 49(4): 987-1002.

Bera M, Borah D K, 2004. Watershed-scale hydrologic and nonpoint-source pollution models: Review of applications[J]. Transactions of the ASABE, 47(3): 789-803.

Beven K, 1995. Linking Parameters across scales: Subgrid parameterization and scale dependent hydrological models[J]. Hydrol Process, 9: 507-525.

Bhaduri B, Grove M, Lowry C, 1997. Assessment of long-term hydrologic impacts from land use change in the Cuppy-McClure watershed, Indiana[J]. Journal of the American Water Works Association, 89(11): 94-106.

Bhuyan S J, Mankind K R, Kelleher J K, 2003. Water shed-scale AMC selection for hydrologic model[J]. Transactions of the ASAE, 46(2): 303-310.

Blöschl G, Sivapalan M, 1995. Scale issues in hydrological modelling: A review[J]. Hydrological Processes, 9(3-4): 251-290.

Bouraoui F, Dillaha T A, 1996. ANSWERS-2000: Runoff and sediment transport model[J]. Journal of Environmental Engineering, 122(6): 493-502.

Braswella B H, Hagena S C, Frolkinga S E, et al, 2003. A multivariable approach for mapping sub-pixel land cover distributions using MISR and MODIS: Application in the Brazilian Amazon region[J]. Remote Sensing of Environment, 87: 243-256.

Bulcock H H, Jewitt G P W, 2010. Spatial mapping of leaf area index using hyperspectral remote sensing for hydrological applications with a particular focus on canopy interception[J]. Hydrol Earth Syst Sci, 14: 383-392.

Chander G, Markham B L, Helder D L, 2009. Summary of Current Radiometric Calibration Coefficients for Landsat MSS, TM, ETM+, and EO-1 ALI Sensors[J]. Remote Sensing of Environment, 113: 893-903.

Chapra S C, 1997. Surface Water Quality Modeling[M]. New York: McGraw-Hill Publisher.

Charles I, Arnon K, 1996. A review of mixture modeling techniques for sub-pixel land cover estimation[J]. Remote Sensing Reviews, 13(3-4): 161-186.

Coffey M E, Workman S R, Taraba J L, et al, 2004. Statistical procedures for evaluating daily and monthly hydrologic model predictions[J]. Trans ASAE, 47(1): 59-63.

Croley T E, He C, 2005. Distributed-parameter large basin runoff model I: Model development[J]. Journal of Hydrologic Engineering, 52(5): 173-181.

CSRIO, 2001. Spectral Response Functions[EB/OL]. http://www.eoc.csiro.au/hswww/oz_pi/specresp.htm.

David P, Darrew S, 2000. Towards integrating GIS and catchments models [J]. Environment Modeling & Software, 15: 451-459.

David W, Matthew M, Don M, 2002. A regionally segmented national scale multimedia contaminant fate model for Canada with GIS data input and display [J]. Environmental Pollution, 119 (3): 341-355.

Di Luzio, Srinivasan M R, Arnold J G, 2002. Integration of watershed tools and SWAT model into basins [J]. Journal of the American Water Resources Association, 38: 1127-1141.

Eckhardt S, Haverkamp N, Fohrer N, et al, 2002. SWAT-G, a version of SWAT99.2 modified for application to low mountain range catchments [J]. Physics and Chemistry of the Earth, 27 (9-10): 641-644.

Engel B, 2001. L-THIA NPS: Long-term hydrologic impact assessment and non point source pollutant model [R]. U.S. Environmental Protection Agency.

FitzHugh TW, Mackay D S, 2000. Impacts of input parameter spatial aggregation on an agricultural nonpoint source pollution model [J]. Journal of Hydrology, 236 (1-2): 35-53.

Fontaine T A, Cruickshank T S, Armlod J G, et al, 2002. Development of a snowfall-snowmelt routine for mountainous terrain for the soil and water assessment tool (SWAT) [J]. Journal of Hydrology (Amsterdam), 262 (1-4): 209-223.

Freer S, Keith B J, 2001. Equifinality, data assimilation, and uncertainty estimation in mechanistic modelling of complex environmental systems using the GLUE methodology [J]. Journal of Hydrology, 249 (1-4): 11-29.

Galloway J N, Schlesinger W H, Levy H, 1995. Nitrogn fixation: Anthropogenic enhancement environmental response [J]. Global Biogeochem, 9: 235-252.

Gan G F, Biftu T Y, 2001. Semi-distributed, physically based, hydrologic modeling of the Paddle River Basin, Alberta, using remotely sensed data [J]. Journal of Hydrology, 244 (3-4): 137-156.

Gassman P W, Reyes M R, Green C H, 2007. The soil and water assessment tool: historical development, applications and future research directions [J]. Transactions of the ASABE, 50 (4): 1211-1250.

George C, Leon L F, 2007. WaterBase: SWAT in an open source GIS [J]. The Open Hydrology Journal, 1: 19-24.

Gillies R R, Kustas W P, Humes K S, 1997. A verification of the 'triangle' method for obtaining surface soil water content and energy fluxes from remote measurements of the Normalized Difference Vegetation Index (NDVI) and surface radiant temperature [J]. International Journal of Remote Sensing, 18 (15): 3145-3166.

Gosain A K, Rao S, Basuray D, 2006. Climate change impact assessment on hydrology of Indian River Basins [J]. Current science, 90 (3): 346-353.

Griensve A V, Bauwens W, 2005. Application and evaluation of ESWAT on the Dender Basin and Wister, and Lake Basin [J]. Hydrol Processes, 19 (3): 827-838.

Griensven V A, Meixner T, 2006. Methods to quantify and identify the sources of uncertainty for river basin, and water quality models [J]. Water Sci Tech, 53 (1): 51-59.

Griensven V A, Meixner T, Srinivasan R, et al, 2008. Fit-for-purpose analysis of uncertainty using split-sampling evaluations [J]. Hydrol Sci J, 53 (5): 1090-1103.

Grove M, Harbor J, Engel B, Muthukrishnan S, 2001. Impacts of urbanization on surface hydrology, Little Eagle Creek, Indiana, and analysis of LTHIA model sensitivity to data resolution [J]. Physical Geography, 22: 135-153.

Guang Z, Monika M L, 2009. Retrieving leaf area index (LAI) using remote sensing: Theories, methods and sensors [J]. Sensors, 9: 2719-2745.

Haith D A, Tubbs L J, Pickering N B, 1984. Simulation of Pollution by Soil Erosion and Soil Nutrient Loss [M]. Wageningen, Netherlands: Center Agricultural Pub & Document.

Harbor J, Grove M, Bhaduri B, 1998. Long-term hydrologic impact assessment (L-THIA) GIS [J]. Public Works, 129: 52-54.

Harper D, 1992. Eutrophication of Freshwaters Principles, Problems and Restoration [M]. London: Springer.

Hattermann F, Krysanova F, Hesse V C, 2008. Modelling wetland processes in regional applications [J]. Hydrol Sci J, 53 (5): 1001-1012.

Hill H J, 1998. Monitoring 20 years of increased grazing impact on the Greek Island of Crete with earth observation satellites [J]. Journal of Arid Environments, 39: 165-178.

Hu F, Bolding K, Bruggeman J, et al, 2016. FABM-PCLake-linking aquatic ecology with hydrodynamics [J]. Geosci Model Dev, 9: 2271-2278.

Jayakrishnan R, Srinivasan R, Santhi C, 2005. Advances in the application of the SWAT model for water resources management [J]. Hydrol Process, 19: 749-762.

Jha M, Arnold J G, Gassman P W, et al, 2006. Climate change sensitivity assessment on upper Mississippi River Basin steamflows using SWAT [J]. J American Water Resour Assoc, 42 (4): 997-1015.

Jha M, Gassman P W, Secchis S, et al, 2004. Effect of watershed subdivision on SWAT flow, sediment, and nutrient predictions [J]. Journal of the American Water Resources Association, 40 (3): 811-825.

Jutic D, Rabalais N N, Turner R E, 1995. Changes in nutrient structure of river-dominated coastal waters: stoichiometric nutrient balance and its consequences [J]. Estuar Coastal Shelf Sci, 40: 339-356.

Kannan N, White S M, Worrall F, et al, 2006. Pesticide modeling for a small catchment using SWAT-2000 [J]. Environ Sci Health: Part B, 41 (7): 1049-1070.

Keating B A, Carberry P S, 1993. Resource capture and use in intercropping: Solar radiation [J]. Field Crops Res, 34: 273-301.

Kiniry J R, MacDonald J D, Kemanian A R, et al, 2008. Plant growth, and simulation for landscape-scale hydroplogical modeling [J]. Hydrol Sci J, 53 (5): 1030-1042.

Knisel W G, 1980. CREAMS, a field-scale model for chemicals, runoff, and erosion from agricultural management systems. USDA Conservation Research Report No. 26 [R]. Washington, D. C.: USDA.

Krysanova V, Hatterman F, Wechsung F, 2005. Development of the ecohydrological model SWIM for regional impact studies and vulnerability assessment [J]. Hydrol Process, 19 (3): 763-783.

Krysanova, Arnold J G, 2008. Advances in ecohydrological modelling with SWAT: A review [J]. Hydrological Sciences Journal, 53 (5): 939-947.

Lambin E F, Ehrlich D, 1996. The surface temperature-vegetation index space for land cover and land-cover change analysis [J]. International journal of remote sensing, 17 (3): 463-487.

Latifi H, Galos B, 2010. Remote sensing-supported vegetation parameters for regional climate models: A brief review [J]. Forest-Biogeosciences and Forestry, 3: 98-101.

Leonard R A, Knisel W G, Still D A, 1987. GLEAMS: Groundwater loading effects of agricultural management systems [J]. Transaction of the American Society of Agricultural Engineers, 30 (5): 1403-1418.

León L F, Soulis E D, Kouwen N, et al, 2001. Nonpoint source pollution: A distributed water quality modeling approach [J]. Water Research, 35 (4): 997-1007.

Limaye A, Erik B K, Gail E, Bingham, 1996. Linking atmospheric and hydrologic models at the basin scale [J]. Physics and Chemistry of The Earth, 21 (3): 211-218.

Mallast U, Gloaguen R, Geyer S, et al, 2011. Semi-automatic extraction of lineaments from remote sensing data and derivation of groundwater flow-paths [J]. Hydrology and Earth System Sciences, 15 (8): 2665-2678.

Mander U, Forsberg C, 2000. Nonpoint pollution in agricultural watersheds of endangered coastal seas [J]. Ecological Engineering, 14: 314-324.

Manuel A, Arenas A, 2006. Lineament extraction from digital terrain models: Case study San Antonio del Sur area, south-eastern Cuba [J]. Geología Aplicada, 2: 11-14.

McDonald D, Kiniry J, Arnld J, et al, 2005. Developing parameters to simulate trees with SWAT [C] // Proceedings of the 3rd International SWAT Conference. Zürich: Glodach Press: 231-256.

McElroy A D, Chui S Y, Nebgen J W, et al, 1976. Loading functions for assessment of water pollution from nonpoint sources [R]. Washington: U. S. Environmental Protection Agency, Office of Research and Development.

Minner M, Harbor J, Happold S, et al, 1998. Cost apportionment for a storm water management system: Differential burdens on landowners from hydrologic and area-based approaches [J]. Applied Geographic Studies, 2: 247-260.

Mirzaei M, Solgi E, Salmanmahiny A, 2016. Assessment of impacts of land use changes on surface water using L-THIA model (case study: Zayandehrud River Basin) [J]. Environmental Monitoring and Assessment, 188 (12): 690-709.

Miseon L, Geunae P, Minji P, et al, 2010. Evaluation of non-point source pollution reduction by applying best management practices using a SWAT model and QuickBird high resolution satellite imagery [J]. Journal of Environmental Sciences, 22 (6): 826-833.

Mishra S K, Jain M K, Suresh B P, et al, 2008. Comparison of AMC-dependent CN-conversion Formulae [J]. Water Resour Manage, 22 (10): 1409-1420.

Moran M S, Clarke T R, Inoue Y, et al, 1994. Estimating crop water deficit using the relation between surface-air temperature and spectral vegetation index [J]. Remote Sensing of Environment, 49 (3): 246-263.

Muttiah R S, Wurbs R A, 2002. Modeling the impacts of climate change on water supply reliabilities [J]. Water Resources Assoc, 27 (3): 407-419.

NCEP，2016. The National Centers for Environmental Prediction（NCEP）Global Weather Data for SWAT [Z]. http：//globalweather. tamu. edu/home/view/33950.

Neitsch S L，Arnold J G，Kiniry J R，et al，2002. Soil and Water Assessment Tool（SWAT）User's Manual，Version 2000 [Z]，Grassland Soil and Water Research Laboratory. Blackland Research Center，Texas Agricultural Experiment Station，Texas Water Resources Institute，Texas Water Resources Institute，College Station，Texas.

Nyborg M，Berglund J，Triumf C A，2007. Detection of lineaments using airborne laser scanning technology：Laxemar-simpevarp，Sweden [J]. Hydrogeology Journal，15（1）：29-32.

Ogden M，1996. Development and Land Use Changes in Holetown，Barbados：Hydrologic Implications for Town Planning and Coastal Zone Management [D]. Montreal，Canada：McGill University，School of Urban Planning.

Pandey S，Gunn R，Lim K，et al，2000. Developing a web-enabled tool to assess long-term hydrologic impact of land use change：Information technologies issues and a case study [J]. Urban and Regional Information Systems Journal，12（4）：5-7.

Pannoa S V，Kelly W R，2004. Nitrate and herbicide loading in two groundwaterbasins of Illinois' Sinkhole Plain [J]. Journal of Hydrology，290：229-241.

Rao M，Fan G，Thomas J，et al，2006. A web-based GIS decision support system for managing and planning USDA's Conservation Reserve Program（CRP）[J]. Environ Model Soft，22（9）：1270-1280.

Rosenberg M，Epstein D L，Wang D，et al，1999. Possible impacts of global warming on the hydrology of the Ogallala aquifer region [J]. J Climate，42：677-692.

Rosenberg N J，Brown R A，Izaurralde R C，et al，2003. Integrated assessment of Hadley Centre（HadCM2）climate change projections in agricultural productivity and irrigation water supply in the conterminous United States：I. Climate change scenarios and impacts on irrigation water supply simulated with the HUMUS model [J]. Agric For Meteor，117（1/2）：73-96.

Sakaguchi A，Eguchi S，Kato T，et al，2014. Development and evaluation of a paddy module for improving hydrological simulation in SWAT [J]. Agricultural Water Management，137：116-122.

Sandholt I，Rasmussen K，Andersen J，2002. A simple interpretation of the surface temperature/vegetation index space for assessment of surface moisture status [J]. Remote Sensing of environment，79（2）：213-224.

Sandra van der Linden SVD，Ming-ko Woo，2003. Transferability of hydrological model parameters between basins in data-sparse areas，subarctic Canada [J]. Journal of Hydrology，270（5）：182-194.

Santhi C，Arnold J G，Jimmy R，et al，2001. Validation of the SWAT model on a large river basin with point and nonpoint Sources [J]. Journal of the American Water Resources Association，37：1169-1188.

Scanlona B R，Robert E M，Michael E B，et al，2003. Can we simulate regional groundwater flow in a karst system using equivalent porous media models? case study，barton springs edwards aquifer，USA [J]. Journal of Hydrology，276：137-158.

Schillinga K E，Matthew H，2008. Tile drainage as karst：Conduit flow and diffuse flow in a tile-drained watershed [J]. Journal of Hydrology，349（3-4）：291-301.

Schmalz B，Fohrer N，2009. Comparing model sensitivities of different landscapes using the ecohydrological SWAT model [J]. Advances in Geosciences，21：91-98.

Schmalz B，Tavares F，Fohrer N，2008. Modelling hydrological processes in mesoscale lowland river basins with SWAT-capabilities and challenges [J]. Hydrol Sci J，53（5）：989-1000.

Schmalz B，Tavares F，Fohrer N，2008. Modelling hydrological processes in mesoscale lowland river basins， and with SWAT-capabilities and challenges [J]. Hydrol Sci J, 53 (5): 989.

Schomberg J D, Host G, Johnson L B, et al, 2005. Evaluating the influence of landform, surficial geology, and land use on streams using hydrologic simulation modeling [J]. Aquatic Sciences, 67: 528-540.

Schumann A H, Geyer J, 2000. GIS-based ways for considering spatial heterogeneity of catchment characteristics [J]. Physics and Chemistry of the Earth, Part B: Hydrology, Oceans and Atmosphere, 25 (7-8): 691-694.

Shannak, 2017. Calibration and validation of SWAT for sub-hourly time steps using SWAT-CUP [J]. Int J of Sustainable Water and Environmental Systems, 9 (1): 21-27.

Siebert C, Rödiger T, Mallast U, et al, 2014. Challenges to estimate surface-and groundwater flow in arid regions: The Dead Sea catchment [J]. Science of The Total Environment, 485-486: 828-841.

Stephen D P, John W B, 1999. Application of Spatially Referenced Regression Modeling for the Evaluation of Total Nitrogen Loading in the Chesapeaks Bay Watershed [OL]. [2004-3-6]. http: // chesapeake. usgs. gov/chesbay,

Takle E S, Jha M, Anderson C J, 2005. Hydrological cycle in the upper Mississippi River Basin: 20th century simulations by multiple GCMs [J]. Geophys Res Letters, 32 (8): L18407. 1-L18407. 5.

Tam V T, Batelaan O, 2011. A multi-analysis remote-sensing approach for mapping groundwater resources in the karstic Meo Vac Valley, Vietnam [J]. Hydrogeology Journal, 19 (2): 275-287.

Teillet P M, Guindon B, Goodenough D G, 1982. On the slope-aspect correction of multispectral scanner data [J]. Canadian Journal of Remote Sensing 8 (2): 84-106.

USEPA, 2001. BASINS 3. 0 User's Manual: System Overview [R]. EPA-823-B-01-001, 2001.

Valentina, Krysanova, Jeffrey, et al, 2008. Advances in ecohydrological modelling with SWAT: A review [J]. Hydrological Sciences-Journal-des Sciences Hydrologiques, 53 (5): 939-947.

Verstraete M M, Pinty B, 1996. Designing optimal spectral indexes for remote sensing applications [J]. Geoscience and Remote Sensing [J]. IEEE Transactions on, 34 (5): 1254-1265.

Walega A, Michalec B, Cupak A, et al, 2015. Comparison of SCS-CN determination methodologies in a heterogeneous catchment [J]. Journal of Mountain Science, (12): 1084-1094.

Walthall C, Dulaney W, Anderson M, et al, 2004. A comparison of empirical and neural network approaches for estimating corn and soybean leaf area index from Landsat ETM + imagery [J]. Remote Sensing of Environment, 92: 465-474.

Watson B M, Coops N, Selvalingam S, et al, 2005. Integration of 3-PG into SWAT to simulate growth of evergreen forests in Australia Lake Basin [J]. Hydro, 19 (3): 827-838.

Wetzel R G, 2001. Limnology-Lake and River Ecosystems [M]. London: Academic Press.

William K, Saunders, David R, et al, 1996. A GIS Assessment of Nonpoint Source Pollution in the San Antonio-Nueces Coastal Basin, in Center for Research in Water Resources [D]. The University of Texas at Austin.

Williams J R, Jones R W, Dyke P T, 1984. A modeling approach todatelining the relationship between erosion and soil productivity [J]. Trans ASAE, 27 (1): 129-144.

Williams J R, Hann R W, 1978. Optimal Operation of Large Agricultural Watersheds with Water Quality Restraints [R]. College Station, TX: Texas Water Resources Institute, Texas A & M University.

Wood E F, Sivapalan M, Beven K, et al, 1988. Effects of spacial variablity and scale with implications to hydrologic modeling [J]. Hydrology, 102 (3): 29-47.

Yi F Z, Lai G Y, Zhang L L, et al, 2012. Estimation and spatial distribution of the potential load of Three-Yellow Chicken Feces in Meijiang Watershed in China [C]. 2012 International Symposium on Geomatics for Integrated Water Resources Management, Lanzhou, Gansu, China.

Yuan Y, Dabney S, Bingner R L, 2002. Cost/ benefit analysis of agricultural BMPs for sediment reduction in the Mississippi Delta [J]. Journal of Soil and Water Conservation, 57 (5): 259-267.

Zeng X G, Lai G Y, Yi Fa Z, et al, 2013. GIS Based spatialization of population data in Meijiang River Basin [J]. Applied Mechanics and Materials, 295-298 (2013): 2378-2383.